上海四大名猪

沈富林　陆雪林·主编

上海科学技术出版社

图书在版编目(CIP)数据

上海四大名猪 / 沈富林,陆雪林主编. —上海:上海科学
技术出版社,2019.3
ISBN 978-7-5478-4285-0

Ⅰ.①上… Ⅱ.①沈…②陆… Ⅲ.①养猪学 Ⅳ.①S828

中国版本图书馆 CIP 数据核字(2019)第 021111 号

上海四大名猪

沈富林　　陆雪林·主编

上海世纪出版(集团)有限公司
上海科学技术出版社 出版、发行
(上海钦州南路 71 号　邮政编码 200235　www.sstp.cn)

浙江新华印刷技术有限公司印刷
开本 787×1092　1/16　印张 20.5　插页 4
字数：500 千字
2019 年 3 月第 1 版　2019 年 3 月第 1 次印刷
ISBN 978-7-5478-4285-0/S·176
定价：160.00 元

编委会

前　言

　　马家浜文化、崧泽文化、良渚文化和马桥文化遗址的发掘表明,上海地区早在新石器时代已有了畜牧业生产活动。据史料记载,在三国、东晋、南朝以及隋唐时期,随着农业的发展,畜牧业逐步兴起。到唐代,太湖地区已经成为全国重要产粮区,猪的饲养已成为当地农民的副业。到南宋时,上海逐渐成为重要的贸易口岸,畜禽品种和畜产品得到交换,使上海畜牧业有了较大发展。至明清,畜牧业已在农业中占有一定比例。就养猪而言,经过当地居民世代培育,形成了不少著名的地方特色猪种,如梅山猪、沙乌头猪、枫泾猪和浦东白猪等。

　　梅山猪主要分布于上海的嘉定及江苏的太仓和昆山等地区。梅山猪四肢末端白色,俗称"四白脚"。沙乌头猪主产于长江口的崇明岛。枫泾猪分布于上海的金山、松江等地区,且以枫泾镇产者为良。浦东白猪原产于浦东新区川沙镇和祝桥镇等地,其中以祝桥镇的吴家庙、马家宅、火义堰和行前桥一带为中心产区。这些地方猪种的共同特点是耐粗饲、繁殖力强、体健、结实粗壮、肉质优等。因繁殖力强,梅山猪被法国、美国和日本等国家引进;因肉质优,以枫泾猪为原料制作的枫泾丁蹄在国际博览会上多次获得金奖。

　　1949 年后,上海虽然是我国重要的工业城市,但郊区农牧业也十分发达。通过畜牧工作者的努力,梅山猪、沙乌头猪、枫泾猪和浦东白猪等四大名猪的生产水平得到较快提升,推广数量大幅度增加。据《中国猪品种志》统计:1980 年,枫泾猪种猪达 12.48 万头,梅山猪种猪为 7.92 万头,沙乌头猪种猪 1.8 万头;1982 年,浦东白猪生产母猪为 7 735 头。同时,对这些猪种的形成、产地分布、特征和特性、营养需要和饲养管理、选种选育及杂交利用等进行了大量的系统研究,积累了丰富的实践经验,取得了丰硕的研究成果。四大名猪为上海养猪业做出了重大贡献,但从20 世纪 90 年代开始,随着我国改革开放的不断深入,社会经济的蓬勃发展,人民生活水平的快速提高,市场对猪肉产品数量需求猛增,外来猪种因生长速度快、饲料报酬高、瘦肉率高等优点而大量引进和饲养,规模化养猪迅速发展。上海四大名猪尽管具有繁殖力强、肉质优和耐粗饲等优点,但与外来猪种相比,存在生长速度慢、饲料报酬低、经济效益差等明显不足,导致饲养数量急剧下降。2005年,上海市崇明岛仅存沙乌头猪母猪70头,公猪13头;2017年,上海四大名猪合计存栏仅1 046头。上海四大名猪均已列入《上海市畜禽遗传资源保护名录》,其中梅山猪、沙乌头猪和浦东白猪被列入《国家级畜禽遗传资源保护名录》,沙乌头猪和浦东白猪在《全国畜禽遗传资源保护和利用"十三五"规划》中已被列为濒临灭绝品种。

畜禽遗传资源是生物多样性的重要组成部分,是维护国家生态安全、农业安全的重要战略资源,是畜牧业可持续发展的物质基础。为进一步加强上海畜禽遗传资源保护和利用,促进现代畜牧业持续健康发展,上海市生猪产业技术体系组织岗位专家对上海四大名猪的保护和利用开展了深入研究,取得了可喜的成果;相关综合试验站和技术示范点运用现代育种技术开展杂交组合研究,开发市民需要的优质猪肉。同时,对近几十年来上海四大名猪的生产、科研工作进行了系统整理、分析和归纳,编著成《上海四大名猪》一书。书中内容涉及四大名猪的形成和分布、品种特性、选育与保种、配种与繁殖、饲养管理与疾病防治、科研成果与开发利用等。本书可作为畜牧从业人员开展地方猪种饲养、选育和杂交利用工作及研究人员开展动物遗传资源保护和利用研究的参考资料。

在本书编写过程中,我们得到了上海市动物疫病预防控制中心、上海市农业科学院、上海市嘉定区动物疫病预防控制中心、上海市崇明区动物疫病预防控制中心、上海市金山区动物疫病预防控制中心、上海市浦东新区动物疫病预防控制中心、上海市崇明区种畜场、上海沙龙畜牧有限公司、上海浦汇良种繁育科技有限公司以及上海市生猪业行业协会的大力支持,同时,也引用了有关作者和单位的部分文献资料,在此一并表示衷心感谢。

由于编写时间仓促和专业水平有限,书中难免会出现错误或不妥之处,敬请读者指正。

编著者

2018 年 12 月

目　录

第一章

概　述

一、形成与沿革

（一）梅山猪

上海市、江苏省和浙江省交界处同属太湖流域，素为江南鱼米之乡。从上海市马桥遗址出土的大量猪骸骨证明，早在 4 000 年前的殷商时期就有家猪饲养。在宋代，太湖流域的养猪业已很发达。明嘉靖三十六年（公元 1557 年）《嘉定县志》记载："每岁土物之贡，其中有肥猪。"说明至少在 400 多年前，嘉定的梅山猪已被列为珍贵的贡品。清同治年间《上海县志》中有"邑产皮厚而宽，有重二百余斤者"的记载，可见那时的猪以个体大、皮厚而著称，与早期梅山猪品种的特点十分相似。可见梅山猪是经过当地农民群众千百年的饲养选育，逐步形成的优良猪种。

梅山猪所处的自然生态环境和农耕社会的经济条件，尤其是耕作制度对梅山猪的形成与沿革产生较大的影响。梅山猪的产地是长江下游的沿江、沿海地区，属于亚热带和暖温带过渡的湿润季风气候地区，农作物以水稻、棉花和杂粮为主，实行夏、秋两熟耕作制度，夏熟（小熟）作物主要是麦子、油菜、蚕豆、绿肥等，秋熟（大熟）作物主要是水稻、棉花、大豆等。当地农户十有六七养猪，少数富裕农户养母猪，一般农户只养小猪和架子猪。饲料以糠麸为主，有条件的加喂豆饼，烧熟喂养，并以水浮莲、水葫芦、水花生等水生植物作补充。这些饲料含磷多、含钙少，有利于生殖器官的发育。农村猪舍多建在住宅后，少见阳光，低矮窄小，猪运动不足，由于积肥的需要，常用干土或柴草垫圈。江南物产丰富，商业发达，人民生活水平较高，对猪肉质量较为讲究,按体大、多产、肉香的要求,经过长期选育,梅山猪逐渐形成了体型中等、耳大而软、额高而多皱褶、腹大而垂的体貌特征,且具有性情温顺、繁殖力高、肉质鲜美的特性。

20世纪50年代,养猪业得到恢复发展,上海市和嘉定县畜牧部门于1962年成立了种猪场,组织技术人员从民间搜集并选择19头原种梅山猪为基础,有计划、有步骤地开展梅山猪育种工作,建立繁育体系,种猪数量不断扩大,质量也逐年提高。据姜培良等(1982)报道,1973~1975年在嘉定县种畜场(上海市嘉定区梅山猪育种中心前身)梅山猪核心群中,共有8个公猪血统(父系)和9个母猪血统(母系)。经过考察,淘汰了生产性能较低或体型偏小的5个公猪血统和2个母猪血统。从1975年起,将全场公母猪按4个不同公猪血统的后裔分别编成甲、乙、丙、丁4个大组,即将1095号公猪的2个全同胞儿子(3575和3577)的后裔编为甲组,将4807号公猪的女儿和其儿子5017号公猪的后裔编为乙组,将命名为"花桥"的公猪的后裔编为丙组,将4807公猪的另一个儿子2007号公猪的后裔编为丁组。1975年以来,2007号公猪的后裔因发病或因类型分离等原因,未能正常传代,为此同年从本县城东种畜场引入一头命名为"城东"的公猪,从新冈农场引入其半同胞兄弟的一个儿子2213号公猪,参加丁组。从1980年起,甲组的3575号公猪的后裔,因为过度发育的原因致公猪性欲过差,未能继续传代;而3577号公猪的后裔则比较兴旺,在原有的7个母系群中,有2个由于过度发育等原因被淘汰,其余5个母系群则发展较快,出现良种登记合格种猪较多,至1972年共有20头,这为梅山猪的继续选育提高奠定了良好的基础。梅山猪由民间原有的小型、大胳伙型和马陆型逐渐形成两种新的类型,即细脚梅山猪和粗脚梅山猪。细脚梅山猪即为小型梅山猪,粗脚梅山猪即为中型梅山猪。中型梅山猪又分为甲、乙、丙、丁4个品系(表1-1)。

表1-1　梅山猪群的血统组成

性别	甲组	乙组	丙组	丁组	其他	合计
公	7	2	4	4	0	17
母	63	67	57	57	10	254

1972年全国猪育种科研协作组工作会议将苏浙沪地区具有基本相似外形和毛色特征的猪种,包括梅山猪、枫泾猪、沙乌头猪等统称太湖猪,并被列为全国九大猪种之一。

1975年成立太湖猪育种协作组,1979年成立了太湖猪育种委员会,促使梅山猪的选育、生产、科研走上了更加健全的发展道路。此后,在上海市畜牧科研部门的共同参与下,对梅山猪进行系统研究和开发利用,使它的生产性能日臻优良,备受国内外业界推崇,走出上海,走向全国,走向世界。全国除西藏、海南以外地区都曾引种,并先后有9批次输往阿尔巴尼亚、法国、匈牙利、罗马尼亚、朝鲜、日本、英国、美国等国家,成为改良原种、培育新种的优良基因库,是当今世界深受欢迎的猪种之一。

2003年成立上海市嘉定区梅山猪育种中心,通过保护选育、提纯复壮、整顿扩群,建立原种场、扩繁场、商品场三级繁育体系,有效地提升了梅山猪的质量水平。

(二) 沙乌头猪

沙乌头猪又名沙河头猪。因其头部大、耳下垂,形似黄砂茶壶,鬃毛乌黑色,故名。沙乌头猪主产于长江口的崇明岛,以产仔数多、繁殖力高而著称。属于江海型猪种。是我国繁殖力强、产仔数多的著名地方猪种。沙乌头猪原属于太湖猪优良类群,《中国畜禽遗传资源志·猪志》(2011)将沙乌头猪从太湖猪类群里面划出,成为一个独立品种。沙乌头猪的体型紧凑、体质结实、行动灵活。头中等大、面长短适中、额部皱纹较浅、玉鼻。耳大、下垂、略短于嘴筒,耳根微硬。背腰平直或微凹,腹大、下垂但不拖地。腿部有皱褶、卧系,四脚有白毛(俗称四白脚)。乳头8对以上。沙乌头猪具有早熟、繁殖力高、泌乳力强、使用年限长,以及肉质鲜美、嫩而多汁等特点。

据《上海畜牧志》(2001)记载,崇明岛形成于唐武德元年(公元618年),岛上种猪是随着岛上居民与周围地区的交往而带入。因其有江南的梅山猪和江北的沙猪血统,故既有梅山猪的“四白脚”特征,又有沙猪被毛乌黑且密的外表。崇明岛属亚热带海洋性气候,三面环江,一面临海,地势平坦,无山岗丘陵,土地肥沃,水源丰富,是江南富庶之地。当地盛产大米、蔬菜、小麦、大豆、玉米等农作物,饲料来源充沛。随着居民的迁入,猪也被带到岛上。在此独特的自然环境条件下,经过劳动人民长期的选育和其长时间的演化,明清时期已形成了岛上独特的沙乌头猪品种。由于岛上气温较低,造就了沙乌头猪具有较强的抗寒性能和对海岛低温潮湿地理环境的较强适应能力。作为崇明的“外沙”启东,自1928年设县后,饲养沙乌头猪也有100多年的历史。随着120多年前启东“外沙”的形成及由此带来的大量移民,这一地方猪种也分布到崇明岛以外更广泛的区域。沙乌头猪在岛屿较封闭的独特环境中,经长期选育,逐渐培育出不同于其他地方品种体型松散、行动迟缓的特征,而具有体型紧凑、体质结实、行动灵活的特征。沙乌头猪体型中等,被毛全黑,但鼻吻有"玉鼻"或"白鼻",四脚略高,有"四白脚"特征。梅山猪虽有此毛色特征,但体型要比沙乌头猪大。

清康熙十一年(1672年),海门县大半坍入江中,不得不裁县归并通州。17世纪末、18世纪初,江流回向南泓,长江北岸开始涨积形成沙屿。1706年前后,崇明人陈朝玉(1688~1761)夫妇来此垦殖,带动了一大批崇明人迁来沙屿垦地并渐成村落,乾隆三十三年(1768年)划通州、设海门直隶厅。以后陆续有崇明人带着沙乌头猪来到海门饲养。所以今天的海门市大部分地区曾是崇明属地,启东只有120年的历史,史称"外沙",居住着30多万崇明县人,1928年设县分治前隶属上海市崇明县;中部地区为"下沙",在1941年前隶属海门,作为崇明的"外沙"启东;1928年随着30万崇明县人及土地的迁入,一定数量沙乌头猪随之"定居"江苏省启东市。1369年(明洪武二年)崇明岛设县,历史上曾先后隶属于扬州、苏州、太仓、南通、松江,故沙乌头猪在上海市崇明区及江苏省海门、启东市均有分布。

在1932年崇明全岛养猪约3 000头,1949年养猪达1.3万头。20世纪50年代实行有计划的统购统销,通过农户投资、集体挖潜、国家支持,创办集体畜牧场,兴建新海、鳌山、庙镇、城北、东兴、向化、聚兴等7个国营畜牧场,并对集体畜牧场给予合理补贴,促进了集体养猪事业的发展,同时鼓励农户家庭养猪。至60年代末全县存栏23.99万头,70年代末达到70.89万头,创历史最高水平。80年代初,肉猪饲养量调整为每年60万头左右,上市头重增加到93.15 kg,达历史最好水平。80年代中期,全县饲养56万头(含8个市属国营农场),上市35.62万头。近30年来,随着外来猪种的引入,二元、三元杂交猪在生产性能、经济效益等方面远超纯种沙乌头猪,导致沙乌头猪群体数量不断下降。1986年存栏沙乌头母猪17 600头,公猪980头;1990年存栏沙乌头母猪14 200头,公猪750头;1995年存栏沙乌头母猪6 100头,公猪330头;2000年存栏沙乌头母猪330头,公猪20头;至2005年仅存栏沙乌头母猪70头,公猪13头。

沙乌头猪以前长期处于散养状态,为加强对地方品种的保护,1968年1月成立上海市崇明县种畜场。建场之初,从马桥、大同、城东、三星4个公社种畜场引进了4个血统;20世纪80年代初,又从裕安公社、三星公社二队、建设公社、合兴良种场引进了4个血统,形成了沙乌头猪8个血统。在此基础上,进行了沙乌头猪的选育提高,对公社、大队两级养猪场的母猪进行了整理扩群,形成了沙乌头猪育种体系,种猪数量迅速增加,质量也逐年提高。从20世纪70年代开始,上海市农业科学院畜牧兽医研究所、上海市畜牧兽医站、崇明县种畜场等科技人员对沙乌头猪进行选育、种质研究,使沙乌头种猪的数量、质量又有所提高。

1988年上海市崇明县种畜场被确定为市级种畜场,目前也是上海市一级原种场。从1970～2010年的40年期间,崇明县种畜场已繁殖出沙乌头纯种母猪4.8万多头,除供应本地区外,还销往江苏、浙江、江西、福建等地区,成为当地发展养猪生产的首选母本。据统计,期间销售纯种及杂一代沙乌头母猪有7万多头。2014年2月,沙乌头猪被列入《国家级畜禽遗传资源保护名录》。2015年3月,崇明县种畜场被农业部授予"国家级沙乌头猪保种场"。

(三) 枫泾猪

早在2 000年以前,枫泾地区的先民们已将猎获的类似华南野猪逐渐驯养成为家猪。经过千百年的饲养驯化,家猪体态与野猪发生明显的变化,体表有黑色鬃毛,生殖性能有很大提高,警觉性变差,性情温顺,当地人称"黑猪"或"杜种猪"。猪的品种特征也相应明显,形成了滑尖、翁头、寿头三种类型。滑尖又称"杜种"或"筷头",体重60 kg左右,头长、额狭、有皱纹,紫红细皮,四脚白,丁香奶头;翁头猪体型大,粗皮、皱褶多,俗称"橡皮猪"。

枫泾古镇商业的形成,加上水陆交通枢纽的特殊条件,粮食深加工行业(酒坊、糖坊、糟坊等)的发展,促进了当地养猪业的发展,尤其是20世纪50年代所有制和经济体制的变革,改变了对猪种的选择和选配方向,以枫泾为中心的土种良种黑猪正式定名为"枫泾猪",属太湖猪类群。

20世纪50年代,金山县以枫泾猪纯繁为主。1959年,开始引进苏白和约克夏良种公猪与枫泾猪杂交。60年代引进长白猪,开展杂交肥育商品猪的试验。70年代建立起了枫泾猪纯种繁育和杂交利用相结合的繁育体系。全县生产母猪绝大部分更替为枫泾猪;公猪是苏白、长白和约克夏;商品猪主要是苏枫一代。

1974年,《中国猪品种志》将枫泾猪归类为太湖猪,其数量仅次于二花脸猪。1975年8月在上海市金山县成立太湖猪育种协作组,1979年7月在上海成立了太湖猪育种委员会。

20世纪80年代建立良种登记制度,制定饲养标准,开展瘦肉型猪不同品种杂交组合试验,培育汉×枫、大约×枫、斯×枫、杜×枫等杂交生产母猪。1979～1986年,以中国农业科学院北京畜牧兽医研究所繁育研究室主任王瑞祥研究员领衔的专家组进驻金山县畜牧兽医站,在县种畜场开展了大量科研工作,取得了丰硕成果。与此同时,中国农业科学院北京畜牧兽医研究所所长郑丕留教授、陈幼春教授、李炳坦教授,东北农学院许振英教授,江苏农学院张照教授,南京农学院陈效华教授、谢成侠教授等在繁殖、育种、饲料营养等领域开展了研究。1981 年 9 月、1983 年 7 月、1988 年 11 月,日本专家 3 次来金山考察枫泾猪。1983~1984 年,英国、法国、美国繁育专家来金山考察交流。

20 世纪 90 年代,随着国外瘦肉型猪种的大量引进,规模化养殖瘦肉型猪开始盛行,枫泾猪养殖逐渐减少。2002 年底,金山区(1997 年撤县建区)种畜场枫泾猪共有 4 个家系,79 头母猪、7 头公猪。2003 年起,由于体制改革,金山种畜场撤并,枫泾猪的养殖、繁育职能由金山区农业委员会委托上海沙龙畜牧有限公司开展。公司与上海市农业科学院畜牧兽医研究所、上海农林职业技术学院合作,开展了枫泾猪提纯复壮和多元杂交利用、枫泾猪群体育种及杂交开发、优质种猪杂交优势利用及良种繁育体系建立等研究。2017 年,上海沙龙畜牧有限公司保种场的枫泾猪种猪核心群数量已增加到 6 个家系,共有 120 头生产母猪、18 头生产公猪、26 头后备母猪、12 头后备公猪。

(四) 浦东白猪

浦东白猪具有毛色全白、繁殖力高、耐粗饲、适应性强、肉质风味较佳等优良特性,2006 年列入《国家级畜禽遗传资源保护名录》。

据《川沙县志》记载:"浦东白猪皮厚而松,有养至 200 余斤者。"浦东白猪在浦东地区的饲养历史在 200 年以上,浦东白猪所处的自然生态环境和农耕社会的经济条件,尤其是耕作制度对浦东白猪的形成与沿革产生较大影响。上海浦东、奉贤一带地处北纬 30°08′~31°23′,东经 120°27′~121°06′,东南沿海、东濒东海、南依杭州湾,为长江冲积平原,地势平坦,全境无山,海拔 2~3 m。年平均气温 16.3 ℃,最高气温 37.2 ℃,最低气温 −5.1 ℃,无霜期 224 d。年降水量 956 mm(117 d),6 月中旬至 7 月上旬为梅雨季,持续 20 d 左右。相对湿度 82%。5~9 月是汛期,占全年降水量的 57.8%。年平均日照时数 2 070 h。平均风力 3.4 级,东南风多。自西北向东南,土质分别为潮泥土、黄泥土、半黄泥土、沙土、滨海盐土。主要农作物有水稻、油菜、棉花等。因产区土地瘠薄,农作物产量很低,农民生活贫困,为增加经济效益,当地农民多利用丰富的海滩资源饲养猪、鸡,并利用畜禽粪肥改良海滩土壤,提高农作物产量。据史料记载和品种资源调查,历史上由于白猪收购价格比黑猪高,劳动人民逐步选留被毛白色猪,经过长期选育,白色猪群体日益扩大,逐步形成了浦东白猪。

二、产区及分布

(一) 梅山猪

梅山猪的原产地主要在太湖排水干道的浏河两岸,主要分布在上海市的嘉定区、青浦区东部、宝山区西部,江苏省的太仓、昆山、海门、如东、江浦等县(市)和南京雨花区。目前,中型梅山猪原种场在"上海市嘉定区梅山猪育种中心"和"江苏省昆山市种猪场",小型梅山猪原种场在"江苏省常熟市种畜场"。嘉定区梅山猪的原产地主要在华亭、徐行、娄塘、朱桥、唐行等地,其中以娄塘、唐行、华亭的梅山猪最为出名。

国内引进梅山猪的有福建、湖北、浙江及东北三省。国外先后引进梅山猪的有阿尔巴尼亚、泰国、法国、匈牙利、罗马尼亚、朝鲜、日本、英国和美国。法国、日本、美国等国家对梅山猪进行了专门的系统研究,发表了大量有价值的论文,并利用梅山猪的优秀基因育成新的"合成系",取得了令人瞩目的成果。

(二) 沙乌头猪

沙乌头猪原产于长江口的崇明岛,主产区在新海、鳌山、庙镇、城北、东兴、向化、聚兴等 7 个乡镇。由于隶属地历史变迁,在江苏省启东、海门市等地也有分布。

2013 年,上海市崇明区种畜场申报的"沙乌头猪国家农产品地理标志登记保护"通过农业部农产品质量安全中心审核和组织专家评审,对沙乌头猪实施国家农产品地理标志保护。

(三) 枫泾猪

枫泾猪原产于上海金山、松江区和浙江省嘉善县。20 世纪 70 年代,枫泾猪在苏浙沪一带的嘉善、平湖、松江、青浦、吴江、金山等地的饲养量可占 80% 以上,主要分布在金山区的枫泾、兴塔等地区。

1989 年 3 月,美国伊利诺伊大学动物研究小组以每头 1.1 万美元的高价购买枫泾猪母猪,用于解开中国母猪产仔多的奥秘,以培育未来的"超级猪"。

根据《农产品地理标志管理办法》规定,上海市金山区农学会 2011 年申请对枫泾猪实施农产品地理标志保护(农业部公告第 1813 号)。1985 年,松江县生产母猪 18 594 头,其中枫泾猪占 95.96%,已形成质量较高的枫泾猪母猪群,成为市郊枫泾猪繁育基地之一。

历史上,金山本属于松江府,后由松江府划出。现与金山交界的松江区,也是枫泾猪的主产区之一。据《松江县志》记载:1970年起,在县种畜场和洞泾、新桥、张泽、叶榭等4个公社种畜场建立育种基地。《青浦县志》记载:枫泾猪原产金山县枫泾一带,以及青浦县小蒸、蒸淀等地。1984年起,在云南省思茅地区普洱县(现普洱市宁洱县)渐有枫泾猪饲养。

(四)浦东白猪

浦东白猪原产于上海市浦东新区川沙镇和祝桥镇等地,其中祝桥镇的吴家庙、马家宅、火义堰和行前桥一带为中心产区,主要分布在以原南汇县农场、原南汇县种畜场以及原南汇地区的万祥公社和瓦屑公社畜牧场为主体的繁育场。除浦东新区外,奉贤区沿海一带也有饲养。据资料记载,1982年底南汇县浦东白猪生产母猪圈存数为7 735头,种公猪为56头,分别占全县1982年底生产母猪总数29 238头的26.5%和公猪540头的10.4%。另有23个公社畜牧场、部分大队中心场、少量生产队养猪场饲养浦东白猪母猪。浦东白猪公猪由县、公社畜牧场饲养。20世纪90年代开始,浦东白猪由于生长速度较慢、饲料报酬较低等原因,养殖数量逐年下降。然而,也由于浦东白猪繁殖性能好、产仔多、母性好以及其杂交育肥性能好,加上农户有饲养浦东白猪的习惯,从而还保持了相当的数量。具体数量和分布见表1-2、表1-3。

表1-2　20世纪90年代浦东白猪数量分布

性别	县级场	公社场	大队场	生产队场	合计
母猪(头)	228	841	1 000	5 666	7 735
公猪(头)	13	26	17	0	56

表1-3　20世纪90年代浦东白猪母猪纯繁利用数、杂交利用数分布

项目	杂交利用数			纯繁利用数	
	县级	公社	大队	公社	大队
数量(头)	171	277	100	564	900
合计	548			1 464	

第二章

品 种 特 性

一、体型外貌

(一) 梅山猪

1. 外貌特征

(1) 被毛、鬃毛及肤色：全身被毛黑色或青黑色，四蹄白色，俗称"四白脚"。毛稀疏，鬃毛粗硬。头部毛色淡黑，腹部皮肤呈紫红色，多有玉鼻，少数腹部有白斑。

(2) 体型：稍大，体质健壮，结构较疏松。

(3) 头部：嘴筒短而宽。额阔，额纹多，且纵横曲布，横粗竖浅。颊面略窄。两耳大、软而下垂过嘴角。

(4) 躯干：背线平直、较宽、微凹，腹线下垂，臀稍大、微斜，身体浑圆，后躯丰满。乳腺发达，乳头细长，俗称丁香乳头。乳头数 8 对以上。

(5) 四肢：较高、较粗大、结实，管围多在 20 cm 以上，飞节处皱褶较明显，圆脚壳。

(6) 其他特殊性状：目前上海市嘉定区梅山猪育种中心主要保存原种中型梅山猪，拥有 4 个优秀家系、生产性能比较稳定的核心群体。4 个家系各具特色。

甲组：身长、脚高，比较结实，但毛色较黑、密。

乙组：四白脚遗传较稳定，体质结实。母猪利用年限长，但偶尔会分离出小型的后代。

丙组：双背，脚粗，体格粗壮。腹部有白斑的个体出现率较高，偶尔会分离出粗糙的后代。

丁组：毛稀，体质细致，繁殖性能好，但后代患遗传病的比例较其他家系高。

2. 体重、体尺

（1）成年公猪体重及体尺：平均体重 192 kg，体长 153 cm，体高 89 cm，胸围 133 cm。

（2）成年母猪体重及体尺：平均体重 172 kg，体长 147 cm，体高 76 cm，胸围 128 cm。

（二）沙乌头猪

1. 外貌特征

（1）被毛、鬃毛及肤色：被毛黑而密，鬃毛乌黑色，鼻端、系部有白毛，皮肤黑色或紫红色，少量有白肚，具有"四白脚"特征。

（2）体型：中等、紧凑。体质结实，结构匀称，行动灵活。

（3）头部：中等大，形似黄砂茶壶，面长短适中，额部皱纹较浅，有玉鼻或白鼻特征。耳大、遮眼、下垂，但短于嘴筒。耳根微硬。嘴筒中等。眼大，眼眶附近有浅色眼圈。

（4）躯干：颈中等粗，胸深而宽，背腰平直或微凹，腹大、下垂但不拖地。有效乳头 8 对以上。乳头粗，发育良好，对称排列，呈枣子形。

（5）四肢：略高，较结实，粗壮。腿部有皱褶，卧系。斜尻。

（6）其他特殊性状：部分公猪有獠牙。

2. 体重、体尺

（1）成年公猪体重及体尺：体重为 156 kg，体长为 145 cm，体高为 77 cm，胸围为 126 cm。

（2）成年母猪体重及体尺：体重为 150 kg，体长为 138 cm，体高为 69 cm，胸围为 123 cm。

几十年来，沙乌头猪成年公母猪的体重和体尺虽发生了一些变化，但仍基本一致，说明沙乌头猪的遗传已趋于稳定，产生微小变化的原因主要是饲养管理方式的调整及饲料配方的改变。高硕等（2014）对海门沙乌头猪原种场 2 月龄、4 月龄、6 月龄、12 月龄等阶段体尺测定结果表明：性别对 2 月龄沙乌头猪的体尺有显著影响，母猪体长极显著长于公猪，对其他体尺性状无显著影响；其他时间段公母猪体尺性状无显著差异，但在体尺性状生长规律方面，沙乌头公猪 4～6 月龄体高、胸围、胸深的生长速度优于母猪，6～12 月龄体长、腿围生长速度快于母猪，4～12 月龄腹围、管围的生长速度快于母猪。沙乌头母猪只有 2～4 月龄、6～12 月龄胸围生长速度快于公猪,6～12 月龄胸深生长速度快于公猪。若从相同性别不同阶段体尺生长情况分析,除了胸宽,沙乌头公母猪 4～6 月龄的体尺生长性能与其他时间段相比均变缓。

(三) 枫泾猪

1. 外貌

(1) 被毛、鬃毛及肤色:全身被毛黑色或青灰色,毛细而稀,毛丛密,毛丛间距离大。皮肤黑色或紫红,腹部皮肤多呈紫红色。也有鼻吻白色或尾尖白色的个体。

(2) 体型:骨骼介于梅山猪与米猪之间。体型中等,粗壮、结实。

(3) 头部:头大,额宽。额有皱纹,皱褶多而深。嘴筒略凹,鼻盘有粉红色、灰黑色、玉色等数种。耳大、软而下垂,耳基部较厚、不贴脸。耳与嘴筒齐或超过嘴角。

(4) 躯干:腰背微凹,胸深,腹大,臀宽。乳房发育良好,有效乳头 8～9 对。丁香乳头,呈盅状。

(5) 四肢:粗壮,结构紧凑,发育匀称,后肢略软。蹄黑,少数有四白脚。

(6) 其他特殊性状:枫泾猪可能受到地域限制,逐渐形成以下 3 个类型。

滑尖型:亦称筷头杜仲。体重在 60 kg 左右,偏小型。头长,额狭,极少有皱纹。紫红细皮,四白脚,丁香乳头。乳头数多于翁头型。

翁头型:头大,额部皱纹多。两耳特别长大,常盖住双眼。皮肤粗糙,褶纹多,俗称橡皮猪。乳头排列不均匀,瞎乳头概率高。产仔少于滑尖型。

寿字型:头部皱纹多而深,形似“寿”字。性状介于滑尖型和翁头型之间。

2. 体重、体尺

(1) 成年公猪体重及体尺:体重 152 kg,体长 150 cm,体高 75 cm,胸围 124 cm。

(2) 成年母猪体重及体尺:体重 125 kg,体长 143 cm,体高 67 cm,胸围 114 cm。

(四) 浦东白猪

历史上浦东白猪曾有 3 种类型,即短头型、长头型和中间型。中间型因在生产中便于管理,行动比较灵活,繁殖性能比较高,是目前留存的主要类型。

1. 外貌特征

（1）被毛、鬃毛及肤色：全身被毛白色，皮肤白色。

（2）体型：中等。体质疏松，行动比较灵活。

（3）头部：头粗大，嘴筒中等。额面多皱纹，皱纹弯曲形似"寿"字。耳大下垂，鬃毛粗硬。公猪有獠牙。

（4）躯干：背线平直，腹大略下垂，臀部倾斜。皮厚而粗松，多皱褶。乳头形似红枣，排列整齐，平均8对以上。

（5）四肢：粗壮。后肢外弯，也有内曲的。

（6）其他特殊性状：根据外貌特征，浦东白猪一般可分为以下3种类型。

短头型：多分布于南汇中西部。头面呈狮子头，额部较宽，皱纹多而深，耳大而长过鼻端。四肢粗，后肢多卧系且皱褶，群众称"套裤"。

长头型：主要分布在南汇东部地区。头和身躯较狭长，耳长但不过鼻端，皮较薄，皱纹较浅细，后肢皱纹较不明显。

中间型：目前主要类型。头中等长，额宽。耳呈三角，大小中等。四肢高，身躯长。

2. 体重、体尺

（1）成年公猪体重及体尺：体重155 kg，体长142 cm，体高77 cm，胸围130 cm。

（2）成年母猪体重及体尺：体重159 kg，体长138 cm，体高71 cm，胸围124 cm。

二、生长特性

（一）梅山猪

1. 胚胎期、哺乳期、育肥期生长发育特性

（1）胚胎期发育：猪胚胎期发育受到品种、环境和营养条件的制约。梅山猪胚胎成活率比较高，相同排卵率时胚胎存活更多。大白猪的胚胎死亡率为26%，而梅山猪的胚胎死亡率为16%。研究表明，附植前（即受精8～14 d）发育较快且一致。与约克夏猪相比，梅山猪的胎盘比较小，但胎盘上的血管丰富，每单位胎盘表面积允许更多的营养物质交换，导致在妊娠110 d时梅山猪有更大的胎儿重与胎盘重之比。妊娠晚期梅山猪胎儿仅需要较小面积的胎盘进行物质交换，当胎儿的营

养需要增加时,梅山猪的胎盘可以为更多的仔猪提供营养。

(2)初生后生长发育:仔猪初生后肌肉、脂肪、皮肤与骨骼的生长发育各有不同的特点。肌肉的生长发育,自出生到60日龄的瞬时生长率随日龄逐渐增高,而相对生长率随日龄逐渐下降,60~70日龄是一个拐点。

脂肪(仅指皮下和肌肉间的体脂)的生长发育,与肌肉基本相似,在75~90日龄时有个拐点。

皮的生长发育要比肌肉晚,90日龄是一个拐点,前期生长较慢,90日龄后皮肤的生长强度大于肌肉,故加强90日龄前仔猪的培育,有利于提高瘦肉率。

仔猪各种骨骼的相对生长率差异较大,其中脊椎骨生长强度最大,其次为前肢骨,后肢骨最慢。180日龄后逐步趋向一致,到360日龄时,各种骨骼的相对生长率已十分接近,此时猪的骨架形态已基本定型。

(3)育肥期生长发育:在较好的饲养条件下,一般梅山猪日增重为400~500 g。据嘉定县种畜场1982年试验,96头梅山猪平均日增重466 g,料重比4.00:1,屠宰率66.24%,胴体瘦肉率44.11%,胴体含脂肪25.41%、皮肤17.01%、骨13.11%。分析表明:增重速度、90 kg体尺、屠宰率、胴体长、肋骨数、后腿比例以及胴体瘦肉率等性状的变异量较小(2.42%~9.91%),而皮厚、膘厚和胴体的皮、骨、脂肪率等性状的变异量都较大(11%~20%);眼肌面积和板油率的变异量最大(20.4%~26.97%)(表2-1)。因此,降低皮膘厚,从而适当改善梅山猪的胴体品质方面,尚有一定的潜力。

1993年,上海市嘉定区种畜场陆林根等(1995)对32头经阉割的梅山猪小公猪进行育肥试验,并进行屠宰测定及肉质测定。其结果为平均体重79.3 kg,平均日增重364.49 g,料重比4.13:1,16头宰前体重平均79.47 kg,胴体重52.2 kg,平均屠宰率68.02%,平均瘦肉率45.46%,平均眼肌面积16.7 cm²;肉质较好,平均肉色为3.66分。

许栋等(2016,2017)研究了梅山猪公猪和母猪育成期的生长发育规律,并拟合其生长曲线。以67头饲养于生产性能测定系统(FIRE系统)的梅山猪公猪的生长发育数据(108~255 d)为基础,研究其生长发育规律。结果梅山猪公猪育成期的累积生长曲线呈现"S"形曲线,利用2种非线性模型对其生长曲线进行拟合,都获得了较理想的拟合效果。其中,Logistic模型的拟合优度最高,拟合结果最接近真实情况。在其拟合生长曲线中,梅山猪公猪最大理论体重为85.412 kg,生长拐点体重为42.706 kg,拐点日龄为159.388,最大日增重为512.465 g。以42头饲养

表 2-1　梅山猪纯种育肥试验结果

出生天数 (d)	试验天数 (d)	始重 (kg)	末重 (kg)	日增重 (g)	精料耗量 (kg)	消化能 (MJ)	粗蛋白 (g)
226.1	128.88	30.65	90.23	466.2	238.01	3 139.90	32 273.07

精料报酬	消化能 报酬(MJ)	粗蛋白 报酬(g)	身长 (cm)	胸围 (cm)	体高 (cm)	胸深 (cm)	管围 (cm)
3.40	53.60	541.59	114.19	103.65	64.21	35.32	19.05

宰前活重 (kg)	屠宰率 (%)	头重 (kg)	脚重 (kg)	板油率 (%)	皮厚 (cm)	6～7肋 膘厚(cm)	1/2身长 膘厚(cm)
90.36	66.24	8.11	1.95	2.96	0.69	3.57	2.49

胴体长 (cm)	肋骨数 (根)	眼肌面 积(cm²)	后腿比例 (%)	半胴体重 (kg)	瘦肉率 (%)	脂肪率 (%)	皮+骨率 (%)
75.96	13.7	19.13	29.64	28.26	44.11	25.41	17.01+13.11

注：样本数为96。

于生产性能测定系统(FIRE系统)的梅山猪母猪的生长发育数据(90～250日龄)为基础,研究其生长发育规律并拟合其生长曲线。梅山猪母猪的绝对生长和相对生长符合"抛物线"形,20～26周龄之前为快速增长期,随着周龄增加逐渐降低。利用2种非线性模型对其生长曲线进行拟合,都获得了较理想的拟合效果。其中,Logistic模型的拟合优度最高,拟合结果最接近真实情况。在其拟合生长曲线中,梅山猪母猪最大理论体重为92.654 kg,生长拐点体重为46.327 kg,拐点日龄为166.529,最大日增重为416.943 g。

2. 仔猪初生个体重和窝重、断奶重

据上海市嘉定县种畜场1976～1980年资料统计,经产母猪平均每胎产仔15.71头,产活仔14.33头,初生个体重0.91 kg,窝重13.07 kg;60日龄断奶仔数12.54头,个体重15.10 kg,窝重187.39 kg。产仔数最高纪录为一胎产仔33头,被誉为"世界级产仔冠军"。

表2-2中的各项数据是上海市嘉定区种畜场1976～1980年的统计资料;1986～1990年随着饲养、饲喂条件的提高,在平均产仔数、初生重、窝重、断奶重方面略有提高。2000年之后,受管理体制及饲养方式变动等多种因素影响,生产性能有所下降(表2-3)。

表 2-2 经产梅山猪产仔数、初生重与断奶重

年度	窝数	窝产仔数（头）	产活仔数（头）	初生窝重（kg）	初生重（kg）	断奶数（头）	断奶窝重（kg）	断奶重（kg）	断奶日龄
1976～1980	1 798	15.71	14.33	13.07	0.91	12.54	187.39	15.1	60
1986～1990	1 562	16.31	13.80	13.23	0.94	12.16	213.02	17.5	60
2000～2010	180	14.22	12.90	13.80	1.17	8.20	46.76	6.35	30

表 2-3 2014～2017 年梅山猪生产性能（含初产）

年度	胎数（胎）	产仔数（头）	产活仔数（头）
2014	634	12.27	10.52
2015	675	12.32	10.89
2016	755	12.37	10.98
2017	496	12.23	11.28

3. 性成熟与体成熟

性成熟早是梅山猪的特性之一，小母猪初情期最早为 69 日龄，平均 85.2 日龄，体重 25.58 kg 即可受胎，并产下正常的仔猪。

虽然梅山猪母猪 3 月龄已性成熟，能正常受胎、分娩，但是从排卵数量、产仔及产后仔猪的生活力来看还不理想，况且 3 月龄的母猪性器官尚未完全成熟，因此，不提倡过早配种。但 6 月龄的梅山猪母猪排卵已达 18.5 个，与习惯上 8 月龄配种的母猪排卵数 18.53 个相似，卵巢、子宫角、输卵管等性器官的发育已接近 8 月龄的母猪，故从性器官的成熟程度及排卵数量上看，梅山猪母猪在 6 月龄、体重 50～60 kg 时已达体成熟，可进行正常繁殖生产。

公猪性成熟期为能采出正常精液的时间，梅山猪公猪初情期为 82 日龄，性成熟期为 89 日龄。据观察，平均 70 日龄、体重 14.5 kg 时阴茎与包皮鞘分离，开始出现性欲表现；82～83 日龄、体重 16.08 kg 时，精液量可达 25.67 mL，并有成熟精子出现，这时如进行配种也能受精，但未成熟精子占 36.1%。4 月龄时未成熟精子占 4.5%，精液量 42 mL；12 月龄时未成熟精子占 2.8%，精液量 193.75 mL。

（二）沙乌头猪

1. 胚胎期、哺乳期、育肥期生长发育特性

（1）胚胎期发育：沙乌头猪胚胎期发育和出生后一样受到品种、环境和营养条件的制约。沙乌头猪在胚胎期发育是不平衡的，胎龄 0～30 d 发育较慢，胎龄 31～

60 d 发育增快,胎龄 61～90 d 发育最快(其胚胎增重占出生体重近一半),胎龄 91 d 至出生胚胎发育稍慢于 61～90 d 时。因此,在饲养沙乌头猪妊娠母猪时,要注意胚胎发育的这一特点,合理安排好妊娠母猪的饲料营养和生产管理。

沙乌头猪排卵数多、胚胎存活率较高,明显不同于大白猪等外来品种,所以产仔数明显多于外来品种。沙乌头猪初生重为 750～850 g,仅为大白猪(1 250 g)的 64%。沙乌头猪胚胎重量明显低于大白猪,是长期在其特定饲养条件下适应性的反映。其原因可能是沙乌头猪胚胎数多,妊娠后期营养需求量大,母猪体型较小,导致初生仔猪平均重量较小。

(2) 哺乳期生长发育:沙乌头猪产仔数多,仔猪初生重偏小,仔猪的消化功能不健全,缺乏先天性免疫力。由于皮毛薄稀、皮下脂肪少,所以体温调节能力差。初生仔猪的适应性和抗病力较差,需要保温和精心护理,可设专门的保育箱保温,温度可根据仔猪不同日龄或状态进行调控;让仔猪尽早吸吮足够的初乳,固定好乳头;提早补铁和补料。7 日龄后的仔猪,生长速度逐渐加快,其肉、脂、皮、骨及内脏也渐渐生长发育,适应性提高,抗病力渐强,对于营养需求不断增强,所以除母乳外必须提供营养丰富的乳猪料,以满足仔猪生长发育的需求。14 日龄后的仔猪,变得活泼好动,采食量开始增加,是仔猪在哺乳期生长发育最快的一个阶段。这个阶段的增重达断奶重的 50% 以上,仔猪肉、脂、皮、骨及内脏也在加速生长发育。沙乌头仔猪断奶体重为 5.5 kg。

(3) 育肥期生长发育:沙乌头猪的消化功能逐步健全,营养物质吸收能力增强,生长发育迅速,特别是骨骼和肌肉生长速度较快。体重达到 25 kg(约 90 日龄)以后生长速度加快,体重在 60 kg(约 180 日龄)以上时,生长速度开始减缓,此阶段骨骼和肌肉的生长速度比前期放缓,但脂肪组织开始快速生长,对各种饲料的吸收能力不断加强。

沙乌头猪的育肥性能同国外引进品种相比差距较大,日增重为 430～480 g,料重比(3.5～4.5):1。

2. 仔猪初生个体重和窝重、断奶个体重和窝重、育肥期日增重

(1) 仔猪初生个体重和窝重:沙乌头猪初产母猪的仔猪初生个体重为 0.75 kg,初生窝重为 9.0 kg;沙乌头猪经产母猪的仔猪初生个体重为 0.8 kg,初生窝重为 10.5 kg。据崇明县种畜场历年沙乌头猪产仔哺育记录统计,沙乌头猪初生仔猪个体重和窝重基本保持稳定。

(2) 仔猪断奶个体重和窝重:沙乌头猪初产母猪的仔猪 35 日龄断奶个体重为 5.1 kg,断奶窝重为 56.1 kg;沙乌头猪经产母猪的仔猪 35 日龄断奶个体重为

5.5 kg,断奶窝重为 68.5 kg。据崇明区种畜场沙乌头猪产仔哺育记录统计,沙乌头猪仔猪断奶个体重基本保持稳定。

崇明区种畜场仔猪初生个体重和窝重、断奶个体重和窝重统计见表 2-4。

表 2-4 沙乌头猪初生个体重和窝重、断奶个体重和窝重测定

年度	初生		35 日龄断奶	
	个体重(kg)	窝重(kg)	个体重(kg)	窝重(kg)
2006	0.838	10.50	5.63	63.45
2007	0.816	11.11	5.51	68.49
2008	0.809	11.97	5.46	71.80
2009	0.822	11.11	5.49	68.50
2010	0.831	10.94	5.56	67.30
2011	0.836	11.19	5.52	68.20
2012	0.829	10.93	5.54	67.20
2013	0.824	10.90	5.57	68.07
2014	0.836	11.09	5.51	69.37
2015	0.839	10.91	5.53	68.46
2016	0.840	10.99	5.48	69.21
2017	0.835	10.70	5.55	67.77

(3) 育肥期日增重:沙乌头猪纯种肉猪 20～75 kg 体重日增重为 430～480 g,料重比(3.5～4.5):1。崇明区种畜场沙乌头猪育肥性能测定见表 2-5。

表 2-5 崇明区种畜场沙乌头猪育肥性能测定

年度	样本数(头)	始重(kg)	测定天数(d)	末重(kg)	总增重(kg)	日增重(g)	料重比
1990	6	29.40	106	75.20	45.80	430.00	3.59:1
1991	6	25.58	100	72.50	46.92	480.00	3.48:1
2004	21	23.26	115	71.48	48.22	428.45	3.34:1
2010	36	34.78	111	73.93	39.15	383.0	4.28:1
2014	12	21.87	93	67.93	46.06	508.00	3.41:1
2015	24	28.08	115	73.47	45.39	308.47	3.99:1
2016	12	29.93	108	70.64	40.71	376.18	3.71:1
2017	36	22.56	132	76.83	54.27	430.09	3.77:1

3. 性成熟和体成熟

沙乌头猪性成熟早,发情明显。3~4 月龄母猪出现发情征状,公猪能爬跨、射精,小母猪也能受孕。母猪 240~270 日龄、体重 65~80 kg,公猪 270~300 日龄、体重 100 kg 时初配。

(三)枫泾猪

1. 胚胎期、哺乳期、育肥期生长发育特性

母猪发情配种后,受精卵在子宫壁上着床需 20~30 d,平均 22 d。着床后,胚胎个体很小,重量很轻,但是处在强烈的分化时期,随着妊娠日龄增加,胎儿生长发育速度也加快。妊娠 28 d 时胚胎平均重 2~2.8 g,没有成形,而一颗小黑点的小心脏已经在搏动。妊娠 56 d 时胎儿体重达 50 g 以上,已经形成体态。妊娠 84 d 后,胎儿迅速长大。仔猪出生时平均体重 0.79 kg,其体重的 2/3 是在妊娠最后 30 d 内完成的。

赵尚吉等(1988)用枫泾青年母猪 13 头,剖腹手术后,从子宫外观测活胎数和从卵巢观测黄体数,测得同一头母猪妊娠各阶段的胎儿存活率。结果表明,枫泾母猪妊娠 30(25~35)d、56 d、84 d 和分娩的胎儿存活率分别为 89.6%、59.4%、53.3% 和 52.2%。枫泾猪胚胎死亡高峰在妊娠 35~56 d,而不是在妊娠 30(25~30)d 之前,妊娠 56 d 至分娩胎儿死亡很少,妊娠 84 d 至分娩胎儿一般不再死亡。

各级饲养场营养水平、管理水平等环境条件不同,枫泾猪生长发育水平也不相同。一般来说,枫泾猪在 4~8 月龄的个体生长发育变异较大;到成年后,个体差异较小,比较稳定,详见表 2-6。在饲养管理水平较高的条件下,体型相应增大,现在的枫泾猪已经从过去的小型猪发展成为中型猪(杨少峰等,1981)。

表 2-6　不同月龄生长发育

月龄	性别	样本数（头）	体重（kg）	体长（cm）	体高（cm）	胸围（cm）	胸深（cm）	管围（cm）
4	母	135	17.94±0.37	78.87±0.77	40.81±0.43	72.97±0.47	22.77±0.33	13.34±0.13
6	公	88	42.80±0.79	91.90±0.77	44.36±0.42	81.67±0.68	25.77±0.04	16.20±0.15
	母	128	48.72±0.67	92.40±0.64	43.43±0.70	83.27±0.60	26.48±0.23	15.79±0.12

续　表

月龄	性别	样本数（头）	体重（kg）	体长（cm）	体高（cm）	胸围（cm）	胸深（cm）	管围（cm）
8	公	23	71.76±1.45	111.87±1.44	58.75±0.76	94.91±1.38	31.91±0.46	19.04±0.25
	母	86	76.28±1.78	112.93±0.49	52.00±0.29	98.25±0.58	31.31±0.22	18.49±0.12
成年	公	7	152.75±10.3	150.57±3.75	75.20±2.49	124.00±3.10	45.29±1.06	23.30±0.87
	母	122	125.76±1.80	143.58±0.76	67.96±0.35	114.18±1.09	40.20±0.26	20.41±0.15

　　1972年开始，上海市农业局、上海市农业科学院组织市郊各县畜牧兽医站以上海各地方品种为母本、不同外来品种为父本进行多次试验。上海市金山县畜牧兽医站从1974年起以枫泾猪为母本，苏白、长白等8个外来品种为父本进行了多次重复试验，一致表明枫泾猪是一个比较理想的母本，各杂交组合都可获得优势，后代生活力增强、耐粗饲，在农村饲养条件下，苏枫一代生长速度较快，在良好饲养条件下长枫一代生长速度最快。各杂交组合效果见表2-7、表2-8。

表2-7　以枫泾猪为母本的不同杂交组合的杂种优势

组别（父×母）	样本数（头）	日龄（d）	试验天数（d）	平均头重（kg）		平均增重（kg）		以母本为基础进行比较（%）
				始重	末重	总增重	日增重	
枫×枫	48	252	110	30.25	81	50.75	0.460	100
苏×枫	48	244	110	39	111	77.00	0.660	+42.39
长×枫	20	224	110	39	93.5	57.50	0.522	+13.59
大约×枫	20	219	110	37	102.25	65.25	0.593	+28.8
杜×枫	20	219	110	18.2	80	61.80	0.515	+11.96
上海白×枫	20	224	110	38	96.75	58.75	0.532	+15.76

表2-8　农户养的苏枫一代杂种猪饲养调查表

样本数（头）	平均日龄（d）	饲养天数（d）	出售时毛重（kg）	日增重（kg）	料重比
81	207.99	147.99±2.43	92.33±1.9	0.54±0.01	(2.8±0.06)∶1

2. 仔猪初生个体重和窝重、断奶个体重和窝重、育肥期日增重

　　初产母猪产活仔数10～11头，个体重0.77 kg，断奶个体重5 kg以上。经产母猪产活仔数 12～14 头,个体重 0.83 kg,断奶个体重 6 kg 以上。生长、育肥猪在体重 20～80 kg 阶段,日增重 400 g 左右,每 1 kg 增重需消化能 50 MJ。80 kg 体重活体背膘厚 4.0 cm。

3. 性成熟和体成熟

枫泾猪具有早熟特性,公猪 40 日龄以上就有爬跨现象,并有交配动作。经测定 79 头公猪表明,公猪生殖器官相对生长率以 90 日龄前最高。枫泾母猪 60 日龄即出现发情,75 日龄母猪即可受胎并产下正常仔猪。母猪平均 77.7 日龄、体重15.2 kg 时初次出现外阴肿胀,最早出现肿胀的仅 48 日龄、体重只有 7 kg,此时还在吃母乳阶段。初次外阴肿胀持续期平均 19.2 d,一般不接受爬跨;少数母猪接受爬跨,但不安定。第二次外阴肿胀出现于 104 日龄,平均体重为 25.9 kg,肿胀持续平均为 7.8 d,性欲表现强烈,肿胀开始后约 2 d 都能接受公猪爬跨。根据对 3、4、5、6、7 月龄屠宰的各 6 头母猪的卵巢观察,初次排卵的 15 头母猪平均 133.6 日龄,平均黄体数为 12 个,首次排卵最早在 90 日龄,210 日龄时全部排过卵。

(四) 浦东白猪

据 1982 年南汇测定站对浦东白猪育肥性能的测定,浦东白猪始重 24 kg,经150 d 育肥体重达 93.8 kg,日增重 465 g,料重比 4.08∶1;屠宰率 61.3%,板油重1 kg,后腿重占胴体重的 28.8%,眼肌面积 24 cm²。

据 2006 年 12 月上海市种猪测定中心对 4 头浦东白猪育肥性能的测定,育肥猪始重 25.6 kg,饲养期 109 d,末重 85.65 kg,日增重 550.9 g,料重比 3.33∶1;对其中 3 头育肥猪进行了屠宰性能测定,宰前活重 92.9 kg,胴体重 62.4 kg,屠宰率69.7%,瘦肉率 43.8%,皮厚 5.6 mm,背膘厚 41 mm,眼肌面积 19.35 cm²。与1982 年数据比较,日增重提高较多。

1963～1964 年南汇县良种繁育场试验:在自然情况下,仔猪生产情况(即没有实行提早补料)(表 2-9)。

表 2-9　自然情况下仔猪生产情况

日龄	日增重(g)	日龄	日增重(g)
1～10	180	31～40	150
11～20	155	41～50	165
21～30	90	51～60	350

浦东白猪的体型1972年与1958年相比有较大提高(表2-10)。

表2-10　浦东白猪体尺、体重比较

性别	年份	样本数(头)	身长(cm)	体高(cm)	胸围(cm)	体重(kg)	22日龄断奶重(kg)
母猪	1958	58	119.9 (84~152)	62.04 (42~80)	114.01 (71~152)	88.4 (38.2~172)	9.75
	1972	19	154 (144~169)	85.7 (69~88)	134 (118~145)	/	15.15
公猪	1958	/	132.6	72.95	118	/	/
	1972	9	157.75	82.65	133.35	191	/

许栋等(2017)研究浦东白猪育肥阶段生长发育规律,并拟合其生长曲线。以87头饲养于生产性能测定系统(FIRE系统)的浦东白猪的生长发育数据(98~252 d)为基础,研究其生长发育规律。利用两种非线性模型对浦东白猪生长曲线进行拟合,获得了较理想的拟合效果。其中,以Logistic模型的拟合优度最高,拟合结果最接近真实情况。在Logistic模型拟合生长曲线中,浦东白猪公猪最大理论体重为128.72 kg,生长拐点体重为46.36 kg,拐点日龄为198.24,最大日增重为514.87 g;浦东白猪母猪最大理论体重为111.77 kg,生长拐点体重为55.89 kg,拐点日龄为184.62,最大日增重为447.09 g。

(五) 生长性能集中测定

从2006~2017年,上海市动物疫病预防控制中心对地方品种猪开展集中测定,浦东白猪和梅山猪测定8年,沙乌头猪测定5年,枫泾猪测定3年,公猪阉割,测定结果见表2-11。

表2-11　生长性能集中测定结果

品种	样本数(头)	结测体重(kg)	日增重(g)	料重比	背膘厚(mm)	眼肌面积(cm²)
梅山猪	191	76.9	449.2	3.7∶1	32.4	20.6
沙乌头猪	106	73.1	419.8	3.9∶1	35.6	19.4
枫泾猪	36	77.0	407.9	4.1∶1	35.1	19.3
浦东白猪	141	75.5	436.8	3.6∶1	31.0	20.0

三、肉质特性

(一) 梅山猪

肉质鲜美是梅山猪的一个特性。其肌肉鲜嫩、肌纤维细而密,含水量较少。肌肉脂肪丰富,呈大理石状,俗称"五花肉"。瘦肉中有 6 种与口味相关的氨基酸含量都比外来猪种高,这是肉味鲜美的重要因素。

1. 一般化学成分的变化情况

(1) 水分:肌肉中的水分含量随着日龄的增加反复表现为有增有减,并略有增加。里脊肉水分含量为 75%,腿内侧肉水分含量约为 76%。从测试结果看,梅山猪腿部肉的水分含量略高于里脊肉。

(2) 粗蛋白质:随着日龄的增加,里脊肉和腿部肉中的粗蛋白质含量呈增长趋势,特别是 30～90 日龄增长特别快,在这之后呈缓慢增长。在 210 日龄时,里脊肉的粗蛋白质含量达到 22%,腿内侧肉达到 21%。整体看来,里脊肉的粗蛋白质含量高于腿部肉。与长白猪相比,里脊肉和腿部内侧肉梅山猪均高出 0.5%。

(3) 粗脂肪:精肉中的粗脂肪含量随日龄增加呈减少趋势,特别是 30～60 日龄减少特别快,原因现在还不清楚。而长白猪的粗脂肪含量,30～90 日龄无太大变化,总体上梅山猪肉的粗脂肪含量高。

(4) 灰分:精肉中的灰分含量与日龄变化无关,稳定在 1%。这与普通猪精肉中的灰分含量相同,属正常范围。

(5) 肉色(红色度)变化情况:随着日龄的增加,里脊肉和腿部内侧肉的红色度均有增加。除 180 日龄外,腿部内侧肉的数值均高于里脊肉。另外,梅山猪公猪和母猪肉的红色度都比长白猪肉高。

(6) 脂肪熔点:猪肉脂肪的熔点通常为 33～46 ℃。对梅山猪的试验测定,60 日龄时脂肪熔点在 40 ℃以上,基本维持在 44～46 ℃。脂肪的熔点与口感关系较大,是影响口味的重要因素之一。

2. 肉质优良的重要优势

张伟力等(2010)在上海市嘉定区梅山猪育种中心对 6 头纯种梅山猪阉公猪(2009 年 3 月份春仔)屠宰测定结果见表 2-12～表 2-14。

表 2-12　梅山猪胴体性状测定结果

样本数 （头）	空腹活重 （kg）	胴体长 （cm）	屠宰率 （%）	头重占胴体 （%）	蹄重占胴体 （%）	心重占胴体 （%）
2	80.50	71.50±2.12	70.42±2.15	7.81±0.09	2.33±0.13	0.41±0.04

肝重占胴体 （%）	脾重占胴体 （%）	肺重占胴体 （%）	肾重占胴体 （%）	胃重占胴体 （%）	小肠重占胴体 （%）
1.62±0.23	0.13±0.00	1.41±0.17	0.35±0.02	0.98±0.05	1.54±0.21

花油重占胴体 （%）	板油重占胴体 （%）	胴体瘦肉率 （%）	骨重占胴体 （%）	皮重占胴体 （%）	脂肪重占胴体 （%）
0.87±0.05	2.88±0.19	42.40±4.10	13.58±0.81	12.92±1.06	31.00±2.00

最后肋膘厚 （mm）	最大膘厚 （mm）	背部皮厚 （mm）	腹部皮厚 （mm）	眼肌面积 （cm²）	大肠重占胴体 （%）	大肠净重 （kg）
20.00±0.00	36.50±2.12	3.50±0.71	2.00±0.00	13.13±1.74	2.56±0.21	2.10±0.47

表 2-13　梅山猪肉质性状测定结果

头数（头）	主观总体评定	肉色评分	饱和度	L*（亮度）	a*（红度）	b*（黄度）
2	风味醇厚， 细腻酥软	2.25± 0.35	8.56± 0.84	46.80± 1.69	8.55± 0.78	0.50± 0.28

肌纤维直径 （μm）	肌内脂肪 （%）	蛋白质 （%）	灰分 （%）	磷 （%）	钙 （%）	大理石纹
50.03± 14.50	7.32± 2.37	20.11± 9.91	1.10± 0.01	0.19± 0.02	0.013± 0.001	2.40± 0.57

48 h 贮存 水损失（%）	系水力 （%）	水溶率 75℃ 30 min（%）	剪切力 1 （N）	剪切力 2 （N）	还原糖 （%）	彩虹 （%）
1.23± 0.50	2.50± 3.53	81.00± 3.13	26.10± 2.69	25.60± 2.26	1.23± 0.62	0

注：剪切力 1 为眼肌核心嫩度，剪切力 2 为眼肌周边嫩度。

表 2-14　梅山猪肉货架期色度性状测定结果

眼肌色度性状	饱和度	L*（亮度）	a*（红度）	b*（黄度）
宰后 24 h	8.56±0.84	46.80±1.69	8.55±0.78	0.50±0.28
宰后 72 h	8.79±2.20	48.15±5.44	7.90±1.41	3.85±1.77
宰后 72 h（70℃）	8.50±0.50	76.05±1.20	4.20±0.42	7.40±0.28

肉质优良的重要优势表现如下：

① 质地优秀：肌肉脂肪高达 7.32%，加之 25.60～26.10 N 的嫩度，促成了多汁、滑嫩、甘美的口感。体重 80 kg 屠宰，肌纤维 50 μm，肉质相当细腻。

② 系水力良好：宰后 48～72 h 的滴水损失仅为 1.23%，系水力为 2.50%。上述指标提示该肉样在贮存和烹饪过程中有良好的持水能力，能有效地将风味物质吸纳在肌束膜之内。

③ 肉色悦目稳定：体重 80 kg 屠宰，眼肌 L*（亮度）、a*（红度）、b*（黄度）值提示该肉可以排除肉面渗水反光，肉面干爽。这种优良的肉色可以保持到宰后 72 h 基本不变，只有黄度有所上升，是由于还原型肌红蛋白被氧化成氧合肌红蛋白造成的。在宰后 72 h 70 ℃处理条件下，红度 a* 依然保持 4.20。

④ 肌肉大理石纹：这是表征背最长肌可见脂肪的分布和含量的一个很形象化的指标。适度的肌肉脂肪含量可使熟肉具有嫩度感和多汁感。大理石纹采用美国的 5 分制标准图进行直观评分，3 分最好，1 分和 5 分最差。对梅山猪眼肌评定结果为 2.40，可见梅山猪肌肉脂肪的分布和数量是适度的，这是梅山猪肉多汁可口的重要依据。

此外，宰后 72 h 的常温或高温饱和度依然与宰后 24 h 的常温饱和度相仿，足以反映出其优秀的保鲜能力。

（二）沙乌头猪

沙乌头猪具有肉质鲜美、肉色鲜红、嫩而多汁的特性，深受市民的喜食。沙乌头猪早熟易肥，其肌肉、骨、水分和矿物质组成低于大白猪，而脂肪、皮和磷脂含量则高于大白猪。沙乌头猪的肌肉大理石纹较好，肌间脂肪的数量和分布适度。

（1）屠宰性能：74～80 kg 体重屠宰率 66%～69%，瘦肉率 42%～49%，脂肪率 25%～30%，6～7 肋骨膘厚 3.20～4.20 cm，眼肌面积 16～18 cm²（表 2-15）。

（2）肉质指标

① 肌肉 pH：75 kg 屠宰时的 pH 为 6.05。

② 肌肉颜色：采用美国的 5 分制标准比色图于宰后 45 min 内直观评定眼肌颜色，3 分最好，1 分和 5 分最差。沙乌头猪的肉色评定大多数为 3 分，少量 2.5 分。

③ 肌肉系水率：为 12.12%，属于正常范围。

④ 肌肉大理石纹：肌肉鲜嫩，肌纤维细密。肌肉脂肪含量丰富，呈大理石状，

表 2-15 崇明县种畜场沙乌头猪屠宰性能

年度	样本数（头）	屠宰体重（kg）	屠宰率（%）	瘦肉率（%）	脂肪率（%）	膘厚（cm）	眼肌面积（cm²）
1990	3	76.90	66.57	43.50	/	3.20	16.45
1991	3	74.42	67.41	42.40	/	3.23	16.92
2004	12	74.25	67.99	43.08	/	3.37	17.23
2014	3	74.67	69.69	48.60	25.35	4.20	17.74
2015	6	79.33	68.49	48.88	26.35	3.88	/
2017	9	79.80	68.00	47.71	29.79	4.15	/

俗称"五花肉"，这是其肉嫩而多汁的重要因素。

⑤ 肌肉蛋白质含量：腰段眼肌蛋白质含量为 23.13％，大约克猪为 20.96％，前者多 2.17 个百分点。

⑥ 肌内脂肪含量：为 4.61％，多于大约克猪和长白猪的含量。

⑦ 嫩度：为 3.526 kg·f，肌肉嫩度较高。

(三) 枫泾猪

（1）屠宰性能：体重 71.35 kg 胴体重 46.74 kg，屠宰率 65.50％，皮厚 0.53 cm，膘厚 2.44 cm，眼肌面积 20.69 cm²，胴体长 83.80 cm，后腿比例 29.83％（表 2-16）（杨少峰等，1981）。

表 2-16 屠宰性能

宰前重（kg）	胴体重（kg）	屠宰率（%）	皮厚（cm）	膘厚（cm）	眼肌面积（cm²）	胴体长（cm）	后腿比例（%）
71.35（52）	46.74（52）	65.50（52）	0.53（52）	2.44（52）	20.69（20）	83.80（52）	29.83（20）

注：屠宰性能数值下面( )内为样本数。

（2）肉质指标

① 肌肉 pH：为 5.53。

② 肌肉颜色：接近 3 分。

③ 肌肉系水率：为 13.40％。

④ 肌肉大理石纹：肌肉鲜嫩，肌纤维细密，肌肉脂肪含量丰富，呈大理石状，俗称"五花肉"，这是其肉嫩而多汁的重要因素。

⑤ 肌肉蛋白质含量：为23.77％。

⑥ 肌内脂肪含量：为3.28％，多于大约克猪和长白猪的含量。

⑦ 嫩度：为3.007 kg·f,肌肉嫩度较高。

枫泾猪育肥120 d平均日增重390.08 g,180 d平均日增重337.94 g(表2-17)。胡承桂等(1982)测定结果显示,枫泾猪屠宰率为65.80％,皮厚度为0.56 cm,胴体长度为83.78 cm,眼肌面积为20.15 cm²,背膘厚度变异系数为33.34％,眼肌面积变异系数为24.56％,皮厚度变异系数为23.59％(表2-18)。

表2-17 育肥性能

育肥期(d)	数量(头)	始重(kg)			末重(kg)			总增重(kg)			平均日增重(g)		
		$\overline{X}$	S	CV	$\overline{X}$	S	CV	$\overline{X}$	S	CV	$\overline{X}$	S	CV
120	24	12.36	3.64	14.75	59.17	14.36	12.13	46.81	12.16	12.99	390.08	51.00	13.01
180	48	14.29	6.33	22.14	75.12	17.12	11.40	60.83	14.94	12.28	337.94	40.62	12.24

注：$\overline{X}$为平均数,S为标准差,CV为变异系数。

表2-18 胴体品质

性 状	样本数(头)	表型参数		
		$\overline{X}$	S	CV
宰前活重(kg)	48	70.98	20.66	14.56
胴体重(kg)	48	46.57	13.91	14.93
屠宰率(%)	48	65.80	4.12	6.26
背膘厚度(cm)	48	2.41	0.80	33.34
皮厚度(cm)	48	0.56	0.13	23.59
后腿重(左侧)(kg)	22	6.49	1.69	13.02
后腿占胴体(%)	22	28.63	2.86	9.98
胴体瘦肉占胴体(%)	22	39.79	4.35	10.92
胴体脂肪占胴体(%)	22	26.65	4.96	18.61
眼肌面积(cm²)	22	20.15	4.95	24.56
胴体长(cm)	48	83.78	10.93	13.05
肋骨数(根)	48	13.80	0.57	4.14

注：$\overline{X}$为平均数,S为标准差,CV为变异系数。

(四) 浦东白猪

2012年对浦东白猪活体背膘厚及眼肌面积的测定数据如表2-19。分4次测定,共测定83头,其中公猪35头、母猪48头。

表2-19 浦东白猪活体背膘厚及眼肌面积测定

性别	实际体重（kg）	背膘厚（cm）	眼肌面积（cm²）	校正至85 kg体重		
				校正膘厚（cm）	校正眼肌面积（cm²）	瘦肉率（%）
公猪	50.66	1.69	16.4	2.55	22.34	60.68
母猪	49.98	1.93	16.21	2.95	22.24	60.09

（五）屠宰性能和肉质指标集中测定

2017年，上海市动物疫病预防控制中心对4个地方品种的屠宰和肉质指标集中测定，并取背最长肌样品测定了氨基酸、脂肪酸和胆固醇，测定结果见表2-20和表2-21。

表2-20(a) 屠宰和肉质性能指标集中测定结果

品种	样本数（头）	宰前活重（kg）	屠宰率（%）	瘦肉率（%）	脂肪率（%）	平均膘厚（mm）	肋骨数（根）	骨率（%）	皮率（%）
梅山猪	9	85.6	66.39	51.23	24.57	37.1	12.9	11.04	12.13
沙乌头	9	79.8	68.00	47.71	29.79	39.1	12.9	10.01	11.24
枫泾猪	9	84.0	68.58	50.16	23.23	32.7	13.0	12.03	13.53
浦东白	9	87.2	68.91	49.41	27.00	35.2	13.4	10.91	11.84

表2-20(b) 屠宰和肉质性能指标集中测定结果

品种	左侧胴体（kg）	后腿重（kg）	头重（kg）	皮厚（mm）	膘厚（mm）	体长（cm）	体斜长（cm）
梅山猪	26.98	7.68	7.18	5.1	37.0	82.1	75.3
沙乌头	25.33	7.13	7.10	4.9	41.5	79.1	71.9
枫泾猪	27.46	7.91	7.81	5.6	33.0	83.4	75.0
浦东白	28.88	7.89	7.14	4.7	37.2	82.4	74.7

表2-20(c) 屠宰和肉质性能指标集中测定结果

品种	pH(1 h)	pH(24 h)	系水率（%）	嫩度（kg·f）	L*（亮度）	a*（红度）	b*（黄度）	肌内脂肪（%）
梅山猪	6.34	5.67	9.14	5.992	45.03	0.12	8.2	3.757
沙乌头	6.44	5.63	8.36	4.881	47.61	−0.54	8.6	3.576
枫泾猪	6.38	5.74	9.00	5.909	45.85	−0.27	8.07	3.070
浦东白	6.39	5.71	8.81	6.682	45.43	−0.08	8.13	2.827

表 2-21(a)　氨基酸测定结果

项目	梅山猪	沙乌头猪	枫泾猪	浦东白猪
天门冬氨酸	2.24±0.30	2.19±0.23	2.20±0.32	2.49±0.22
苏氨酸	0.73±0.10	0.64±0.10	0.62±0.06	0.77±0.11
丝氨酸	0.56±0.07	0.54±0.06	0.56±0.06	0.60±0.06
谷氨酸	2.63±0.42	2.84±0.21	2.84±0.29	2.76±0.33
脯氨酸	0.25±0.07	0.33±0.04	0.34±0.07	0.25±0.02
甘氨酸	0.67±0.19	0.56±0.03	0.69±0.26	0.63±0.12
丙氨酸	0.87±0.10	0.85±0.06	0.90±0.12	0.86±0.11
缬氨酸	0.60±0.23	0.42±0.33	0.66±0.11	0.17±0.03
蛋氨酸	0.15±0.05	0.32±0.07	0.25±0.08	0.27±0.07
异亮氨酸	0.54±0.13	0.54±0.05	0.57±0.06	0.65±0.06
亮氨酸	1.08±0.13	1.17±0.12	1.10±0.15	1.23±0.09
酪氨酸	0.36±0.06	0.38±0.03	0.34±0.05	0.39±0.08
苯丙氨酸	0.50±0.10	0.44±0.05	0.51±0.02	0.60±0.11
组氨酸	0.51±0.07	0.46±0.11	0.52±0.06	0.48±0.09
赖氨酸	0.93±0.19	1.20±0.11	1.12±0.10	1.11±0.10
精氨酸	0.88±0.10	0.85±0.15	0.90±0.11	1.01±0.10
氨基酸总量	13.49±1.78	13.70±1.32	14.11±1.36	14.22±1.27

注：结果用平均值±标准差表示,单位为 g/100 g,样本数为 6。

表 2-21(b)　胆固醇及脂肪酸测定结果

项　　目	梅山猪	沙乌头猪	枫泾猪	浦东白猪
胆固醇	36.50±3.60	38.08±2.03	41.62±2.70	43.73±3.41
癸酸 $C_{10:0}$	0.01±0.00	0.01±0.00	0.01±0.00	0.01±0.00
十二碳酸 $C_{12:0}$	0.01±0.00	0.07±0.09	0.01±0.00	0.01±0.00
十四碳酸 $C_{14:0}$	0.20±0.07	0.22±0.08	0.21±0.07	0.17±0.07
十六碳酸 $C_{16:0}$	3.78±1.48	3.96±1.23	4.07±1.45	3.02±1.35
顺-9-十六碳一烯酸 $C_{16:1}$	0.30±0.09	0.35±0.12	0.31±0.09	0.32±0.13
十七碳酸 $C_{17:0}$	0.03±0.01	0.02±0.00	0.08±0.11	0.05±0.07
十八碳酸 $C_{18:0}$	2.14±0.89	2.19±0.67	2.42±0.93	1.55±0.73
反-9-十八碳一烯酸 $C_{18:1n9t}$	0.05±0.09	0.02±0.00	0.02±0.01	0.01±0.01
顺-9-十八碳一烯酸 $C_{18:1n9c}$	5.60±2.47	5.51±1.51	5.95±2.05	4.29±1.89
顺,顺-9,12-十八碳二烯酸 $C_{18:2n6c}$	2.29±0.89	2.24±0.71	3.02±1.17	1.89±0.65
二十碳酸 $C_{20:0}$	0.05±0.02	0.04±0.01	0.05±0.02	0.04±0.02
顺-11-二十碳一烯酸 $C_{20:1}$	0.14±0.07	0.22±0.29	0.11±0.04	0.11±0.06

项 目	梅山猪	沙乌头猪	枫泾猪	浦东白猪
顺,顺顺-9,12,15-十八碳三烯酸 $C_{18:3n3}$	0.15±0.06	0.14±0.05	0.20±0.08	0.11±0.04
顺,顺-11,14-二十碳二烯酸 $C_{20:2}$	0.10±0.05	0.09±0.04	0.10±0.04	0.08±0.03
顺,顺顺-8,11,14-二十碳三烯酸 $C_{20:3n6}$	0.02±0.01	0.02±0.01	0.03±0.01	0.02±0.00
顺,11,14,17-二十碳三烯酸 $C_{20:3n3}$	0.03±0.01	0.03±0.01	0.03±0.01	0.02±0.01
顺,5,8,11,14-二十碳四烯酸 $C_{20:4n6}$	0.07±0.01	0.07±0.01	0.08±0.01	0.07±0.00
脂肪酸总量	14.92±6.12	14.34±4.15	16.50±5.75	11.45±5.10

注:结果用平均值±标准差表示,胆固醇含量单位为 mg/100 g,脂肪酸组分含量单位为%,样本数为6。

四、繁殖特性

(一) 梅山猪

1. 性成熟早、卵巢和子宫发育充分

性成熟早是梅山猪的特性之一,小母猪初情最早 69 日龄,平均 85.2 日龄,体重 25.58 kg 即可受胎,并产下正常的仔猪。性早熟在于性器官发育很早、较快促使性功能的发展。

(1)卵巢发育较早,排卵率高:从初生到 6 月龄卵巢发育呈直线上升,增长最快的时期为 1～2 月龄,2 月龄的重量为 1 月龄的 1 828 倍。与苏白猪相比,梅山猪的卵巢重量在 1～6 月龄均高于苏白猪。

根据梅山猪不同年龄卵巢的组织切片观察结果表明,30 日龄母猪卵巢尚处于初级卵泡阶段,但少数卵泡内的颗粒细胞层次较多,40 日龄已出现次级卵泡及生长卵泡(包括刚形成卵泡腔的生长前期卵泡以及卵泡腔较大的生长中期卵泡),60 日龄已出现近成熟卵泡,90 日龄初情母猪已排卵,120 日龄均出现黄体细胞。梅山猪卵巢器官发育早,可能是排卵率高的原因之一。

从外部形态来看,2 月龄之前梅山猪母猪卵巢尚无突出表面的生长卵泡,卵巢表面光滑,呈肾形。2 月龄时大于 3 mm 的卵泡共 14.3 个。3 月龄时两侧卵巢共

有 24.7 个卵泡,卵巢形似葡萄状。4 月龄平均排卵数达 14 个,并且卵巢上已出现黄体。

(2) 子宫角发育较早,生长充分:2~3 月龄时梅山猪的子宫角发育较为迅速,6 月龄时子宫角已基本成熟。据周林兴等(1983)测定,梅山猪与苏白猪两品种在初生时子宫角的重量差异显著($P<0.01$),而子宫角长度在初生、4 月龄差异极显著($P<0.01$),3 月龄时差异显著($P<0.05$)。

从外部形态看,梅山猪的子宫角较为粗壮、厚实,盘曲度也较大,系膜比较宽广、发达。此外,输卵管、子宫体、子宫颈、阴道前庭等性器官,在 2 月龄时发育显著加快,在 3 月龄时最为明显。

(3) 母猪的发情周期、妊娠期:发情征状明显,发情初期阴户红肿,食欲减退,鸣叫不安,有愿意接近公猪的表现,但是还不允许公猪爬跨。发情成熟期,母猪愿意接受公猪交配。发情后期各种征状逐渐减弱,母猪拒绝交配。成年母猪发情周期平均 20.65 d,后备母猪平均 19.8 d。

(4) 排卵:后备母猪排卵时间在接受交配后 36~48 h,成年母猪在 24~36 h。母猪初情排卵数平均 10.33 个,4~5 月龄阶段排卵 13.5~14.0 个,6 月龄的排卵数为 18.5 个,已接近 8~9 月龄的母猪排卵数 18.53 个。第二胎排卵数平均为 22 个,3 胎以上成年母猪平均排卵数为 28.09 个。据报道,有 1 头第 11 胎母猪排卵数达 46 个,故排卵数随着年龄的增长而增加。

(5) 卵子受精率:屠宰 24 头不同月龄的梅山猪母猪,观察卵子受精率最高达 96.6%。8~9 月龄初配母猪受精率为 89.1%,第 2 胎母猪为 84.37%,3 胎以上母猪为 68.6%。卵子受精率随着年龄的增长而逐渐下降,不同年龄母猪的受精率差异显著($P<0.05$)。

(6) 最早生育年龄:梅山猪母猪最早生育年龄为 89 日龄。初情期的小母猪配种后,能正常妊娠,经 115 d 分娩,产仔数 7.67 头(表 2 - 22)。

表 2 - 22 初情母猪妊娠分娩情况

配种日龄	配种体重 (kg)	妊娠期 (d)	分娩日龄	分娩体重 (kg)	产仔数 (头)	活仔数 (头)	个体重 (kg)
89.00± 4.04	26.83± 1.92	115.00± 0.00	204.00± 4.04	69.33± 0.93	7.67± 0.88	6.67± 0.88	0.678± 0.07

注:表中数据用平均值±标准差表示,样本数为 3。

(7) 繁殖力:公猪 9 月龄、体重 85~90 kg 开始配种,利用年限一般 4 年。母猪 6 月龄、体重 60～70 kg 时初配。一般母猪断奶后 4～7 d 即可发情配种,也有哺乳 40～50 d 发情配种的,俗称"窝里配"。生产母猪利用期 4～5 年。

2. 产卵多,产仔数多

据张凤辰(1983)报道,1973～1982 年上海市嘉定县种畜场 100 头共 700 窝记录,梅山猪初产的产仔数平均达 11.91 头,以后逐胎递增,4～6 胎达最高峰,平均 16 头以上,第 7 胎仍保持不衰,终身累计平均每头母猪所产活仔数占产仔数 90.83%。

产仔多是多种因素决定的。首先,母猪要排出足够的有效卵子,这是高产的基础,它与雌性激素的分泌有关;其次,还与适时配种有关,要掌握母猪排卵的规律和卵子在输卵管中移行的情况;最后,还要减少胚胎的死亡数量,这样才能得到更多的活仔数。

排卵数多是梅山猪母猪产仔多的主因,多排卵为多产仔提供了物质基础。上海市嘉定县种畜场用苏白猪作对照,研究测定了梅山猪不同胎龄的排卵数(表 2-23)。苏白猪最早 6 月龄才开始排卵,8～12 月龄平均排卵 15.35 个。梅山猪的排卵数显著高于苏白猪,两品种间差异极显著。

表 2-23 不同胎龄梅山猪、苏白猪的排卵数

胎次	梅山猪		苏白猪	
	样本数(头)	排卵数(个)	样本数(头)	排卵数(个)
第一胎	15	18.53(12～24)	20	15.35(10～23)
第二胎	3	22.00(20～24)	3	17.67(14～20)
第三胎	17	28.09(20～46)	16	20.56(13～29)

注:排卵数为平均数,其后()内为范围。

对 35 头梅山猪和 38 头苏白猪卵巢排卵数进行测定,梅山猪分别为 10.71 个和 12.77 个,苏白猪分别为 9.26 个和 8.45 个,两侧卵巢的排卵数差异不显著。据 Dyck(1971)报道,约克夏猪 7～8 月龄青年母猪的排卵数 12.2 个,长白猪 11.5 个,杜洛克猪 11.5 个,而梅山猪青年母猪 8 月龄的排卵数已达 18～26 个,大大超过国外青年母猪的水平。其次,妊娠前期胚胎存活率高。Haley 等(1993)研究表明,梅山猪在妊娠 20 d 时的胚胎死亡率明显低于大白猪。据 Terqui 等研究,梅山猪妊娠 30 d 的胚胎存活率为 85%～90%,而大白猪只有 66%～70%。梅山猪胚胎和子宫的分泌物如前列腺素、葡萄糖、17-β雌二醇等均高于大白猪(表 2-24),且同龄胚

胎的生长速度也比大白猪快。梅山猪胚胎存活率高是产仔数多的原因。胚胎生活力强、胚胎和子宫的相互关系协调是梅山猪高繁殖力的重要机制。

表 2 - 24　梅山猪、大白猪子宫分泌物的活性、来源及两猪种间的差异

成　分	来　源	差　异
前列腺素	胚胎和子宫	＋
钙	子宫	＋
酰氨基肽免疫球蛋白 A	胚胎和子宫	＋
葡萄糖	子宫	＋
果糖	胚胎	＋
17 - β 雌二醇	胚胎	＋
子宫胆铁质	子宫	－
干扰素	胚胎	＋

注：表中梅山猪比大白猪高为＋。

3. 哺育性能强、仔猪育成率高

（1）哺乳行为温良：性情温顺，易接近。母猪体大，但躺卧动作十分小心，一般用嘴或下腹部将仔猪推向一边，然后用前膝和腹部逐渐接近地面，慢慢卧下，这样就减少了被母猪压死的机会，降低了仔猪的死亡率。

产后 1～2 d，仔猪可随时吃到母乳，以后只能在一定的时间内泌乳。哺乳母猪一昼夜哺乳次数在 20 次以上。接近哺乳时间时，母猪连续低声呼唤仔猪，这时仔猪从躺卧中起来，边叫边找到各自的乳头。附近母猪哺乳声响也能刺激母、仔的哺乳行为。哺乳仔猪找到各自的乳头后，先用鼻拱乳房，起按摩作用，然后开始吮乳。母猪放乳频频发出"哼哼"声；仔猪后腿伸开，尾部卷曲，安静时能听到"咂咂"的吮乳声。

梅山猪乳头数多，且各个乳头产乳量相似。在泌乳时很少动，侧卧，将乳头暴露在外，使每只仔猪都能吃到充足的乳汁。仔猪也躺卧于距离母猪较近的地方。这表明梅山猪比欧洲品种母猪有更好的母性行为，有利于降低仔猪的死亡率。

（2）泌乳力强：乳腺组织发达，乳头数多。上海市嘉定种畜场据 186 头母猪统计，平均乳头 16.89 只（14～21 只），其中以 16 只和 18 只者居多，分别占 47.85％和31.18％（表 2-25）。公猪平均乳头数 16.20 只。

表 2-25 母猪有效乳头数

乳头数(只)	样本数(头)	比例(%)	乳头数(只)	样本数(头)	比例(%)
14	7	3.76	19	5	2.7
15	2	1.08	20	7	3.76
16	89	47.85	21	1	0.53
17	17	9.14	合计	186	100
18	58	31.18			

经测定,在日粮水平 55.58 MJ 的情况下,梅山猪 2 胎全期泌乳量平均为 505 kg,日泌乳量为 8.42 kg,略高于枫泾猪、二花脸猪等品种(表 2-26)。其中 20 日龄时每头泌乳量平均 200 kg,30 日龄时每天泌乳量平均 300.9 kg,分别占全期泌乳量的 39% 和 61%。

表 2-26 梅山猪与其他地方猪的泌乳量

类群	样本数(头)	胎次(胎)	带仔数(头)	全期(60 d)乳量(kg)	泌乳高峰期(d)	日泌乳量(kg)
梅山猪	5	2	12~14	505.41	15~30	8.42
二花脸猪	4	经产	12.28	320.33	10~30	5.34
枫泾猪	10	经产	12.4	398.86	15~30	6.64

梅山猪每次泌乳量平均为 409.2 g(表 2-27),泌乳高峰出现于产后的第26~

表 2-27 梅山猪各阶段泌乳量

产后(d)	测定日放乳次数(次)	5天泌乳量(g)	平均日泌乳量(g)	每次泌乳量(g)
1~5	26.8	45 008.3	9 001.7	335.9
6~10	28.0	48 170.5	9 034.1	344.1
11~15	27.0	53 000.5	1 600.1	392.6
16~20	25.8	53 995.8	10 799.2	418.6
21~25	24.4	53 833.5	10 766.7	441.3
26~30	24.2	54 871.0	10 974.2	453.5
31~35	22.4	49 040.5	9 808.1	437.9
36~40	20.4	45 616.6	9 123.3	447.2
41~45	13.0	31 606.1	6 321.2	486.2
46~50	13.2	26 672.5	5 334.5	404.1
51~55	11.8	23 238.5	4 647.7	393.8
56~60	10.0	20 358.8	4 071.8	407.2
全期合计	1 235.0	505 412.6	91 482.6	4 962.4

30 d,该阶段平均日泌乳量达 10.97 kg。产后第 16~30 d,日泌乳量保持在 10 kg 以上,41~45 d 达到高峰,46~50 d 开始下降,所以此时开始断奶较为合适。

（3）乳汁质量高：在蛋白质、能量水平以及氨基酸含量上均高于其他品种的乳汁（表 2-28）。以仔猪增重耗乳来比较,梅山猪仔猪 20 日龄时每 1 kg 增重耗乳 3.97 kg,而枫泾猪仔猪每 1 kg 增重耗乳 4.78 kg。

表 2-28　梅山猪乳汁成分

类别	干物质（%）	蛋白质（%）	脂肪（%）	乳糖（%）	灰分（%）
初乳	25.35	15.69	4.46	3.04	0.64
常乳	19.67	5.51	6.66	5.18	0.89

梅山猪母乳中 17 种氨基酸含量,初乳均高于常乳,且常乳中各类氨基酸含量仅为初乳的 14.9%~39.1%。由于蛋白质是由不同的氨基酸所组成,而初乳蛋白质含量又高于常乳,因此初乳氨基酸的含量自然高于常乳（表 2-29）（张云台等,1984）。

表 2-29　梅山猪母乳的氨基酸含量

名称	初乳（%）	常乳（%）	常乳/初乳	名称	初乳（%）	常乳（%）	常乳/初乳
赖氨酸	1.44	0.35	24.3	丙氨酸	0.56	0.14	25.0
组氨酸	0.53	0.12	22.6	胱氨酸	0.23	0.04	17.4
精氨酸	1.04	0.19	18.3	缬氨酸	1.03	0.21	20.4
天门冬氨酸	1.10	0.35	31.8	蛋氨酸	0.23	0.09	39.1
苏氨酸	0.94	0.14	14.9	异亮氨酸	0.62	0.14	22.6
丝氨酸	0.97	0.20	20.6	亮氨酸	1.60	0.41	25.6
谷氨酸	2.70	0.91	33.7	酪氨酸	0.71	0.16	22.5
脯氨酸	/	0.43	/	苯丙氨酸	0.82	0.17	20.7
甘氨酸	0.44	0.14	31.8				

注：初乳为分娩 2 h,常乳为分娩 30 d。

梅山猪的另一个优势是它们的乳汁中含有较高的能量,仔猪初生重高度一致,同样的初生重条件下,梅山猪比欧洲品种仔猪更有存活优势。

4. 断奶仔猪成活数、仔猪成活率

据 1976~1980 年上海市嘉定县种畜场资料统计,经产母猪平均每胎产仔 15.71

头,产活仔 14.33 头,产活仔率 91.2%;60 d 断奶仔数 12.54 头,断奶成活率 87.5%。

统计 1974～2017 年的繁殖性能发现,产仔数有明显的下降(表 2-30)。

表 2-30 纯种梅山猪经产母猪繁殖性能

年份	胎数	产仔数（头）	产活仔数（头）	初生窝重(kg)	初生个体重(kg)	断奶数（头）	断奶窝重(kg)	断奶个体重(kg)	断奶日龄(d)
1974	220	15.08±4.61	13.58±3.73	12.81±3.06	0.69±0.17	12.12±1.40	145.80±13.14	12.03±3.15	60
1975	289	15.21±4.24	13.92±4.47	12.48±4.39	0.86±0.19	12.87±2.48	173.66±34.96	13.49±3.54	60
1976	382	15.14±2.76	13.87±4.74	12.68±3.66	0.93±0.22	12.43±4.44	168.39±57.05	12.54±3.11	60
1977	417	15.24±3.73	13.95±3.47	12.92±3.75	0.93±0.21	12.55±2.41	160.20±34.35	12.66±3.07	60
1978	350	16.20±4.02	14.40±3.41	12.25±3.15	0.92±0.22	13.05±2.24	208.40±46.39	16.17±4.05	60
1979	340	16.60±4.42	14.22±3.75	12.45±3.44	0.90±0.22	12.17±2.52	197.34±49.03	16.70±3.37	60
1980	309	16.49±4.34	14.34±3.68	13.31±3.28	0.94±0.23	12.00±2.48	194.28±45.39	16.39±3.90	60
1981	309	16.35±4.35	14.19±3.72	13.69±3.33	0.97±0.24	11.97±2.73	204.44±51.11	17.10±3.74	60
1982	309	16.57±4.81	13.82±3.77	13.29±3.35	0.98±0.25	12.20±2.51	214.46±49.43	18.29±3.83	60
1983	224	16.38±4.30	13.75±3.47	14.42±3.03	0.92±0.12	11.56±1.33	206.17±51.51	18.22±3.93	60
1984	212	16.63±4.35	13.94±3.11	12.88±3.54	0.93±0.24	12.27±2.16	227.75±42.82	18.59±4.76	60
1985	246	16.86±4.40	13.90±3.84	12.55±3.34	0.88±0.25	11.81±2.52	199.06±46.85	18.93±3.43	60
1986	248	16.81±4.42	13.87±3.75	13.08±3.45	0.94±0.25	12.39±2.09	225.46±43.66	18.24±4.21	60
1987	252	16.65±4.03	14.04±3.42	12.84±3.15	0.91±0.24	12.18±2.27	200.22±45.38	16.44±4.50	60
1988	363	16.04±3.45	13.98±3.08	13.15±3.06	0.84±0.12	12.35±2.18	213.95±39.52	17.17±3.32	60
1989	333	15.86±4.10	13.75±3.59	13.56±3.51	0.99±0.25	12.31±2.48	211.03±46.33	17.14±3.62	60

续　表

年份	胎数	产仔数（头）	产活仔数（头）	初生窝重（kg）	初生个体重（kg）	断奶数（头）	断奶窝重（kg）	断奶个体重（kg）	断奶日龄（d）
1990	366	16.17± 3.97	13.36± 3.33	13.53± 3.2	1.01± 0.24	11.59± 2.56	214.44± 47.70	18.50± 2.89	60
1991	299	16.22± 4.59	13.53± 3.84	13.49± 3.44	0.99± 0.51	11.92± 2.31	130.09± 49.08	10.97± 2.57	45
1992	386	15.04± 2.46	12.69± 3.71	12.22± 3.35	0.96± 0.20	11.79± 2.67	123.93± 31.93	10.51± 2.73	45
1993	254	14.65± 4.29	12.37± 3.67	11.45± 3.38	0.82± 0.23	11.37± 2.32	109.30± 26.73	9.61± 2.45	45
1994	274	14.61± 4.29	12.66± 3.88	11.51± 3.27	/	11.07± 2.85	/	/	45
1995	267	14.02± 4.16	13.39± 9.56	10.63± 3.38	0.86	8.63± 3.7	81.96± 36.61	9.47	45
1996	145	14.20± 3.30	11.74± 3.51	/	/	/	/	/	45
1997									45
1998	194	15.30± 3.78	12.50± 3.20	9.59± 3.04	0.77	5.18± 2.26	58.85± 29.86	11.36	45
1999	115	13.30± 3.19	11.70± 3.15	13.31± 3.62	1.13	5.41± 2.27	50.42± 23.35	9.32	公猪弃
2000	19	12.68± 2.57	11.73± 2.22	10.18± 2.33	0.87	6.73± 3.18	43.37± 21.71	6.44	30
2001	29	12.17± 4.67	11.31± 4.37	9.10± 3.54	0.80	5.60± 2.38	31.93± 12.97	5.70	30
2002	28	12.85± 4.18	12.17± 4.01	10.74± 2.73	0.88	5.60± 1.46	35.18± 11.01	6.28	30
2003	49	13.60± 2.79	12.10± 2.63	10.68± 2.30	0.88	6.30± 2.73	37.98± 18.13	6.03	30
2004	55	12.56± 3.52	11.96± 3.22	10.64± 3.81	0.89	6.29± 2.07	39.91± 13.86	6.34	30
2005	71	12.46± 3.77	11.14± 3.82	10.00± 5.75	0.89	7.11± 2.60	43.77± 16.64	6.16	30
2006	22	13.22± 3.56	11.54± 3.01	12.92± 3.61	1.17	9.90± 2.28	62.86± 16.27	6.33± 0.57	30
2007	42	12.32± 3.01	11.91± 2.86	14.88± 3.26	1.25	7.42± 3.17	41.61± 17.40	5.63± 0.89	30

续 表

年份	胎数	产仔数（头）	产活仔数（头）	初生窝重(kg)	初生个体重(kg)	断奶数（头）	断奶窝重(kg)	断奶个体重(kg)	断奶日龄(d)
2008	51	13.65±3.61	12.02±3.39	16.64±4.68	1.38	8.81±2.26	44.51±11.54	5.07±0.49	30
2009	51	14.47±3.22	12.76±3.74	18.41±6.01	1.44	8.55±2.35	43.21±12.47	5.03±0.37	30
2010	51	12.21±3.79	10.53±3.26	13.55±4.92	1.28	9.76±2.41	43.25±10.99	4.46±0.43	30
2011	31	12.35±4.94	11.58±4.04	11.91±3.91	1.03	9.25±3.38	57.73±24.15	6.16±1.26	30
2012	68	12.94±4.54	10.76±4.24	10.87±3.83	1.01	8.23±3.63	40.35±19.33	4.91±1.08	30
2013	73	12.95±5.50	10.45±3.01	10.75±3.11	1.03	7.33±3.54	39.58±17.20	5.18±2.14	30
2014	99	13.76±6.82	11.53±4.65	11.23±4.12	0.97	7.42±3.26	40.35±18.34	5.43±2.86	30
2015	66	13.55±3.46	10.60±3.86	10.73±3.85	1.01	7.84±3.23	36.4±16.45	4.64±1.86	30
2016	66	13.50±4.37	11.08±4.02	11.01±4.12	0.99	9.51±3.58	54.98±15.34	5.78±1.06	30
2017	82	12.65±4.71	11.51±4.36	10.69±4.26	0.93	5.82±2.86	38.08±18.72	4.32±2.62	公猪弃

（二）沙乌头猪

沙乌头猪性成熟早，3～4 月龄公母猪就出现性行为，在崇明区种畜场曾有 3 月龄的沙乌头后备公母猪配种受孕，产下正常的仔猪且能正常生长发育。

1. 母猪生殖器官发育和性功能

沙乌头猪的性器官发育很早，卵巢发育从初生起相对生长率逐步增高，3 月龄时达到高峰，同时卵泡、子宫的发育也非常迅速，在 3 月龄时已基本成熟。沙乌头猪小母猪的初情期 82.6(63～102)日龄，平均体重 21.5(13～29)kg。沙乌头猪小母猪初次发情日龄变化范围较大，在第一情期配种受胎率低，虽然已性成熟，但生殖器官的发育尚未完全成熟，而且身体的生长发育也未达到体成熟，所以沙乌头猪母猪的初配一般在 8 月龄、体重 65～80 kg 时。

2. 公猪生殖器官发育和性功能

据对崇明区种畜场沙乌头猪小公猪的观察,在断奶后至4月龄生殖器官发育特别迅速,睾丸发育很快。沙乌头猪小公猪在哺乳期就出现非性感应性爬跨行为,在保育饲养阶段也常常出现这种爬跨动作,直至3月龄左右出现真正的性行为爬跨动作。小公猪初情期即精液首次出现精子的时间,性成熟期为采出正常精液的时间。沙乌头猪小公猪初情期为80～90日龄,性成熟期为150日龄。沙乌头猪公猪的初配一般安排在270～300日龄、体重100 kg。沙乌头猪成年公猪一次射精量250 mL,精子活力80%以上,一次配种受胎率80%以上(表2-31)。

表 2-31　沙乌头猪精液活力检测情况

样品编号	猪耳号	活力(%)	畸形率(%)
S150812-04	1105	91.67	10.50
S150812-04	3403	86.67	7.50

3. 母猪发情周期

沙乌头猪母猪的发情周期为18～22 d,初产母猪的发情期比经产母猪长,但发情周期比经产母猪略短。沙乌头猪母猪一般在仔猪断奶后3～7 d发情,可以正常配种。

沙乌头猪母猪发情征状明显,发情初期阴户红肿、食欲减退、叫唤不安,爬跨其他母猪,有愿意接近公猪的表现,但还不允许公猪爬跨。发情成熟期,母猪呆立不动,愿意接受公猪的交配。发情后期各种发情征状逐渐消退,母猪又拒绝公猪的交配。沙乌头猪在产后18～28 d的哺乳期内,多数母猪也能发情,但发情征状较轻,表现为食欲减退、叫唤不安、爬跨产房围栏等,但可以正常配种,以提高产仔频率。

4. 产仔数

沙乌头猪产仔数多与其生殖器官的结构和功能有密切关系,母猪排卵数多为产仔多提供了物质基础,适时配种是提高产仔多的又一重要因素。沙乌头猪后备母猪在发情安定后36～48 h排卵,经产母猪在24～36 h开始排卵,所以经产母猪在发情安定后24 h配种为宜,后备母猪可适当推迟;母猪妊娠前期胚胎存活率高,雌激素含量高,死胎率低,这都是沙乌头猪产仔数多的重要原因。

据上海市崇明种畜场1980～1989年产仔哺育记录统计,经产母猪平均每胎产仔14.79头,产活仔数13.2头。产仔数最高纪录为1980年3月11日耳号为286的沙乌头母猪(第3胎)与耳号为7229的沙乌头公猪配种后所产的31头仔猪;产活仔数最高纪录为 1981 年 9 月 11 日耳号为 7202 的沙乌头母猪(第 8 胎)与耳号为 6507 的沙乌头公猪配种后所产的活仔数为 28 头;以沙乌头猪为母本的杂交一代产仔数也较高,最高纪录是 2001 年 3 月 12 日耳号为 3140 的沙乌头母猪(第 10 胎)与长白公猪配种所产的 30 头仔猪。上海市崇明种畜场沙乌头猪纯种繁殖性能,见表 2 - 32。

表 2 - 32　沙乌头猪纯种繁殖性能

年度	胎数	初生				60 日龄断奶			
		产仔数 (头)	产活仔 数(头)	个体重 (kg)	窝重 (kg)	头数	个体重 (kg)	窝重 (kg)	育成率 (%)
1980	267	15.46	13.8	0.798	11.01	12.16	12.68	154.19	88.1
1981	165	15.28	13.48	0.801	10.80	11.85	12.47	147.77	87.9
1982	222	15.63	13.8	0.792	10.93	12.54	12.83	160.89	90.9
1983	131	14.78	13.38	0.775	10.37	11.75	12.02	141.24	87.8
1984	108	15.30	13.00	0.813	10.57	12.10	15.31	185.20	93.1
1985	136	14.65	12.43	0.795	9.88	10.49	15.25	160.00	84.4
1986	105	13.80	12.51	0.802	10.03	11.40	13.83	157.70	91.1
1987	38	15.26	13.80	0.770	10.63	11.64	13.18	153.40	84.3
1988	139	14.44	12.60	0.754	9.50	11.00	13.57	149.25	87.3
1989	111	14.10	13.30	0.759	10.10	11.00	12.36	136.00	82.7

5. 哺育性能

(1)哺乳行为:沙乌头猪哺乳行为与梅山猪等品种相似。沙乌头母猪在哺乳期内,多数能出现不明显的发情,发情时心神不安,起卧次数显著增加,放乳次数也明显减少。沙乌头猪喜静卧,缺乏主动性的运动,多见于采食或排泄粪尿而促成的被动性活动。

(2)泌乳力:沙乌头猪乳头数较多,一般 8 对以上,也有 11 对的。与太湖流域其他品种比较,沙乌头猪泌乳力较高,见表 2 - 33。

表 2 - 33　太湖流域各品种母猪的泌乳性能

猪种	数量 (头)	胎次	带仔数 (头)	全期(60 d)乳量 (kg)	泌乳高峰期 (d)	日泌乳量 (kg)
梅山猪	5	二胎	12~14	505.41	15~30	8.42
二花脸猪	4	经产	12.28	320.33	10~30	5.34
枫泾猪	10	经产	12.40	398.86	15~30	6.64
沙乌头猪	5	经产	14.00	456.01	13~18、28~33	7.60

由表 2-33 可见,沙乌头猪泌乳量仅次于梅山猪。影响母猪泌乳量的因素很多,如日粮营养水平、胎次、带仔数、产仔季节和发情等。上述结果都是在中等营养水平下获得的。

据周念祖等(1983)对上海市崇明区种畜场 4～7 胎经产沙乌头猪 5 头泌乳性能的研究,在中等营养水平下,5 头母猪全期(60 d)平均泌乳量为 456 kg,平均泌乳次数为 1 624.2 次,平均日泌乳量 7.6 kg,平均日泌乳次数 27.07 次,每次平均泌乳量 280.83 g,每次泌乳时仔猪拱奶时间平均为 71.5 s,等奶时间 15.9 s,吮吸时间 15.48 s。沙乌头猪的泌乳曲线呈现双峰形,两次高峰出现在产后 13～18 d 与 28～33 d,每次高峰后泌乳量下降,这与母猪在哺乳期出现不明显的发情有关。

沙乌头猪初乳较浓,干物质多,且蛋白质含量高,所含氨基酸丰富,以适应初生仔猪相对生长强度最大的需要。常乳较稀薄,其蛋白质及氨基酸含量均低于初乳。沙乌头猪哺乳 30 d 后泌乳量逐渐下降,此时母乳已不能满足仔猪生长发育的需要,所以对于仔猪的补料尤为重要。沙乌头猪在哺乳期会失重,母猪在哺乳期失重是繁殖率高、母性好、提高泌乳力的代偿表现,但对失重过多(断奶母猪膘情在七成以下)势必影响下次生产,为母猪复膘投料不如在哺乳期加料,后者可以有效地提高饲料利用率,也可以避免母猪在哺乳期的泌乳量下降过快。

(3) 仔猪育成率:育成率是衡量母猪哺育性能的一个重要指标,受众多因素的影响,特别是饲养管理水平的影响。断乳日龄的迟早、哺乳期带仔数的多少、母乳的质量等都对仔猪育成率有影响。

20 世纪 90 年代以前,沙乌头猪断奶日龄为 60 日龄,以后为 40 日龄,从 2001年起定为 35 日龄。仔猪断奶日龄缩短的主要原因是饲料营养水平的不断提高、饲养管理技术的进步及棚舍等硬件设施的不断改善,使仔猪的生长发育加快。据崇明种畜场 1980～2017 年以来的资料统计,沙乌头猪断奶仔猪的育成率为 90.5%,60 日龄断奶仔猪的个体重呈现缓慢、逐步增高的趋势。

(三) 枫泾猪

1. 公猪的繁殖生理和性功能

枫泾猪性成熟早,公猪 40 日龄就有爬跨现象并有交配动作。4～5 月龄精子品质即达成年猪水平。经测定 79 头公猪表明,公猪生殖器官相对生长率以 90 日龄前最高。睾丸曲精细管外径,在初生时为 65 μm,30 日龄时为 76 μm,60 日龄时为 127 μm,90 日龄时为 209 μm,到 210 日龄时已达 329 μm。精子在曲精细管和尾部管腔首先出现的日龄分别为 70 日龄、80 日龄,平均于 88 日龄首次射精,精子活力

48%。小公猪与配母猪 22 头,3 月龄受胎 40%,6 月龄、7 月龄和 8 月龄分别为 66.7%、85.7% 和 100%。妊娠 28 d 时胚胎重量与正常分娩的仔猪数、初生个体重都与成年公猪所配效果一样。在 70 日龄后阴茎与包皮分离,经解剖学观察,可以在睾丸内发现初级精母细胞和次级精母细胞。88 日龄、体重 19 kg(15.5~27 kg)时,首次采出精液,射精时间为 3.3 min,射精量为 16.1 mL,其中胶状物 6.8 mL,每毫升精液中含精子 0.42 亿个,活力 48%,畸形率 62.5%,可见尚未成熟;到 144~151 日龄时,射精量为 85.7 mL,其中胶状物 7.7~8 mL,占射精量的 9%,精子活力 60%~80%,畸形精子只有 3%~6%,每毫升有 0.87 亿个精子,可以认为已经完全性成熟,此时体重只有 27~29 kg。到 8 月龄时已经与成年公猪基本一致了。一般每周采精 2~3 次,在配种繁忙季节只要增加营养,每天可采精一次,连续数天后休息 1~2 d。每次精液量 200 mL,受胎率很高,使用 3 年后即行淘汰。公猪精液随日龄的变化见表 2-34(王瑞祥等,1981)。

表 2-34 公猪精液的变化

日龄	样本数(头)	平均体重(kg)	持续时间	射精量(mL)	胶状物(mL)	精液量(mL)	精子活力(%)	精子总数(亿)	畸形率(%)	色泽	pH
81~96	6	19	3′18″	16.1	6.8	9.3	48	3.4	62.5	淡乳白	/
91~106	6	26.2	3′18″	18.2	5.9	12.3	63	6.9	33.6	乳白	7.4
128~130	6	29.7	3′47″	43.7	7.2	36.5	67	36.4	26.8	乳白	7.1
135~137	6	29.4	2′40″	39.0	6.4	32.6	68	40.7	26.5	乳白	7.4
142~144	6	32.5	3′20″	56.4	8.6	47.8	76	41.6	17.2	清淡乳白	7.2
149~151	6	33.3	3′04″	83.9	11.1	72.8	78	52.5	10.8	乳白	7.3

2. 母猪繁殖生理和性功能

枫泾猪母猪 2 月龄即出现发情,75 日龄即可受胎并产下正常仔猪。枫泾猪可维持 9 胎以上。初产母猪产仔数 11~12 头,产活仔数 10~11 头。经产母猪产仔数 13~15 头,产活仔数 12~14 头(表 2-35)(杨少峰等,1981)。3 胎以上,每胎可产 20 头,优秀母猪窝产仔数达 26 头,最高纪录产过 42 头。

表 2-35 初产、经产母猪繁殖性能

类型	产仔数(头)	产活仔数(头)	初生重(kg)	断奶重(kg)
初产母猪	11.0~12.0	10.0~11.0	0.77	5.0
经产母猪	13.0~15.0	12.0~14.0	0.83	6.0

母猪平均 77.7 日龄、体重 15.2 kg 时初次出现外阴肿胀，最早出现肿胀的仅48 日龄、体重只有 7 kg，此时还在吃母乳阶段。初次外阴肿胀持续期平均 19.2 d，一般不接受爬跨。少数母猪接受爬跨，但不安定。第二次外阴肿胀出现于 104 日龄，平均体重为 25.9 kg，肿胀持续期平均为 7.8 d，性欲表现强烈，肿胀开始后约2 d 接受公猪爬跨。根据对 3、4、5、6、7 月龄屠宰的各 6 头母猪的卵巢观察，初次排卵的 15 头母猪中平均 133.6 日龄，平均黄体数为 12 个；首次排卵最早在 90 日龄；到 210 日龄时，全部都排过卵，有的已排过数次，个体之间差异很大。8 月龄母猪平均排卵数 16.7 个，卵子受精率为 95.3%；成年母猪平均排卵数 31 个，卵子受精率为 68.6%。

从初情期到第五周期排卵数分别为 9.5、12.5、13.4、14.3 和 15 个。8 月龄时排卵 16.7 个，成年时期 31 个。在成熟卵泡中取卵还发现 1 个卵泡中有 1 个卵细胞的占 50.36%，1 个卵泡中有 2 个卵细胞的占 30%，1 个卵泡中有 2 个以上卵细胞的占 19%，卵的直径 146～170 μm，与冲洗出来的成熟卵细胞直径一致。

通过 6 头经产母猪的实验表明，枫泾猪的卵巢代谢功能很强，当 8 月龄时，一侧的卵巢被摘除，另一侧卵巢为正常母猪的 94.8%，第一性期、第二性期单侧排卵为正常母猪的 87.4%。将 25 头小母猪分成 5 组，分别在初情期到第五情期用成年公猪精液配种，受胎率分别为 20%、100%、100%、100%、100%。发情 39～42 h配种受胎率 100%。成年母猪比初配母猪排卵提前 12 h，配种也相应提前。

对 8 头母猪测定，枫泾猪受胎后孕酮迅速上升，第 9 d 时孕酮水平与排卵数量呈弱相关（Y＝0.02，P＞0.05），第 28 d 时呈强相关（Y＝0.68，P＜0.05）。用放射免疫分析法测定了 20 头成年母猪妊娠期外周血清孕酮含量：在妊娠前 1～2 d为 1 ng/mL，妊娠第 3 d 后孕酮很快上升，第 12 d 出现小高峰（20 ng/mL），并一直维持高峰值，分娩前 2 天孕酮迅速下降（夏光裕，1981）。

在一个情期中，枫泾猪阴道黏液 pH 有一定的变化规律。母猪在发情开始（即外表阴户红肿、减少吃食、兴奋不安等）初期 4～10 h 的 pH 为 6.47～6.79，呈弱偏酸性；发情后 16～28 h 呈中性到弱偏碱性，pH 为 6.95～7.24；发情后 34～46 h 基本上与发情初期的 pH 相似，差异不显著；发情后 52～58 h 阴道黏液 pH 为 6.0～6.2，呈偏酸性（表 2 - 36）。

在母猪休情期内第 1～9 d 由偏酸性逐步变化为中性，第 12～18 d 基本上稳定在中性，到发情开始又下降为偏弱酸性，以后又逐步变化为中性、偏弱碱性，依此类推，周而复始。但是母猪个体之间有一定差异，在发情期内愿意接受配种时，有的母猪阴道黏液 pH 可达 7.3～7.5。

表 2-36 母猪发情期内阴道黏液 pH 的变化

发情后时间(h)	样本数(头)	pH	发情后时间(h)	样本数(头)	pH
4	9	6.47	34	9	7.04
10	9	6.79	40	9	6.64
16	9	6.95	46	7	6.44
22	9	7.19	52	5	6.20
28	9	7.24	58	2	6.00

按测得母猪阴道黏液 pH 分类输精：pH 为 6.8 时配 2 头,不受胎;pH 为 7.0 时配 4 头,受胎 3 头;pH 为 7.2 时配 3 头,受胎 3 头;pH 为 7.3 时配 2 头,受胎 2 头;pH 为 7.5 时配 3 头,受胎 1 头。初步认为,在母猪发情后阴道黏液 pH 在 7.2～7.3 时,受胎率为 100%（表 2-37）。

表 2-37 母猪发情期内阴道黏液不同 pH 与不同发情时间输精对受胎率的影响

发情后时间(h)	pH	配种数(头)	受胎数(头)	返窝数(头)	受胎率(%)
7～19	6.8	2	/	2	0
20～24	7	4	3	1	75
28～30	7.2	3	3	/	100
32～33	7.3	2	2	/	100
46	7.5	3	1	2	33

用测定母猪发情期内阴道黏液 pH 来确定母猪配种适期,比只用肉眼观察母猪外阴部红肿等变化来确定配种适期可能要准确一些。因为在正常生理情况下,发情期内母猪阴道黏液的 pH 有一定的变化规律,可以作为鉴定母猪发情期内配种适期的一个重要生理特征。但是得到的数据还带有一定的局限性,应继续探讨。

在繁殖力上,根据产仔调查资料表明,第一胎 189 窝平均产仔 12.4 头,产活仔数 11.33；第二胎 141 窝,平均产仔数 14.97 头,产活仔数 13.35 头；第三胎至第七胎 328 窝,平均产仔 16.9 头,产活仔数 15 头；第八至第十胎 42 窝,平均产活仔数 13.7 头。以第三至第七胎产活仔数最高,最稳定（表 2-38）（杨少峰等,1981）。

上海市金山县种畜场一头初产母猪产活仔数 31 头,一头经产母猪产活仔数 33 头,可见枫泾猪的繁殖力是相当高的,较国内太湖猪种以外的许多品种要高。各胎次的哺育率见表 2-39（杨少峰等,1981）。

表 2-38　母猪不同胎次的繁殖力

胎次	样本数(头)	妊娠期(d)	产仔数(头)	产活仔数(头)	初生窝重(kg)	初生个体重(kg)	断奶仔数(头)	断奶窝重(kg)	断奶个体重(kg)
1	189	114.00±0.13	12.40±0.28	11.33±0.24	8.74±0.20	0.78±0.01	11.90±0.156	125.35±2.32	10.75±0.18
2	141	114.62±0.18	14.97±0.33	13.35±0.29	11.23±0.24	0.82±0.012	12.32±0.22	134.30±3.06	10.99±0.18
3	117	114.29±0.16	17.21±0.35	15.16±0.30	12.34±0.23	0.83±0.01	13.21±0.18	147.60±2.97	11.24±0.19
4	101	114.61±0.20	17.51±0.37	15.01±0.31	12.26±0.27	0.82±0.01	13.13±0.19	158.55±3.60	12.04±0.22
5	68	114.59±0.17	16.76±0.51	14.41±0.38	11.60±0.27	0.82±0.01	12.52±0.27	149.05±4.78	11.96±0.29
6	37	114.51±0.27	17.00±0.57	15.24±0.50	12.30±0.42	0.81±0.01	12.19±0.37	139.90±5.35	11.91±0.37
7	17	114.10±0.66	17.00±0.91	14.29±0.76	11.50±0.60	0.81±0.03	13.63±0.36	153.50±6.27	11.35±0.39
8	15	115.00±0.50	18.40±1.78	13.80±1.01	11.20±0.78	0.83±0.04	12.73±0.41	148.15±6.16	11.75±0.50
9	15	114.90±0.46	16.33±1.40	13.10±1.00	10.36±0.94	0.79±0.03	12.43±0.27	138.70±7.34	11.33±0.57
10	12	114.33±0.48	16.08±1.87	13.25±1.28	11.22±1.34	0.87±0.07	11.67±0.76	145.60±9.64	12.76±0.88

表 2-39　母猪各胎次哺育率

胎次	窝数	产活仔数(头)	断奶仔数(头)	哺育率(%)	备　注
1	137	1 932	1 987	102.86	
2	127	1 695	1 565	92.30	
3	113	1 771	1 493	87.26	
4	96	1 455	1 261	86.65	
5	66	960	827	86.15	
6	37	564	451	80.10	
7	16	231	218	94.37	寄奶仔猪包括在内
8	15	207	191	92.24	
9	14	182	174	94.57	
10	12	159	140	88.07	
11	5	65	52	80.00	
12	2	16	15	93.75	
13	1	17	15	88.23	
平均	671	9 192	8 389	91.26	

2006～2009 年测试表明,初生重由 0.83 kg 提高到 0.95 kg,这与饲料营养有关。产仔数由 17.14 头下降到 15.01 头,差距较大。但是,产活仔数由 14.71 下降 0.21头,差距不大(表 2-40)。

表 2-40 二胎以上繁殖性能对比

类别	数量(头)	初生重(kg)	产仔数(头)	产活仔数(头)
粗饲	381	0.83	17.14	14.71
精饲	381	0.95	15.01	14.50

3. 断奶仔猪成活数、仔猪成活率

根据 1989～2003 年初金山县种畜场繁殖记录及 2003 年初至 2017 年上海沙龙畜牧有限公司枫泾猪保种场繁殖记录,对相关数据进行统计和汇总,梳理了枫泾猪产仔数、产活仔数、初生窝重及断奶仔数等信息(表 2-41)。

表 2-41 枫泾猪保种场经产纯种母猪繁殖性能

年份	产仔数(头)	产活仔数(头)	初生窝重(kg)	初生个体重(kg)	断奶日龄(d)
1989	14.56±4.28	12.36±3.42	10.21±3.75	0.88±0.11	60
1990	13.80±3.95	11.93±3.66	/	/	60
1991	13.94±3.70	12.41±3.42	9.02±2.57	0.73±0.05	45
1994	11.49±4.62	8.91±4.87	7.90±3.91	0.82±0.14	45
1995	12.53±4.13	10.74±3.98	9.66±6.77	0.88±0.55	45
1996	13.62±4.24	12.15±3.40	10.60±2.95	0.87±0.02	45
1997	12.32±3.75	11.89±3.68	10.92±5.62	0.88±0.02	45
1998	12.47±3.51	11.49±3.12	/	/	45
1999	12.33±2.85	11.62±3.21	10.00±2.79	0.97±0.90	35
2000	13.32±2.08	12.74±2.59	11.66±2.60	0.92±0.04	35
2001	13.98±1.68	13.72±1.72	12.73±1.60	0.93±0.03	35
2002	13.75±2.06	13.56±2.14	12.79±1.93	0.94±0.58	35
2003	14.25±2.18	13.81±2.45	15.05±8.00	1.00±0.20	35
2004	13.08±2.33	12.47±2.35	11.06±2.18	0.91±0.6	25
2005	15.15±2.00	14.84±2.25	13.04±1.72	0.88±0.04	25
2006	13.71±2.13	12.90±2.78	11.49±2.40	0.95±0.92	25
2007	13.40±1.44	12.66±2.19	10.62±1.34	0.84±0.08	25
2008	16.02±2.23	15.64±2.08	13.34±1.78	0.83±0.05	25
2009	14.38±2.67	13.88±2.87	12.04±2.20	0.84±0.01	25

年份	产仔数(头)	产活仔数(头)	初生窝重(kg)	初生个体重(kg)	断奶日龄(d)
2010	14.35±2.86	14.11±2.77	11.86±2.23	0.83±0.04	25
2011	14.64±2.44	14.29±2.14	12.50±1.76	0.85±0.03	25
2012	15.14±3.29	14.67±2.52	12.75±2.55	0.84±0.025	25
2013	13.81±1.37	13.09±1.16	11.16±0.092	0.81±0.029	25
2015	13.96±1.39	13.03±1.07	11.38±1.12	0.81±0.026	25
2016	14.72±1.44	13.81±1.30	11.64±1.35	0.82±0.021	25
2017	14.55±1.11	14.10±0.88	11.40±0.76	0.81±0.01	25

枫泾猪各胎次繁殖性能见表2-42(胡承桂等,1979)。

表2-42(a)　枫泾猪各胎次繁殖性能

窝数	胎次	产仔数(头)				产活仔数(头)				初生窝重(kg)			
		$\bar{X}$	S	CV	$S\bar{X}$	$\bar{X}$	S	CV	$S\bar{X}$	$\bar{X}$	S	CV	$S\bar{X}$
93	1	13.8	3.38	24.54	0.35	12.7	3.44	26.98	0.36	9.35	2.34	26.85	0.250
75	2	15.8	3.70	23.42	0.43	14.2	2.98	21.01	0.39	10.95	2.28	20.80	0.265
69	3	17.4	3.72	21.35	0.45	15.3	3.02	19.70	0.36	11.95	2.52	21.10	0.300
40	4	18.4	3.60	19.57	0.57	15.7	2.82	18.00	0.44	12.55	2.80	22.31	0.440
38	5	19.9	3.12	15.68	0.51	16.4	2.68	16.38	0.44	12.25	2.50	20.25	0.410
222	2~5	17.5	3.95	22.60	0.26	15.2	3.17	20.80	0.21	11.51	1.995	17.30	0.195

表2-42(b)　枫泾猪各胎次繁殖性能

窝数	胎次	初生个体重(kg)				断奶仔数(头)			
		$\bar{X}$	S	CV	$S\bar{X}$	$\bar{X}$	S	CV	$S\bar{X}$
93	1	0.795	0.12	15.09	0.015	13.2	1.88	14.22	0.20
75	2	0.825	0.16	20.12	0.020	13.3	2.20	16.57	0.26
69	3	0.840	0.13	15.48	0.015	13.5	1.92	14.52	0.24
40	4	0.790	0.11	13.92	0.020	14.1	1.48	10.46	0.22
38	5	0.780	0.11	14.10	0.020	13.5	1.99	14.56	0.32
222	2~5	0.830	0.13	15.56	0.015	13.6	1.66	12.10	0.16

表 2-42(c) 枫泾猪各胎次繁殖性能

窝数	胎次	断奶窝重(kg)				断奶个体重(kg)			
		$\overline{X}$	S	CV	S$\overline{X}$	$\overline{X}$	S	CV	S$\overline{X}$
93	1	131.70	29.99	22.77	3.110	10.50	2.07	19.70	0.215
75	2	144.50	31.20	22.00	3.705	11.15	2.16	19.42	0.260
69	3	149.05	31.20	20.93	3.900	11.66	2.20	18.88	0.215
40	4	174.95	32.75	18.72	5.390	12.50	2.02	16.14	0.330
38	5	158.05	37.80	23.92	6.130	12.10	1.94	15.89	0.315
222	2~5	155.65	27.00	17.34	2.635	11.40	1.42	11.70	0.135

　　枫泾猪是目前国内外产仔数最高的猪种之一,与国内外主要品种比较(表 2-43),其中产活仔数、断奶窝重的变异系数比较大,分别为 16.38%～26.98% 和 18.72%～23.92%。枫泾猪的哺育能力很强,在低于饲养标准水平下,经产母猪 60 日龄断奶窝重仍能达到 155.65 kg(胡承桂等,1979)。

表 2-43 枫泾猪与国内外主要品种经产母猪产仔比较

品　　种	乳头数(对)	产活仔数(头)	断奶活仔数(头)
枫泾猪	8~9	15	13.6
荣昌猪	6	9.9~12.0	8~10
陆川猪	6~7	11.5	9.8
金华猪	8	11.9	9.8
民猪	7	13.9	10.6
犬花白猪	7	12.5	11.6
宁乡猪	6~7	9.7~11.7	
长白猪	7~8	/	8.6
苏白猪	7	/	11.6
约克夏猪	7	/	10.5

　　总之,枫泾猪的繁殖性能有这样几个特点:

　　① 产仔数高:枫泾猪经产与初产母猪的产活仔数分别达到 15 头和 12.70 头。

　　② 乳头多与产仔多有关:枫泾猪乳头数平均达 17.5 只,乳头数与产仔数比较一致。以 16～18 只乳头的母猪为多,占母猪数的 83.8%,恰恰以 16～18 只乳头的母猪产仔数高而稳定,这对今后选种中要重视选留乳头数提供了依据。

　　③ 生产性能还有进一步提高的潜力:产仔数、断奶窝重变异系数大,选种中有改进余地。产仔数受环境影响。配种时在注重公猪精液品质好的同时,适时掌握

母猪发情排卵期,实行重复配可望提高产仔数。曾将县种畜场 802 号母猪产的 14 头母猪分别饲养在县种畜场(6 头)、干巷公社育种场(8 头),饲养管理条件相似,干巷场的饲料营养水平略低,用同一血统的公猪人工授精配种。由于县种畜场密切观察母猪发情动态,实行多次重复配(干巷场 2 次配),结果县种畜场产仔数平均 17.3 头,干巷场产仔数平均 15 头;断奶窝重则更易受环境因素影响而变化,如果良好的饲料条件及细致的管理(固定乳头、定期放奶可防止仔猪被压死;提早开食,有效防止白痢病,有利于仔猪正常的生长发育),加上头数多的有利条件,窝重完全能比国外品种高。

(四) 浦东白猪

1. 繁殖生理

在良好的饲养管理条件下,浦东白猪小公猪 2 月龄开始有爬跨现象,4 月龄已有成熟精子,6 月龄体重达 75 kg 时可以开始配种。小母猪 4 月龄时达性成熟并开始第一次发情,发情周期 20～21 d,发情持续期 2～4 d。初产母猪发情持续期一般为 3～5 d,经产母猪 2～3 d。根据后备种猪的发育状况确定初配年龄,养猪户一般在母猪 6 月龄、体重超过 60 kg 时开始初配,种猪场则多在母猪 7 月龄、体重 70～75 kg 时开始初配,如及时配种,受胎率一般在 95% 以上。母猪使用年限一般在 9～10 胎;公猪容易早衰,一般仅使用 3 年。

2. 繁殖性能

上海市南汇良种繁殖场 1980 年统计显示,初产母猪平均产仔数为 10.55 头,经产母猪为 15.01 头,少数经产母猪达 34 头。对 149 头经产母猪统计,平均初生窝重 11.35 kg,60 日龄断奶窝重 158.24 kg(表 2-44)。

表 2-44　浦东白猪繁殖性能

胎次	初 生					60 日龄断奶			
	窝数	产仔数(头)	活仔数(头)	窝重(kg)	个体重(kg)	窝数	仔猪数(头)	窝重(kg)	个体重(kg)
1	163	10.55	9.69	8.74	0.86	149	8.37	116.6	13.93
2	121	12.77	11.40	10.03	0.88	115	10.41	144.02	13.83
≥3	149	15.01	12.93	11.35	0.88	142	10.84	158.24	14.60

2006 年 9 月在上海市南汇区种畜场对 9 头公猪、20 头母猪进行了观测,平均为 4.25 胎次时,母猪发情周期 20.7 d,妊娠期 114.1 d,窝产仔数 13.0 头,窝产活

仔数 11.5 头,初生窝重 11.52 kg,仔猪初生个体重 1 050 g,仔猪 40 日龄断奶个体重 7.74 kg,断奶仔猪成活数 10.3 头,仔猪成活率 89.6%。南汇种畜场有关猪育种的一些资料记录见表 2-45。2009~2017 年浦东白猪的产仔情况见表 2-46。

表 2-45　浦东白猪(三场)繁殖及生产性能

年份	胎次	产仔数(头)	存活数(头)	断奶数(头)	60 日龄断奶窝重(kg)
1973 年春	/	10.11	10.11	8.22	86.59
1973 年秋	/	12.77	11.22	9.55	100.448
1974 年春	/	12.21	11.81	8.45	121.75
1974 年秋	头胎	9.00	9.92	9.08	153.72
	经产	11.00			
1975 年春	头胎	11.24	/	8.53	136.70
	经产	12.58	/	11.00	172.00

表 2-46　2009~2017 年浦东白猪产仔情况

年份	窝数	总产仔数(头)	窝均产仔数(头)	总产活仔数(头)	窝均产活仔数(头)	产活仔率(%)
2009	158	1 728	10.94±2.34	1 430	9.05±2.32	82.8
2010	139	1 480	10.65±2.58	1 344	9.67±2.87	90.8
2011	149	1 510	10.13±2.66	1 416	9.50±2.91	93.8
2012	176	1 865	10.60±2.80	1 663	9.45±3.07	89.2
2013	176	1 876	10.66±2.84	1 730	9.83±3.21	92.2
2014	193	2 179	11.29±3.14	1 967	10.19±3.06	90.3
2015	211	2 288	10.84±3.21	2 084	9.87±3.15	91.1
2016	217	2 479	11.42±3.04	2 109	9.72±3.00	85.1
2017	211	2 223	11.00±1.41	2 059	9.76±0.71	92.6

五、遗传特性

新中国成立后,经过长时间的调查、分析和统计,根据品种所在地的地理位置和气候特点,将我国的地方猪种分为华北型、华中型、华南型、江海型、西南型和高原型 6 大类型(《中国猪品种志》,1986)。邱恒清等(2016)根据《中国畜禽遗传资源志・猪志》(2011 年)的数据对我国地方猪种重新进行分类,利用体重、体长、胸围、体高、乳头数、经产仔数、日增重、屠宰率、瘦肉率和眼肌面积等 10 个重要经济性状,通过聚类分析将 94 个群体聚成 6 类(图 2-1)。Ⅰ类猪种乳头数和经产仔数都最多,即繁殖力最高,其余性状中等偏上。中型梅山猪、沙乌头猪和枫泾猪属于此

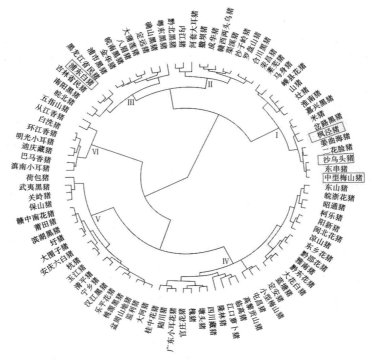

图 2-1　中国地方猪种聚类结果

类,是典型的江海型猪种。浦东白猪为Ⅲ类猪种,主要为眼肌面积最大、瘦肉率最高、综合性能最好。

　　盛中华等(2016)应用全基因组范围内的遗传标记,对上海白猪(上系)、太湖流域地方猪种和西方品种群体进行了遗传多样性和群体结构的分析(表 2-47)。结果显示,上海白猪(上系)群体内的遗传多样性比太湖猪种和西方猪种高;从图 2-2看出,群体间遗传距离显示上海白猪(上系)相对于太湖猪种更接近西方猪种,而梅山猪、沙乌头猪和枫泾猪的遗传距离最近。

表 2-47　采样品种

品种	代码	猪　　场	公猪数量(头)	母猪数量(头)	合计(头)
上海白猪	SH	上海市闵行区畜禽种场	12	87	99
梅山猪	MS	上海市嘉定区梅山猪育种中心	0	50	50
二花脸猪	EH	常熟畜禽良种有限公司	12	19	31
米猪	MI	金坛米猪原种场	2	34	36
枫泾猪	FJ	金山区枫泾猪繁育中心	0	15	15

续　表

品种	代码	猪　　　场	公猪数量(头)	母猪数量(头)	合计(头)
沙乌头猪	SW	上海市崇明县种畜场	6	25	31
嘉兴黑猪	JX	浙江嘉兴双桥农场	8	21	29
杜洛克猪	D	上海祥欣畜禽有限公司	10	38	48
长白猪	L	上海祥欣畜禽有限公司	7	30	37
大白猪	Y	上海祥欣畜禽有限公司	6	29	35
巴克夏猪	B	上海万谷种猪育种有限公司	16	0	16
皮特兰猪	P	上海新农饲料股份有限公司	3	17	20
合计	12	/	82	365	447

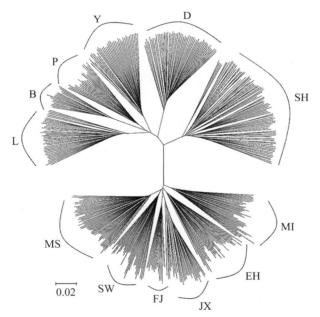

图 2-2　12 个群体基于邻接法构建的系统进化树

(一) 梅山猪

1. 主要经济性状的遗传力

梅山猪主要经济性状(繁殖性状和生长发育性状)的遗传力见表 2-48。其繁殖性能与国外数据相近,低于国内数据;生长发育性状则高于国外均数,其中个体重遗传力 6 月龄为 0.39,8 月龄为 0.40,8 月龄日增重遗传力为 0.56,都显著超过国内外平均数(张文灿,1983)。

表 2 - 48　梅山猪主要经济性状的遗传力

类群	梅山猪	品种均值	国外文献		国内文献	
性状、参数	$h^2 \pm \delta$		范围	均值	范围	均值
总产仔数	0.16±0.21	0.09	−0.17~0.59	0.10	0.05~0.23	0.17
活产仔数	0.22±0.25	0.14	−0.17~0.59	0.10	0.10~0.38	0.18
初生窝重	0.25±0.25	0.18	0.12~0.36	0.22	0.07~0.37	0.15
断乳头数	0.19±0.21	0.15	−0.09~0.32	0.13	0.06~0.26	0.15
断乳窝数	0.11±0.16	0.18	−0.07~0.37	0.17	0.06~0.21	0.14
初生个体重	0.40±0.12	0.24	0.12~0.37	/	0.17~0.56	0.30
断乳个体重	0.39±0.23	0.28	0.12~0.33	/	0.12~0.43	0.22
6 月龄个体重	0.39±0.26	0.35	0.07~0.72	/	0.17~0.32	0.27
8 月龄个体重	0.40±0.20	0.31	/	/	/	/
日增重	0.56±0.45	0.42	0.04~1.11	0.33	/	/
8 月龄体长	/	0.51	/	/	/	/
8 月龄胸围	/	0.34	0.40~0.81	0.59	/	/
8 月龄体高	/	0.64	/	/	/	/
乳头数	0.56±0.21	0.41	0.51~0.75	0.65	0.08~0.35	0.13

注: h^2 表示遗传力。

2. 乳头的遗传力较高

据 1982 年对 257 头成年母猪的调查结果,梅山猪平均乳头数 16.96 只,其中正常乳头 16.58 只,占 97.8%。据 1982 年对 173 窝、2 396 头初生仔猪的调查结果,平均乳头数 16.46 只,正常乳头为 15.71 只,占 95.44%。其中雌性仔猪 1 230 头,平均乳头数 16.74 只,正常乳头 16.52 只,占 98.7%;雄性仔猪 1 157 头,平均乳头数 16.17 只,正常乳头 14.84 只,占 91.8%。显而易见,乳头数受到性别的影响,雄性仔猪乳头数和正常乳头所占比例均比雌性少。盛桂龙等(1983)对上海市嘉定种畜场 1975~1980 年生产记录分析指出,乳头数的多少与产仔数有着一定的联系,梅山猪若干数量性状间的遗传相关中,乳头数的遗传相关呈中等相关(0.53),且乳头数的遗传力相对也较高,见表 2 - 49。

梅山猪还有少数发育不健全的乳头(又称副乳头),在母猪腹部呈两侧分布,远离最后一对正常乳头,一般有 1~2 对,母猪性成熟后也不发育,属无效乳头。公猪的副乳头一般在两后腿间的腹线上。还有叠乳头,两个乳头基部合在一起,末端分

表 2-49 梅山猪若干数量性状的遗传力

性状	遗传力	测定方法	性状	遗传力	测定方法
乳头数	0.44	全同胞	断奶仔数	0.13	半同胞
产仔数	0.28	全同胞	断奶窝重	0.13	半同胞
产活仔数	0.23	全同胞	断奶个体重	0.22	半同胞
初生窝重	0.23	半同胞	6月龄体重	0.15	半同胞
初生个体重	0.14	半同胞			

叉。也有少数母猪,副乳头夹在两乳头中间,较小,属退化乳头。此外还有瞎乳头,即乳头凹陷;乳导管被堵塞的乳头,哺乳时不能导出乳汁,属无效乳头。据调查,成年梅山猪母猪副乳头占 12.45%,退化乳头占 4.67%,瞎乳头占 8.56%;雌性仔猪副乳头占 15.74%,叠乳头占 0.4%;雄性仔猪副乳头占 14.7%,叠乳头占 56.27%。

3. 毛色遗传

梅山猪选育对毛色的要求是白脚、稀毛、紫红皮,严格剔除黑脚爪,允许少量白肚皮等。1982 年调查结果:四白脚的个体出现率达到 94.88%,腹部白斑、环花背和额部白毛凹窝的个体出现率有所下降,但是黑脚个体出现率略有上升,见表 2-50。

表 2-50 初生仔猪毛色统计

年份	统计窝数	统计头数	黑脚		腹部白斑		环花背		额部白毛	
			窝数	头数	窝数	头数	窝数	头数	窝数	头数
1975	120	1 534	46 (38.34)	74 (4.82)	116 (96.67)	715 (46.6)	13 (10.83)	20 (1.3)	30 (25.0)	53 (3.45)
1982～1983	425	5 934	154 (36.24)	304 (5.12)	305 (71.76)	877 (4.78)	18 (4.24)	25 (0.42)	22 (5.18)	38 (0.64)

注:( )内为所占百分比。

4. 遗传缺陷

(1)易患猪气喘病:梅山猪是在阴暗、潮湿的农家软圈条件下并经过一个漫长的过程育成的,因而梅山猪最易发生猪喘气病,并具有一定的遗传性,是梅山猪产区重点防范的疫病之一。

(2)遗传性能下降:张似青等(2007)通过 REML 法分析上海市嘉定区梅山猪育种中心梅山猪繁育性状的 25 年信息资料表明,中型梅山猪群体在遗传结构和繁殖性能上不断地变化,在近 10 多年来的变化更大,最主要的变化是产仔性能逐年下降,已与建群初期相差 3 头左右。并指出,中型梅山猪繁殖性能呈历年下降趋势(表 2-51)。除选育因素外,家系血液的狭窄趋势和高产基因的遗传漂变可能是主要原因。

表 2-51　2014～2017 年产仔性能(含初产)

年份	窝数	产仔数(头)	产活仔数(头)
2014	634	12.27	10.52
2015	675	12.32	10.89
2016	755	12.37	10.98
2017	496	12.23	11.28

(二) 沙乌头猪

1. 繁殖力的遗传

沙乌头猪以繁殖力高、产仔数多而著称,是珍贵的猪种遗传资源。产仔数是数量性状,由多对基因控制。沙乌头猪高产的生理基础主要是排卵数多,比大约克、长白等外来品种猪多 10 个以上。排卵数与窝产仔数的相关系数(r)为 0.966($P<0.01$),两者存在极显著的相关关系。沙乌头猪产仔数多的另一个生理原因是胚胎死亡率较低。胚胎死亡率低与母猪子宫角较长有关,子宫角长表示胎儿生长发育的空间环境较大。沙乌头猪的子宫角比大约克、长白猪的要长。

据上海市崇明县种畜场自建场统计表明,20 世纪 80 年代沙乌头猪产仔数为 14.79 头,产活仔数为 13.2 头;90 年代产仔数为 14.44 头,产活仔数为 13.7 头;2000～2017 年产仔数为 13.93 头,产活仔数为 13.05 头。

2. 杂交优势

沙乌头猪具有产仔性能好、肉质鲜美的优点,但生长较慢,饲料转化率低,瘦肉率低。用沙乌头猪做母本,同大约克、长白、皮特兰、杜洛克等公猪杂交所产的后代,提高了瘦肉率和生长速度,增加饲养效益,又不失其产仔数多、肉质鲜美的特性。

据测定,沙乌头猪二元、三元(2009 年长×沙、约×沙二元杂交、约×长×沙三元杂交)杂交猪产仔数为 12 头,产活仔数 11 头,均高于大约克、长白猪的产仔数 10 头、产活仔数 9 头,且杂交猪在育肥性能方面明显优于纯繁组,杂交优势显著(表 2-52)。

表 2-52 沙乌头猪杂交育肥性能

组　　　别	平均日增重(g)	料重比	背膘厚(cm)	眼肌面积(cm²)	瘦肉率(%)
纯种猪	477.60	3.85:1	3.35	16.65	42.81
二元猪(长×沙)	524.97	3.67:1	3.05	27.10	53.35
三元猪(约×长×沙)	616.14	3.30:1	2.70	37.52	58.70

3. 乳头数遗传

乳头数是猪的重要繁殖性状之一。产仔数多的沙乌头猪离不开高乳头数作为其生理基础,因此乳头数这个性状在沙乌头猪的保种选育中一直受到重视。

猪的乳头性状是易度量的外显数量性状,在育种过程中易于度量和选择。沙乌头猪的乳头数分布与其他猪种一样,具有连续性、集中性和分散性的表现。沙乌头猪的乳头数 14~23 个,但以 16~19 个的居多,占总数的 90% 以上。

沙乌头猪双亲乳头均数和子女乳头均数并不相等,有子女乳头均数多于双亲乳头均数的,也有少于双亲乳头均数的。同窝仔猪的乳头数也不相同,有比平均数少的,也有多于平均数的。沙乌头猪左右乳头数也大部分不等同。另外,公、母猪乳头数差异不显著,所以在选种、选留过程中,后备公猪乳头数的选择也应重视。

沙乌头猪的乳头呈枣子形,一般比较细,有利于仔猪吸吮。

沙乌头猪中有少数发育不健全的乳头称为副乳头,在母猪腹部呈两侧分布,远离最后一对正常乳头,一般有 1~2 对,母猪性成熟后也不发育,属无效乳头。公猪的副乳头多见在两后腿间的腹线上,两个乳头常连在一起。也有少数公、母猪,副乳头夹在正常乳头中间,形状较小,不发育。

统计档案资料显示,乳头数与繁殖性状之间没有明显的相关性,但有足够多的有效乳头是产仔数多的沙乌头猪哺乳期仔猪正常生长发育的保证,故提高乳头质量是选育中需要重视的一个环节。

(三) 枫泾猪

1. 枫泾猪的表型参数

根据 1975~1978 年上海市金山县种畜场内完整的生产记录进行数据分析(饲养条件以青粗饲料为主)显示:初产母猪产仔数 13.8 头,产活仔数 12.7 头;第二胎产仔数为 15.8 头,产活仔数为 14.2 头;第三、四胎产仔数为 18.4 头,产活仔数为 15.7 头;第五胎产仔数为 19.9 头,产活仔数为 16.4 头。与国内外主要猪种比较,枫泾猪的哺乳能力很强。20 世纪 70 年代,枫泾猪 60 日龄断奶窝重达 155.65 kg。生长发育表型参数见表 2-53 和表 2-54。(胡承桂等,1982)

表 2-53　不同月龄体重的表型参数

组别	表型参数(kg)				不同性别表型值(头、kg)								
	$\overline{X}$	S_{n-1}	CV	$S\overline{X}$	公猪					母猪			
					n	$\overline{X}$	S_{n-1}	CV	$S\overline{X}$	n	$\overline{X}$	S_{n-1}	CV	$S\overline{X}$
初生	0.80	0.26	16.53	0.02	90	0.80	0.28	17.55	0.03	134	0.80	0.25	15.52	0.02
2 月龄	12.41	4.28	17.24	0.37	90	12.24	3.73	15.22	0.39	134	12.49	4.56	18.27	0.43
6 月龄	48.09	95.29	15.90	1.02	90	46.83	14.86	15.87	1.58	134	48.73	15.66	16.07	1.35

注:样本数为 224。

表 2-54　6 月龄体尺表型参数

性状	表型参数(头、cm)				不同性别表型值(头、cm)								
	n	$\overline{X}$	S_{n-1}	CV	$S\overline{X}$	公猪				母猪			
						n	$\overline{X}$	S_{n-1}	CV	$S\overline{X}$	n	$\overline{X}$	S_{n-1}	CV	$S\overline{X}$
体长	216	92.13	7.10	7.70	0.48	88	91.91	7.15	7.78	0.77	128	92.40	7.26	7.86	0.64
胸围	216	82.73	6.67	8.06	0.48	88	81.67	6.38	7.81	0.68	128	83.23	6.72	8.08	0.60
体高	216	43.83	3.72	8.49	0.25	88	44.36	3.95	8.92	0.42	128	43.43	3.49	8.04	0.31
胸深	216	26.20	2.52	9.63	0.17	88	25.77	2.31	8.97	0.04	128	26.48	2.62	9.91	0.23
管围	216	15.97	1.38	8.66	0.09	88	16.20	1.44	8.89	0.15	128	15.79	1.32	8.38	0.12

从表 2-53 可知,初生重平均 0.80 kg,其中公母猪的初生重都是 0.80 kg,变异很小,公母之间没有差异;2 月龄重 12.41 kg,其中公母猪重分别为 12.24 kg、12.49 kg,公母之间差异很小;6 月龄重 48.09 kg,公母猪重分别为 46.83 kg、48.73 kg,母猪比公猪的体重略有增加(胡承桂等,1982)。

从表 2-54 可知,6 月龄体长 92.13 cm,胸围 82.73 cm,体高 43.83 cm,胸深 26.20 cm,管围 15.97 cm,公母猪均与平均值基本相似(胡承桂等,1982)。

2. 枫泾猪的遗传参数

枫泾猪生长发育性状的遗传力和遗传相关见表 2-55 和表 2-56。从表 2-55 可知,6 月龄体重、体长、胸围、体高、胸深、管围的遗传力分别为 0.28、0.25、0.37、0.40、0.416、0.42,除体长外均属中等遗传力,比较体高遗传力比宁乡猪低一半,其余各项大致相似(胡承桂等,1982)。

表 2-55 枫泾猪生长发育性状的遗传力

	枫 泾 猪			国内品种猪			国外品种猪	
	数量	h²	方法	h²	方法	资料来源	h²	资料来源
6 月龄体重	224	0.28	半同胞	0.32	父系半同胞	宁乡猪	0.30	Whatley, 1942
体长	212	0.25	全同胞	0.24	父系半同胞	宁乡猪	0.55	Fredeenand Jonsson, 1957
胸围	212	0.37	半同胞	0.32	父系半同胞	宁乡猪	/	/
体高	212	0.40	半同胞	0.80	父系半同胞	宁乡猪	/	/
胸深	212	0.416	半同胞	/	/	/	0.20	平均值
管围	212	0.42	全同胞	/	/	/	/	/

表 2-56 枫泾猪遗传相关系数

相 关 性 状	数量	测定方法	遗 传 参 数	
			遗传相关	表型相关
6 月龄体重与体长	215	半同胞	0.787	0.746
6 月龄体重与胸围	215	半同胞	0.814	0.802
6 月龄体重与体高	215	半同胞	0.719	0.660
6 月龄体重与胸深	215	半同胞	0.920	0.844
6 月龄体重与管围	215	半同胞	0.867	0.797
体长与胸围	215	半同胞	0.916	0.796
体长与体高	215	半同胞	0.714	0.631
体长与管围	215	半同胞	0.853	0.730
胸围与体高	215	半同胞	0.646	0.555

从表 2-56 可知,6 月龄体重与体长、胸围、体高、胸深、管围的遗传相关和表型相关分别为 0.787 和 0.746、0.814 和 0.802、0.719 和 0.660、0.920 和 0.844、0.867 和 0.797,均属强正相关。体长与胸围、体高、管围的遗传相关和表型相关分别为 0.916 和 0.796、0.714 和 0.631,0.853 和 0.730,均属强正相关;胸围与体高的遗传相关和表型相关为 0.646 和 0.555,属中等正相关。9 对遗传相关均比较一致,相互之间关系密切,在选种中,体重、体长两项指标显得十分重要。

枫泾猪经产母猪繁殖性状的遗传力分析结果见表 2-57。枫泾猪除乳头数与初生窝重属低遗传力外,产仔数、产活仔数、初生个体重、断奶窝重、断奶个体重各项均属中等以上遗传力。其中,除乳头数遗传力低于国外品种猪外,其余各项都高于国外品种猪(胡承桂等,1979)。

表 2-57　枫泾猪与国外品种繁殖性状的遗传力比较

性状	枫 泾 猪			国 外 资 料	
	遗传力	测定方法	测定窝数	遗传力	资料来源
乳头数	0.18	全同胞	57	0.30～0.40	摘自 ABA 资料
产仔数	0.23	全同胞	90	0.05～0.10	摘自 ABA 资料
产活仔数	0.38	全同胞	90	0.05～0.15	摘自 ABA 资料
初生窝重	0.15	全同胞	87	0.06～0.20	摘自 ABA 资料
初生个体重	0.37	全同胞	86	0.02～0.20	摘自 ABA 资料
断奶窝重	0.21	全同胞	89	0.15～0.20	摘自 ABA 资料
断奶窝重	0.33	母女回归	41	0.15～0.20	摘自 ABA 资料
断奶个体重	0.33	全同胞	89	0.02～0.20	摘自 ABA 资料

枫泾猪的 7 对数量性状的遗传相关计算结果列于表 2-58(胡承桂等,1979)。

表 2-58　繁殖性状的遗传和表型相关

相 关 性 状	测定窝数	遗传相关	表型相关
初生窝重与初生个体重	87	0.22	0.19
产活仔数与初生个体重	57	0.37	-0.31
乳头数与产仔数	57	0.20	0.18
产活仔数与初生窝重	87	0.50	0.59
初生窝重与断奶窝重	87	0.29	0.11
断奶个体重与断奶窝重	87	0.28	0.76
断奶个体重与初生个体重	89	0.51	0.52

从表 2-58 可知,枫泾猪的表型相关与遗传相关基本一致,表型相关属强正相关的有 3 对,属弱负相关的有 1 对。遗传相关属中等正相关的有 2 对,属弱正相关的有 4 对,属中等负相关的有 1 对,其中产活仔数与初生窝重、断奶个体重与初生个体重 2 项遗传与表型相关非常一致。

3. 枫泾猪近交与繁殖性能关系

恰如其分地应用近亲交配是育种工作中一个非常重要的技巧。在猪育种工作中,善于适当应用近交,就能保证充分发挥选择作用,又能及时稳定某一品种的优良性能,提高种群的纯度。然而,育种工作者历来认为近交会导致繁殖力衰退、生活力下降。资料来源于一个场1976～1979年4年的生产记录,全部采用经产母猪(3～7胎)的产仔记录,4年中饲料条件、饲养管理条件基本相似,配种方式全部是人工授精,均为2次输精,且由同一人工授精员输精。比较的繁殖性状主要有产仔数、产活仔数、初生窝重、初生个体重、60日龄断奶成活数、断奶窝重共6项,各组繁殖性能见表2-59。

表2-59 枫泾猪近交与繁殖性状关系分析

组别	样本数（头）	产仔数（头）	产活仔数（头）	初生窝重（kg）	初生个体重（kg）	60日龄断奶数（头）	断奶窝重（kg）
近交系数25%	29	13.75	12.79	11.145	0.920	10.83	97.445
对照组	59	16.24	14.52	12.375	0.885	12.37	112.265
对比		−15.33%	−11.92%	−9.04%	+7.6%	−12.45%	−13.21%
近交系数12.5%	29	14.07	11.82	10.850	0.955	10.43	94.770
对照组	13	14	11.95	10.550	0.895	11.42	110.255
对比		+5%	−1.09%	+2.84%	+6.7%	−8.67%	−14.05%
近交系数6.25%	10	14.2	12.5	11.965	0.975	10.55	99.220
对照组	13	14.15	11.76	10.330	0.855	10.75	98.725
对比		+0.35%	+6.29%	+15.83%	+14.04%	−1.87%	+0.5%

从表2-59可知:

① 近交系数25%组产仔数比对照组少15.33%、产活仔数少11.92%、初生窝重低9.04%、初生个体重大7.6%、断奶成活数少12.45%、断奶窝重低13.21%。由于高度近交,产生了繁殖衰退现象,仔猪成活数与窝重显著下降,这与生活力下降也有密切关系。这个场的饲养员反映仔猪出生后黄白痢病、水泻从未间断,治愈时间长,断奶窝重提高困难。

② 近交系数12.5%组产仔数、产活仔数、初生窝重3项与对照组相比差异不显著,初生个体重比对照组大6.7%,而断奶仔猪数与窝重比对照组分别减少8.67%、14.05%,可以认为产活仔数与对照组差异不大,而断奶仔猪数与断奶窝

重除母体效应外,还容易受环境因素影响。

③ 近交系数 6.25% 组除断奶成活数比对照组略有减少外,其余各组均比对照组略高,可以认为近交系数 6.25% 对繁殖性状没有影响。

21 世纪初期,对枫泾猪近交引起繁殖力衰退和生活力下降做进一步分析,中等程度以下近交并不影响繁殖力与生活力。产活仔数略有下降与饲料营养变化有关,配合饲料应用后,营养趋于完善,而青绿饲料已经舍弃,改变了长期保持有丰富维生素的营养内容。体型增大,产活仔数有所下降,而初生个体重增加,仔猪生长速度加快。二者比较有所失,有所得。从保持枫泾猪高繁殖力这个最大优势而论,必须扩大公猪血统、增加保种场血统、近交系数控制在中等以下,如果有条件不超过 6.25%,就可控制繁殖力下降。在饲料营养配制上适当增加维生素。

4. 枫泾猪生长性能及胴体品质性状遗传参数的测定

胡承桂等(1982)选用上海市金山县种畜场 1978 年的选育群枫泾猪仔猪 48 头,分属 9 头不同公猪和 18 头与配母猪的后裔。试验结束后采用常规方法屠宰,按全国猪育种科研协作会议制定的方案测定项目。

(1)肉用性状的遗传力:肉用性状包括生长性能及胴体品质性状,遗传力见表 2-60。

表 2-60　生长性能及胴体品质性状的遗传力

性状	数量	枫泾猪		国内地方品种猪		
		遗传力	方法	遗传力	方法	资料来源
120 日龄、60 kg 日增重	24	0.598	全同胞			
180 日龄、75 kg 日增重	47	0.576	全同胞	0.625	全同胞	贵州关岭猪
宰前体重	46	0.800	全同胞	0.734	全同胞	贵州关岭猪
胴体重	46	0.548	全同胞	0.498	全同胞	贵州关岭猪
屠宰率(%)	47	0.190	全同胞			
背膘厚度	48	0.818	全同胞	0.926	全同胞	贵州关岭猪
皮厚度	48	0.516	半同胞	0.340	全同胞	贵州关岭猪
胴体长	48	0.658	全同胞	0.760	半同胞	贵州关岭猪
眼肌面积(cm²)	22	0.394	选择反应选择差	0.381		贵州关岭猪
后腿比例(%)	22	0.628	半同胞	0.270	全同胞	贵州关岭猪
胴体瘦肉占胴体(%)	22	0.336	半同胞	/	/	/

(2)遗传相关:枫泾猪性状间遗传相关估测结果见表 2-61。

表 2-61　生长性能及胴体品质性状的遗传相关

性　　状	供测头数	遗传相关	表型相关	测定方法
背膘厚度与 180 日龄、75 kg 日增重	48	0.317	0.874	半同胞
背膘厚度与眼肌面积	22	−0.816	0.180	半同胞
背膘厚度与屠宰率	48	0.335	0.239	半同胞
背膘厚度与胴体长	48	−0.344	−0.480	半同胞
后腿比例与背膘厚度	22	−0.363	−0.291	半同胞
眼肌面积与屠宰率	22	0.453	0.229	半同胞
胴体长与 180 日龄、75 kg 日增重	48	0.005	0.056	半同胞
胴体瘦肉率与后腿比例	21	0.717	0.339	半同胞

5. 枫泾猪杂交窝重的测定

枫泾猪与苏白、长白等国外品种杂交,其杂交一代产仔多、耐粗饲、生长快,杂种优势显著,是理想的亲本,尤其是苏枫杂交一代组合,深受广大群众欢迎。以枫泾猪为母本的苏枫杂交一代全窝商品重为研究对象,摸索高繁殖力的枫泾猪产肉的经济效益如何,对于今后指导枫泾猪杂交的趋势具有一定作用。

胡承桂等(1981)用上海市金山县钱圩种畜场三胎母猪春产仔猪为试验对象,选择 2 窝 60 日龄断奶的 28 头仔猪(公母基本相同)进行全窝商品重测定。

试验期饲养管理:初期进行防疫驱虫,试验按窝统棚饲养,每日喂湿料 3 次,日粮按农村饲料水平,平均每千克含消化能 10.88～12.14 MJ,饲料为大麦粉、麸皮、四号粉等,比较单一,精青比为 1:(2～3)。

增重及屠宰测定:全期 180 d,屠宰前 12 h 禁食,测定项目按全国猪育种科研协作会议制定方案,数据经统计分析。

(1) 全期增重:测定结果见表 2-62。苏枫杂交一代平均产仔成活 17 头,窝重 13.05 kg。60 日龄断奶仔猪 14 头,窝重 185.50 kg,哺乳期成活率 84.85%。180 日龄全窝商品重 1 174.00 kg,日增重 392.26 g。

(2) 全窝产肉性能测定:结果见表 2-63。苏枫杂交一代全窝产肉 908.09 kg,占全窝重量 77.33%,其中全窝胴体重 767.97 kg、头重 88.90 kg、脚重 22.62 kg、尾重 2.62 kg。

表2-62 全期日增重

母猪耳号	产 仔			60 日龄断奶				180 日龄窝重（kg）	增 重	
	数量（头）	窝重（kg）	个体重（kg）	数量（头）	窝重（kg）	个体重（kg）	哺育率（%）		总增重（kg）	日增重（g）
9294	17	12.95	0.81	14	183.00	13.07	87.50	1 149.00	966.00	383.33
5998	17	13.15	0.78	14	188.00	13.43	82.35	1 199.00	1 011.00	401.19
均值	17	13.05	0.79	14	185.50	13.25	84.85	1 174.00	988.50	392.26

表2-63 全窝产肉性能

母猪耳号	宰前重（kg）	胴 体				头重（kg）	脚重（kg）	尾重（kg）	产肉	
		胴体重（kg）	板油重（kg）	肾重（kg）	小计（kg）				肉重（kg）	产肉率（%）
9294	1 149	741.55	20.98	4.85	767.88	86.75	21.55	2.38	878.05	76.42
5998	1 199	794.38	20.93	5.25	820.55	91.05	23.68	2.85	938.13	78.24
均值	1 174	767.97	20.96	5.05	794.22	88.90	22.62	2.62	908.09	77.33

（3）屠宰测定：结果见表2-64。苏枫杂交一代屠宰率平均为67.63%，皮厚0.42 cm，膘厚2.91 cm，眼肌面积18.11 cm²，后腿占胴体重28.61%。

半胴体分离测定结果见表2-65。从表2-65可知，苏枫杂交一代瘦肉与脂肪比例为1.7∶1，瘦肉占半胴体重46.89%，脂肪占半胴体重27.56%。

表2-64 杂交猪全窝重屠宰测定

母猪耳号	样本数	宰前体重（kg）	胴 体				屠宰率（%）
			胴体重（kg）	板油重（kg）	肾重（kg）	小计（kg）	
9294	14	82.07±3.99	52.97±3.15	1.50±0.37	0.35±0.02	54.82±3.44	66.79±0.69
5998	14	84.65±2.73	56.74±1.95	1.50±0.19	0.38±0.03	58.58±1.95	68.39±0.68
均值	14	83.855±2.42	54.86±1.96	1.50±0.20	0.37±0.02	56.70±2.07	67.63±0.68

母猪耳号	皮厚（cm）	膘厚（cm）	胴体长（cm）	眼肌面积（cm²）	左侧半胴体重（kg）	后 腿	
						重量（kg）	比例（%）
9294	0.42±0.02	2.90±0.16	80.71±1.36	18.30±1.05	25.16±1.62	7.255±0.53	28.83±0.74
5998	0.42±0.03	2.92±0.14	83.79±1.35	17.93±1.07	27.52±0.97	7.315±0.30	28.40±0.55
均值	0.42±0.02	2.91±0.15	82.25±1.35	18.11±0.74	26.34±1.2	7.035±0.32	28.61±0.45

表 2 - 65 胴体分离测定

母猪耳号	瘦肉(%)	脂肪(%)	皮(%)	骨(%)
9294	46.34±0.74	31.20±2.18	11.48±1.33	9.28±0.32
5998	47.51±2.29	23.93±3.88	14.63±0.78	10.61±0.97
均值	46.89±1.03	27.56±2.71	13.07±1.08	9.95±0.55

（4）内脏器官变化：从表 2 - 66 可知，苏枫杂交一代心重 0.285 kg，肺重 0.825 kg，肝重 2.055 kg，胃重 1.044 kg，小肠长 2 121.68 mm、重 2.435 kg，大肠长 528.93 mm、重 2.315 kg。

表 2 - 66 内脏器官测定情况

母猪耳号	心(kg)	肺(kg)	脾(kg)	肝(kg)	肾(kg)	膀胱(kg)	胃(kg)	小肠长度(mm)	小肠重(kg)	大肠长度(mm)	大肠重(kg)
9294	0.29±0.02	0.89±0.09	0.165±0.01	2.03±0.10	0.345±0.02	0.16±0.01	1.02±0.06	2 219.21±41.61	2.33±0.11	558.36±24.00	2.34±0.20
5998	0.38±0.02	0.765±0.11	0.165±0.01	2.08±0.11	0.375±0.03	0.165±0.02	1.055±0.04	2 024.14±54.07	2.535±0.10	499.5±14.37	2.295±0.14
均值	0.285±0.02	0.825±0.07	0.165±0.01	2.055±0.08	0.36±0.02	0.16±0.01	1.04±0.04	2 121.68±38.38	2.435±0.08	528.93±14.85	2.315±0.12

（5）测定结果分析：饲料中各种营养物质是猪的生长、发育、增重等的重要基础。苏枫杂交一代全窝商品重测定期间，由于饲料比较单一，每窝消耗精料 3 185 kg，每增重 1 kg 消耗精料 3.22 kg，而消化能和蛋白质含量又较低，每增重 1 kg 消耗消化能 37.07 MJ、蛋白质 293 g，加之青料使用过多，致使生产性能下降，全期日增重 392.26 g，比县种畜场苏枫杂交猪肥育日增重 655 g 减少 66.98%。为充分发挥苏枫杂交猪的生产潜力，提高杂种优势，在注意遗传因素之外，饲养环境条件按照不同组合创造不同饲养环境条件，使杂交组合能充分发挥杂种优势，提高产肉率。

全窝商品重是母猪商品生产的总体现，是所有能度量的性状中最重要的指标，也是测定杂种优势的最主要指标。试验在农村的实际饲养条件下进行，苏枫杂交猪获得全窝商品重 1 174 kg，全窝肉重 908.095 kg。可以设想，假如按照太湖猪饲养水平，满足生产需要，苏枫杂交猪全窝商品重的杂种优势将一定有更大潜力。为此，在脂肉比例为 1：1.5 的情况下，苏枫杂交是一个较好的杂交组合，也是一个高产的组合。如果能够满足营养需要,苏枫杂交完全有条件与目前国外生产性能好的猪种相比。

6. 枫泾猪群体繁殖性能现状分析

张似青等(2009)运用了常规育种技术和分子遗传技术,使该品种经产母猪的产仔数平均为 14.63 头、初产母猪产仔数平均为 12.8 头,分别提高 0.5 头、2 头仔猪。

(1) 胎次的变化:对枫泾猪的胎次分析看出(图 2-3),无论是产仔数和产活仔数,还是窝重,5 胎之前的上升趋势均是非常明显的($P<0.01$),而且在第 5 胎时的产仔数高峰值可达到 15 头,至第 8 胎时仍可维持其 5 胎时的基本水平,但产活仔数则趋下降。初生窝重的胎次变化在 5 胎前与产仔数趋势相同,但之后开始下降,且不同胎次之间差异极显著($P<0.01$)。

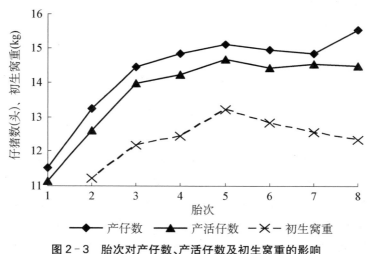

图 2-3　胎次对产仔数、产活仔数及初生窝重的影响

(2) 系间的变化:枫泾猪在繁殖上采用分系的方法实施配种方案,根据分析结果看出(图 2-4),4 个系之间在繁殖性状上虽有波动,但均无显著差异($P>0.05$);尽管如此,1 系和 4 系的产仔数仍比 2 系和 3 系略高。

(3) 初产日龄的变化:随着初产日龄的推移,产仔数、产活仔数和初生窝重均呈逐步增加的趋势(图 2-5),除 500～550 日龄时出现一个下降点之外,该趋势似乎仍有往上的空间。

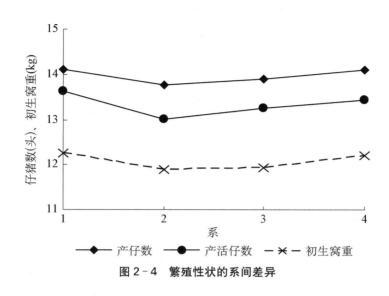

图 2-4 繁殖性状的系间差异

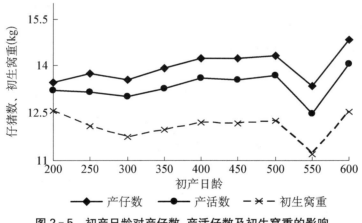

图 2-5 初产日龄对产仔数、产活仔数及初生窝重的影响

（4）季节的变化：繁殖性状的季节变化是显而易见的（图 2-6），繁殖性能表现较好的季节是在 2～7 月份，1 月份则处于最低谷，3 月份的结果似乎显得比较特殊，产仔数比 2、4 月份少 1 头左右。经方差分析显示，3 个性状的不同月份之间波动明显，呈极显著差异（$P<0.01$）。

（5）年份的变化：以母猪出生年份所分析的繁殖性状显示，自 1992～2006 年 3 个性状均呈改进的趋势，其中 2002 年和 2006 年出生母猪的产仔数均超过了 15

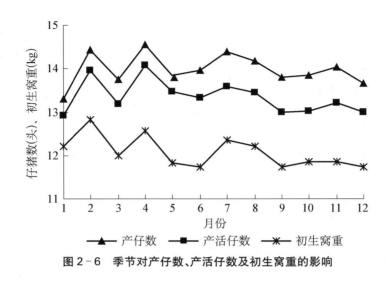

图 2-6　季节对产仔数、产活仔数及初生窝重的影响

头。在整个上升趋势中,出现了 2 个下降点,一个出现在 1994 年,产仔数仅为 11.86 头;另一个出现在 2005 年,但产仔数比前一个低谷多 2.32 头,两个低谷均是非突然出现,而是持续下降 2～3 年才到达的,然后又持续向上(图 2-7)。经方差分析显著性检验,3 个性状的年份之间均呈极显著差异($P<0.01$)。

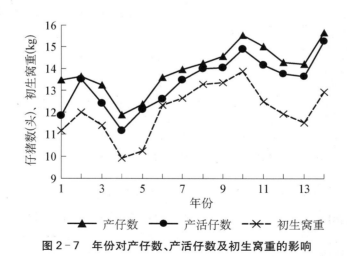

图 2-7　年份对产仔数、产活仔数及初生窝重的影响

枫泾猪在产仔数、产活仔数和初生窝重 3 个繁殖性状方面仍是欣慰的,尤其是产仔数保持了太湖流域猪的高产特性。值得进一步讨论的是,在对繁殖性状影响因素的分析上,枫泾猪的有些现象可能与其他品种有明显不同。

① 按照胎次分析的结果表示,枫泾猪可维持 9 胎以上,并不像理论上所描述的 5～6 胎以后产仔数下降的那样,只是初生窝重呈下降趋势。所以,如果初生重对于枫泾猪(地方品种)不是很重要的话,母猪可以 9 胎以后继续繁殖利用,这与保种策略相符合。

② 枫泾猪的繁殖方法是以 4 个家系进行的,所以将 3 个繁殖性状在 4 个家系之间的差异性进行比较,得到的结果是无差异。如果是为了避免近交而进行的分系,只能在建群初期可以实施这种方法,一旦系间个体产生亲缘关系后就要谨慎运用。

③ 初产日龄的早晚并不影响枫泾猪的繁殖性能,而且随着初产日龄的逐步推迟,产仔数也同步提高。这似乎与外来品种的现象相似,与同属太湖品种的梅山猪则不同。如果纯粹为了保种,这个结果则是可喜的,适当延长后备母猪的初产日龄至 500 日龄以后,即可延长母猪的生命周期,又可稳定群体的繁殖基因库。

④ 季节变化的结果与同类分析的结果相似,12 个月中的产仔高峰均在第一季度,或是在春季。

⑤ 根据目前的处境,地方品种猪繁殖性能的下降是毫无疑问的,而枫泾猪的繁殖性能虽然在所分析的时间段内有两次下降的拐点,但其总的趋势是从 1992 年起持续上升,且在 2006 年达到最高峰 15.8 头。这是一个比较意外的结果,如果没有持续的选择工作,要达到该水平是困难的。另一个原因就是可能有较高的产仔数主效基因频率存在于该群体中。

在现代化养猪发展的今天,枫泾猪繁殖性能仍能保持其特性,这是一件非常欣慰的事。枫泾猪个体间的亲缘关系似乎并没有影响其繁殖性能,但长期闭锁繁育不可避免会增加近交程度。所以,在保种时应考虑:对每头母猪都应有一个配种方案,要尽量避免与公猪有亲缘关系,不必采用分系繁育方法;后备母猪可以适当推迟初配时间;经产母猪可增加胎次,延长繁殖周期;适当引进同种血液,增加血缘。

(四) 浦东白猪

1. 毛色遗传

浦东白猪是国内唯一一个毛色全白的地方猪种,其与黑毛猪杂交所生的子一代个体毛色也是全白,因而是一种珍贵的遗传资源。肥大细胞生长因子受体(c-kit)是一种跨膜的蛋白,属于酪氨酸激酶受体家族。肥大细胞生长因子受体在特定的细胞(成黑色素细胞和黑色素细胞)中表达,对黑色素细胞的形成、成熟及增殖迁移有重要的调控作用。肥大细胞生长因子受体由 KIT 基因编码。Marklund 等对长白猪和大白猪的研究表明:突变了的 KIT 基因(内含子 18 缺失 4 个碱基的调节突变,导致 KIT 基因表达失调;内含子 17 第 1 个核苷酸处发生 G→A 的剪接突变,导致外显子 17 缺失)表达突变的 KIT 受体,导致黑色素细胞前体物不能正常迁移和存活,皮肤和毛囊无或有极少量的黑色素细胞,最终产生白毛色。

盛中华等(2008)选取 KIT 基因为候选基因,通过聚合酶链式反应单链构象多态性分析(PCR-SSCP)的方法,对浦东白猪的 KIT 基因进行了多态性检测,进而对浦东白猪 KIT 基因这 2 个位点进行测序,以检验其 KIT 基因 17、18 号位点是否存在相同突变。从 PCR-SSCP 检测的结果来看,浦东白猪、大白猪、长白猪的 KIT 基因属于 1 种基因型,初步确定浦东白猪在 KIT 基因上的基因型为Ⅱ。为了进一步验证对浦东白猪 KIT 基因型的推理,选取浦东白猪、大白猪、长白猪部分样本对其进行测序。测序结果:浦东白猪 KIT 基因内含子 17 的序列在第 123 个碱基处为 A,发生了 G→A 的突变;内含子 18 的序列中存在 AGTT 缺失。一方面,该结果能有效地解释浦东白猪毛色的成因。等位基因Ⅰ是双拷贝的 KIT 基因,其中 1 个拷贝正常,另一拷贝发生了以上 2 种突变,表达突变的 KIT 受体,黑色素细胞前体物不能正常迁移和存活,皮肤和毛囊无或有极少量的黑色素细胞,故产生白毛色。另一方面,该结果与传统的显性白理论相一致,全白色的浦东白猪在表型上与全白色的长白猪、大白猪无异处,在其遗传本质上也完全相同。在 KIT 基因上,全白色的浦东白猪并没有像除黑眼圈外其他毛色全白的荣昌猪一样没有发生 G→A 的突变和 AGTT 的缺失。

2. 遗传多样性分析

肖倩等(2017)研究浦东白猪现存群体的遗传多样性及其繁殖性能变化的原因。利用全基因组范围内的遗传标记(SNPs),对比 6 个太湖流域地方品种及 3 个引进品种,对浦东白猪的遗传多样性进行了分析(图 2-8)。同时利用落入繁殖候选基因内的 SNPs 分析了群体的多样性及结构。结果显示,相较于研究所选择的太湖流域地方品种及引进品种,浦东白猪的遗传多样性较太湖流域地方品种低;除枫泾猪外,浦东白猪繁殖相关 SNPs 的多态性标记的比例、期望杂合度最低,等位基因丰度仅高于杜洛克猪;主成分分析(PCA)结果揭示浦东白猪繁殖相关 SNPs 位点仍具有其群体独特性。研究结果揭示了浦东白猪现存群体遗传多样性较低、繁殖性能的退化可能是由于一些有利等位基因的灭绝、繁殖相关基因多态性及个体杂合性的降低所致。但是浦东白猪仍然携带一定数量的有利等位基因且依旧具有其群体独特性,暗示浦东白猪仍具有较高的保种价值,其杂种仍有可能表现出良好的杂种优势。

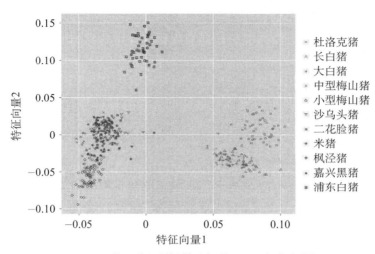

图 2-8　一些品种(群体)繁殖相关 SNPs 主成分分析图

第三章

选 育 与 保 种

一、选育演变

(一) 梅山猪

梅山猪的选育具有悠久历史,据史料记载,产区农民早有选种的意识,特别重视选留乳头多、后躯宽广的高繁殖力母猪,并有从高产母猪后代中留种继代的经验。

嘉定、太仓、常熟一带,水陆交通发达,物产丰富,商业繁荣,素有"鱼米之乡"之称,当地农民除重视选择产仔多、生长快的母猪外,还要求猪肉的皮要厚而软,以适应乡民喜好蹄髈的要求,逐渐形成了体大、皮厚,结构疏松,额皱较多的猪种。由此可见,以高产著称的梅山猪是产区农民长期选留的产物,并且总结了一套以体质外形的"相猪"方法,如:"公看前胸,母看后腔""腿短长腰身,赛过真黄金""前开会吃,后开会长"等谚语。但是由于当时农户的选留、选种更具有主观偏爱倾向,没有统一的计划、标准和目标,加之传统的积肥式养猪,长期在潮湿的软圈饲喂糠麸和青粗饲料,磷多钙少,营养不全面,因而梅山猪也形成四肢软弱、皮厚、性情迟钝、积脂较多等与现代市场需求不相适应的缺点。

20 世纪 50 年代,由于缺乏育种技术指导,加之国内一度重外来品种、轻地方品种,盲目进行杂交,致使梅山猪严重混杂,生产水平明显下降。1962 年在市、县有关部门重视下,在 19 头种猪的基础上,建立了县级育种场——上海市嘉定县种畜场,重点开展梅山猪的选种、选育研究。1972 年,在全国猪种协作会议上将梅山猪(太湖猪)列为全国九大猪种,并提出了选育目标。1975 年成立太湖猪育种协作组,1979 年成立了太湖猪育种委员会,使梅山猪的选育、生产、科研走上了更加健全发展的道路。期间,研究人员在数量遗传学理论指导下采用群体继代选育,在保持繁殖性能的前提下,加快生长速度、提高杂种优势、改善体质结构等。

1980 年以来,为配合国家"中国瘦肉猪新品种培育"研究课题的开展,上海市农业科学院畜牧兽医研究所主持开展了以梅山猪为母本的杂交育种工作。朱恒顺等(1989)利用梅山猪为母本,与世界著名高瘦肉率品种皮特兰猪为父本进行杂交,经严格选择、扩群繁殖和世代选育等综合技术措施,在基本保持梅山猪繁殖力高的基础上,育成胴体瘦肉率较高、生长速度较快、肉质良好并具有中国特色的瘦肉猪新品系—DⅡ系。

2003 年成立上海市嘉定区梅山猪育种中心,通过保护选育,提纯复壮、整顿扩群,建立原种场、扩繁场、商品场三级繁育体系,有效地提升了梅山猪的质量水平。

(二)沙乌头猪

沙乌头猪作为一优秀地方品种,在当地政府及有关部门的重视和关心下,曾建立了以国营猪场为骨干、乡集体种猪场为基础的原种繁育基地,经过系统选育,生产性能不断提高,体型外貌趋于稳定、一致。但随着瘦肉型猪种的大量引入,纯种沙乌头猪的养殖场日益减少,如今崇明仅有区种畜场还饲养纯种沙乌头种猪,使沙乌头猪的选育与保种工作面临考验。

1. 选育工作中所遇到的问题

(1)原种猪数量迅速下降。为适应市场需求,选育中不断调整良种繁育体系品种结构,导致沙乌头原种猪比例不断缩小,给选育和保种工作带来一定困难。崇明区在生猪生产养殖高峰时期的 1979~1981 年,生产母猪存栏 3.5 万头,其中90％以上为沙乌头猪;到 1997 年存栏降至 1.43 万头,其中沙乌头猪仅存 45％;"九五"期间为落实市政府全面实现瘦肉型商品猪饲养供应需求,到"九五"期末沙乌头猪原种猪仅存 350 头,而杂交生产母猪的比例高达 98％以上。

(2)乡级原种猪场的生产性质转向、品系流失严重。原有乡级原种猪场在繁育体系调整变化过程中逐步转向并转变为商品猪场,育种单位不断减少,品系繁育的基地不断萎缩,品系基因流失不可挽回。

(3)县、乡原种猪场进行品系繁育的协作网络被打破。

(4)育种与保种技术使用不当,致使选育与保种工作走了弯路。育种中机械地以近交系数达到某一数字作为最终限度。20 世纪 70 年代,当时的县种畜场在选育和保种工作中以来源于甲、乙、丙、丁组的种公猪与母猪进行轮回交配,同时也进行有目的的近亲交配,结果全场近交系数始终很低,但总的来说是把各种基因库掺和在一起。育种中最有效的方法就是在种群内部进行近亲交配,同时进行严格的选择,去劣存优。

(5)品种已经有了较高的近交系数,应致力于努力保持它们的优良性状,方法仍然是近交与选择。随着个体的近交,在它们的后代中有一部分可能表现出各种不良隐性基因的性状。由于采取母本血统轮回交配制度,20世纪80年代初,县种畜场有3条公猪血统同时出现毛色遗传呈"花豹"色的猪,这就是携带花豹色隐性基因的公猪通过轮回交配把不良基因传递给了其他血统,结果演变为"你中有我,我中有你"的状态。后虽通过留种公猪与已知"花豹"猪杂合体测交进行剔除不良基因携带者,但最终还是淘汰老系换成新系,使育种工作走了弯路。崇明区种畜场在近50多年的选育中,前后共有9个家系,因疾病、毛色遗传基因等因素淘汰了几个家系,至今保留8个家系。

2. 选育方法演变过程

(1)外貌:纯粹依靠外貌特征决定种猪的选留是最原始的选育方法。凡符合沙乌头猪外貌特征:全身被毛黑色或青灰色,毛丛间距离大,嘴筒长短适中,体型中等,腰背平直或微凹,腹大下垂而不拖地,腹部皮肤多呈紫红色,有鼻吻白色或尾尖白色的、有明显的四脚白,乳头数8对以上者留种。

(2)外貌、档案相结合:在外貌选择的基础上,根据其父、母亲及自身阶段的生产成绩决定选留。该方法克服了单纯依靠外貌选留的不足,把一些生产性能较低的个体予以淘汰。

(3)自身生产成绩:该方法的拓展,即根据自身的生产成绩再次选择,凡产仔数、初生重未达标,产弱仔多、母性差、配种困难等个体予以淘汰,以确保种猪群质量。

(4)基因:为了不断巩固和提高沙乌头猪生产性能,近年来区种畜场一直致力于与上海交通大学、上海市农业科学院畜牧兽医研究所、上海市动物疫病预防控制中心开展沙乌头猪的各种课题研究,拟开始进行核心群种猪的基因检测工作,以建立沙乌头猪的标准基因型图谱,通过待选种猪与标准图谱的对照比较,确定种猪的选留,为未来沙乌头猪的产业化发展奠定基础。

(三)枫泾猪

随着集体养猪的发展,饲养管理不断改善,对种猪的要求越来越高,客观上打乱了过去封闭式饲养模式,无法继续保持原有 3 个类型,特别是建立县种畜场后,又有了枫泾、张堰 2 个辅助基地场。选育出符合养猪发展需求的高产类型已经是必然趋势。

选育的宗旨是保持紫红皮色、高繁殖力、母性强、肉质鲜美、杂交优势显著、体质强壮的枫泾猪特点。由此,自然淘汰了翁头型,逐步形成了新的类型,具体要求是:体质健壮,背平直胸宽广,毛细而稀,紫红皮,皮质细嫩,头中等大小,额宽而有少量皱纹、线条清晰,嘴长短适中、向上微凹,耳大而下垂、与嘴角齐或微长,四肢粗壮,蹄结实,剔除卧系蹄型。后躯丰满,允许保留少量的白脚。乳房发育良好,排列整齐、均匀,乳头呈丁香奶(盅子奶),严格剔除瞎乳头,有效乳头保持 8 对以上。为了使养殖户容易记忆,编了顺口溜:"稀毛白壳紫红皮,耳朵要与嘴角齐;额宽面秀粉红鼻,四肢粗壮腰背平;竹节尾巴丁香奶,剔除瞎乳要牢记。"经过几十年的生产模式变迁,饲养条件不断改善,现在的枫泾猪保持了高繁殖力、肉质鲜美的特性,体型增大,体格健壮,以枫泾猪为母本的杂交一代、二代产仔数高,育肥猪杂交优势显著提高。

随着养猪生产不断发展,明确了各级种畜场的繁育任务,制定了选育计划,通过良种登记鉴定,凡符合登记条件(即体型外貌、生长发育、生产性能符合标准,有 3 代以上系谱,有完整或比较完整的技术档案及原始记录)的评为特等、一等、二等和等外 4 个等级,规定县、社二级场留种的后备猪必须是特等猪的后代,大队、生产队场的母猪应是一等猪的后代,二等猪只能生产杂交用。

繁育枫泾猪的场,在选留种猪时增强选择强度,采取窝选与个体选相结合,以窝选为主的方法,实行阶段选育法,同时进行后裔测定,实行科学养猪,稳定饲养条件,控制各种疾病的干扰,不断提高育成率。

采用随机选配和有计划选配相结合的选配方法,逐步提高群体的一致性。逐步完备科学技术档案资料,分析仔猪本身的遗传结构,逐步将数量性状应用于育种实际中,进一步提高育种技术水平,继续保持枫泾猪的优良性状,克服缺点。

种猪在各个阶段必备以下条件,缺一者不列入评定等级范围:一是体型外貌必须符合枫泾猪的外貌特征;二是血缘清楚,有 3 代以上(含 3 代)祖先的系谱资料;三是公母猪生殖器官发育正常,有效乳头 8 对以上,且排列均匀;四是无遗传疾患。

种用仔猪评定合格,按体重、体长、活体背膘厚 3 项进行评分,见表 3-1。

表 3-1　后备种猪评分标准

项目	性别	标准	分值	标准	分值	标准	分值
体重(kg)	公	≥52	35	≥50	29	≥48	23
	母	≥54		≥52		≥50	
体长(cm)	公	≥95	45	≥93	38	≥92	30
	母	≥97		≥95		≥93	
活体背膘厚(cm)	公	2.80~3.00	20	3.01~3.30	18	>3.30	12
	母	2.80~3.00	20	2.50~2.79	18	<2.50	

　　后备种猪评定在优良以上,根据与配母猪产仔数,24月龄体重和体长2项进行评分,见表3-2。

表 3-2　种公猪评分标准

项目	标准	分值	标准	分值	标准	分值
与配母猪产仔数(头)	≥16	50	≥15	43	≥14	35
体重(kg)	≥170	20	≥160	17	≥150	12
体长(cm)	≥146	30	≥143	25	≥140	18

　　后备种猪评定在优良以上,根据母猪产仔数、仔猪断奶个体重、体重和体长4项进行评分,见表3-3。

表 3-3　种母猪评分标准

项目	标准	分值	标准	分值	标准	分值
产仔数(头)	≥15	35	≥14	31	≥13	25
仔猪断奶个体重(kg)	≥6.0	25	≥5.5	22	≥5.0	16
体重(kg)	≥145	20	≥135	16	≥125	12
体长(cm)	≥150	20	≥145	16	≥140	12

　　种母猪的评分在第3胎断奶后30 d进行,产仔数和仔猪断奶个体重取第2、3、4胎中任意2胎的均值。

(四) 浦东白猪

1. 浦东白猪形成早期

浦东白猪的选育具有悠久的历史,产区农民早就有选种的意识,主要是根据饲养偏好以及能够充分利用当地农副产品、青绿饲料等进行选育。据史料记载,浦东南汇地区原多为黑白花猪,而白猪就是从黑白花猪中逐渐分离选育出来的。当时市场肥猪收购价格,白猪比黑猪一般高 10%～15%,农民虽不愿意养白猪,但考虑经济收益,仍选择白猪饲养。由于白色公猪的数量逐渐增加,使白色猪群日益扩大;同时,选择猪产肉量要多,母猪选择则突出产仔数多、乳头数多、后躯宽大,公猪选择突出体型外貌好、性欲旺盛等,这样的选择目标造就了浦东白猪全白、体格较大、耐粗饲以及肉质好的特质。

2. 20 世纪 50～80 年代

由于缺乏育种技术指导,选育中主要采用传统方法,即通过选种选配、品系繁育以及改善培育条件等措施,保持和不断提高浦东白猪优良品质,克服一些缺点,以达到保持纯度和全面提高品种质量的目的。较多采用亲缘与表型相结合的育种方法,其关键是同时抓住生产性能与亲缘关系,运用适当选种与选配方法,加快育种速度。具体做法是,培育高产母系群与培育优秀公猪家系相结合;确定合适的选种目标和时间节点;采用同系分散和同系集中选配技术;扩大亲缘群技术,培养优秀公猪的选种选配技术等。

1958 年上海市南汇县农场建立了浦东白猪种猪场,这为浦东白猪的系统选育创造了较好的条件。浦东白猪起始群体数量为 60 头,主要来源于全县的养猪场。1960 年 4 月,浦东白猪种猪场更名为南汇县良种繁育场,浦东白猪群体逐步扩大到 100 头。1972 年全县开展猪的育种工作,由南汇县良种繁育场、万祥牧场、周西牧场、瓦屑牧场等 7 个单位组成育种协作组进行浦东白猪的提纯复壮工作。

1978 年 9 月,在周浦园艺场建立南汇县种畜场,集中全县 100 头左右浦东白猪组成群体进行保种、育种、提纯复壮工作。

1979 年成立太湖猪育种委员会,因浦东白猪的体型外貌与太湖猪基本一致,但毛色全白与太湖猪相异,浦东白猪种猪场也被邀请列席参加太湖猪育种委员会的历次工作交流会议,在太湖猪育种委员会的指导下,浦东白猪育种工作走向规范化。不久,在南汇县畜牧局和畜牧兽医站的支持下,南汇县也成立浦东白猪育种协作组进行浦东白猪纯种繁育工作,并把优秀的浦东白猪后备种猪提供给公社畜牧场饲养,公社畜牧场中的一部分浦东白猪用于纯种选育,大部分浦东白猪和其他地方品种猪进行杂交(为梅浦、枫浦杂交母猪),简称“土土杂交”。“土土杂交”后备母猪供给大队中心场和部分生产队养猪场。最后,“土土杂交”母猪与苏白、长白或大约克等终端公猪杂交生产“洋土土”三品种商品猪,供给社员和大部分集体养猪场,即当时市场供应的主要养殖品种。

80 年代后期,通过广泛开展浦东白猪杂交组合试验,选择"长大浦"杂交组合生产商品猪(中猪)供应香港市场,开创了浦东白猪出口创汇的先河。

3. 20 世纪 90 年代以后

养猪业逐渐呈现规模化饲养趋势,加上外来瘦肉型猪种的冲击,养殖户和规模养殖场追求商品猪的经济利益,对猪的品种杂交组合有了新的要求,即生长速度快、瘦肉率高、饲料报酬高。"大三洋"杂交组合在规模猪场中迅速推广,两洋杂交母猪占全县母猪群 70% 以上,浦东白猪及其杂交母猪群迅速下降。为了提高浦东白猪选育和保种水平,2003 年上海市南汇县种畜场在周浦镇窑港村建立浦东白猪饲养小区,饲养浦东白猪母猪近百头,一方面用于保存和提高浦东白猪的种质资源,另一方面积极开展浦东白猪的杂交开发利用。2004 年由上海市南汇县种畜场牵头成立上海绿茂浦东白猪养殖专业合作社,以此平台,浦东白猪的开发利用得到长足发展。2009 年浦东白猪保种场搬迁至新卫村,浦东白猪保种硬件设施得到较好改善。此外,保种场每年参加全国地方猪种保护与利用协作组年会,根据专家意见和其他保种场的经验,浦东白猪的选育方法得到进一步完善。针对浦东白猪群体数量少、单点饲养、血统相对狭窄、无法从其他途径引种等特殊性,在各级业务部门专家等指导和帮助下,重新制订了浦东白猪保种方案,进一步明确了浦东白猪的保种数量、保种性状、目标、保种方法等。与以前的浦东白猪保种选育主要不同点在于:一是特别关注浦东白猪血统的丰富性,尽可能使各家系浦东白猪(尤其是公猪)数量相等,杜绝家系断线;二是适当增加浦东白猪保种数量,尤其增加浦东白猪公猪头数,并让各家系所有公猪参与配种,以此提高浦东白猪群体有效含量;三是大幅度增加浦东白猪纯繁窝数,使之在血统优先的前提下,提高后备猪选择强度;四是强化浦东白猪的测定和良种登记工作。

二、选育方法

(一) 梅山猪

上海市嘉定区梅山猪育种中心采用系祖建系和群体选育相结合的选育法,以亲缘建系为基础,吸收群体建系法(即群体继代选育法)的多父本配种,缩短世代间隔等优点进行综合建系的尝试,以中梅山猪为对象,把"保持优良繁殖性能、适当提高生长速度"作为选育方向,坚持选育 15 年以上。其建系步骤、方法和选育效果如下。

1. 选育的步骤和方法

（1）选择育种核心群：首先应对现存种猪群的血缘进行分析，将生产性能相对较低或繁殖头数比较少的血缘转入扩繁群；其次对已有的繁殖及生产性能等测定数据进行分析，根据生产性能的高低或选择指数进行排队，在保证血缘的前提下，将繁殖性能好、生长速度快、体型外貌符合品种要求的种猪选入育种核心群。

上海市嘉定区梅山猪育种中心的具体做法是，在对近年积累的各种资料（生产性能记录、胴体品质测定记录、遗传疾病调查）进行分析研究的基础上，对全场 4 个血统的 17 头公猪、254 头母猪逐头进行鉴定，选出繁殖性能好、后裔生长快、无外貌缺损和严重遗传疾患的公猪 16 头、经产母猪 80 头，作为选育基础群。

（2）实行"小群闭锁，系内循环"的配种制度：从 1975 年开始，按 4 个不同公猪血统：将后裔编成甲、乙、丙、丁 4 个家系组（1095 号血统，5017 号血统，花桥公猪血统，2007 号和城东乡公猪相混血统）。各家系组的特点如下：

甲组：身长、脚高、体质结实。

乙组："四白脚"毛色遗传稳定、体质结实、母猪利用年限长。

丙组：双背、脚粗、体质粗壮。

丁组：毛稀、体质细致、繁殖性能好。

然后，实行各家系小群闭锁繁殖，以发展各家系原有优点，提高群体质量和近交系数，平衡家系间规模。经过若干世代后进行系内小群间循环配种，融合各家系优点、降低近交系数，并选出具新特色的优秀公猪续建新品系。为防止每个公猪血统在传代过程中断线，或者血统过于狭窄，必须注意每个公猪血统分成 2 条支线，母猪也相应分成 2 群，使每个公猪血统有 2 条线进行传代。此外，尽量在选配中选择近交系数相近的公母猪配种。以上选配制度较好地抑制了近交系数的递增。1982 年时，大群平均近交系数为 2.12%，近交个体占全群 62.4%，近交个体的近交系数为 3.39%。

（3）适当增加公猪配备比例：为减少小群闭锁繁育过程中梅山猪优良基因的漂失，把公、母比例由以往的 1∶12.82 改为 1∶7，并利用附近的 4 个乡种猪场饲养各公猪血统的预备公猪，扩大公猪来源。

（4）测交：后备母猪 48 头，全部用 1 头赫尔尼亚隐性纯合体苏白公猪测交。后备公猪 12 头，每头也用 2～3 头携带有赫尔尼亚基因的母猪交配，在后代中按测交的标准判定被测个体是否是隐形不良基因携带者，如表 3-4。

表 3-4 判定被测公猪为同质显性体所必需的条件

交配方式		必需交配并产仔的母猪数	判定被测公猪是同质显性体所必需的全为显性(无 1 头隐形)子女的头数	
公	母		$P<0.05$	$P<0.01$
AA 或 Aa	已知为 aa	1 或 1 头以上	总计 5 头	总计 7 头
AA 或 Aa	已知为 Aa	1 或 1 头以上	总计 11 头	总计 16 头
AA 或 Aa	已知为 Aa 的公猪所生的女儿	至少 5 头至少 8 头	每头女儿 10 头/	/每头女儿 10 头
父亲为 AA 或 Aa	被判定为自己的女儿	至少 5 头至少 8 头	每头女儿 10 头/	/每头女儿 10 头

(5)严格选种:从母猪的第二胎后代中开始留种,为扩大猪群规模、提高选择强度,每年上、下半年各选留后备猪一次,依次编为 A 群和 B 群,分别传代,选种时可互相调剂,其选留方案如表 3-5。

表 3-5 后备猪选留方案

组别		A 群			B 群			选留比例
		2 月龄	6 月龄	16 月龄	2 月龄	6 月龄	16 月龄	
公	每组	12	3	2	12	3	2	6∶1
	合计	48	12	8	48	12	8	
母	每组	25	12	8	25	12	8	3∶1
	合计	100	48	32	100	48	32	

(6)缩短世代间隔:根据场的承受能力,确定核心群的平均世代间隔为 1.5~2.0 年。2 年的安排为:母猪头胎杂交,二胎纯繁留种,三胎转入生产群;公猪 8 月龄初配用于测交,16 月龄参加核心群选配留种,2 岁后转入生产群。

(7)做好数据测定和资料积累:后备猪生产发育测定:在出生后 2 月龄和 6 月龄 2 次称重,6 月龄时进行体尺测定,包括体长、胸围、体高、膘厚、腿臀围、管围等,并且用超声波测膘仪进行背膘测定。成年公母猪称重、体测、拍照。

母猪繁殖性能测定:母猪繁殖性能不只是反映母猪本身的生产能力,更重要的是必须掌握仔猪出生及哺乳阶段的生长发育状况。因此,仔猪出生时除剪耳号外,必须将所有仔猪个体的出生重、乳头数、断奶重等完整记录下来。乳头质量选择在初生、6 月龄和初产后进行 3 次检查,以备进行后代生长测定时的仔猪初选。详细记录梅山母猪的产仔数、产活仔数、初生窝重、35 日龄断奶育成数、断奶个体和窝重等。

育肥性能测定：每隔 2 年抽样进行纯种和杂交育肥测定，每个公猪血统各测 10 头纯种和杂交育肥猪，从体重 25 kg 开始测定至 90 kg 屠宰，测定料重比，屠宰率和胴体品质。

历年的繁殖记录、配种记录、公母猪登记卡、后备猪生长发育记录、后裔测定记录、隐性不良基因及隐形纯合体外显率检查记录等均需建立档案，并输入电脑进行保存。

（8）改善饲养管理：改善饲养管理是育种工作重要基础，研究梅山母猪的妊娠期、哺乳期和仔猪的饲养管理，可以降低仔猪死胎率和提高育成率，研究后备猪的投料方案可以防止过度发育，改善公猪的饲养管理，加强运动，及早调教，可以提高受胎率和产仔数；加强兽医卫生防疫工作，可以确保育种工作的顺利进行。

2. 留种依据

留种时首先从体型外貌上进行挑选，嘉定县种畜场为此编了六句顺口溜："阔背高脚长身体，头长中等耳嘴齐，白脚稀毛紫红皮，乳头匀称比较细，严格剔除黑脚爪，允许少量白肚皮。"然后根据繁殖性能和生长速度方面的资料进行适度选择。

（1）断奶仔猪：根据个体发育、乳头、睾丸和毛色等情况进行选留。对公猪侧重个体表型选择，对母猪侧重多仔高产的窝内选留。

（2）6 月龄后备猪：快长系选择体长、身高，生长速度快的个体；强壮系选择体质结实和腿臀围指标高的留种；瘦肉系采用超声波测膘仪选择背膘薄的个体留种；多产系主要看母亲的繁殖性能进行窝选。

（3）初产母猪：青年公猪的初产初配成绩可以根据初产繁殖性能选择，后裔的体型外貌作为第二次选择内容。

3. 选育效果

（1）生长速度提高：1982 年与 1975 年相比，6 月龄后备公猪和母猪体重均提高 20%，成年种公猪的体重和体长分别增长 8.69% 和 6.22%，种母猪的体重和体长分别增长 6.22% 和 2.17%，肥育测定猪的增重速度比 10 年前提高 20%。

（2）近 20 年来经产母猪繁殖性能基本保持稳定（图 3-1）。2000～2017 年，梅山猪平均产仔数为 13.0 头，产活数 11.5 头，初生窝重 12.02 kg，初生个体重 1.04 kg。

（3）遗传疾患个体比例小：1982 年对 371 窝 5 863 头仔猪调查，赫尔尼亚、单睾、四肢僵直畸形胎 3 种遗传疾患的全群个体出现率都下降到 1% 以下。

（4）遗传性基本稳定：成年猪的体质趋向结实，体型外貌趋向一致，"四白脚"

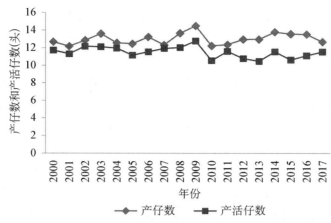

图 3-1 2000～2017 年梅山猪产仔数和产活仔数变化

的个体已占全群的 94.88%,环色背和额部白毛的个体的出现率都有所下降。

4. 核心群与扩繁群的管理

核心群选育一般采取一年一世代,新的核心群组建后,上一世代的核心群种猪除去淘汰部分性能较差的外,其余将转入扩繁群,补充扩繁群的淘汰更新。但目前核心群选育均采用"闭锁—开放"相结合的管理方法,一是允许世代交替,即对核心群中性能表现特别好的种猪,允许再留至下一世代,与后代一起共同组成新的核心群,一般更迭比例不超过 25%;二是允许导入外血,在核心群近交增量过大或有优秀外血情况下,可以适当引入外来种猪,丰富核心群遗传资源。

5. 注意要点

(1)公母比例、世代间隔、基础群规模都可根据场的实际条件确定;一般来说,基础群规模较大,公母比例缩小,世代间隔缩短到一年一世代,都可提高选育效果和加快选育进度。

(2)测交的方法:亲交可全面暴露群体内的隐性不良基因。用已知携带隐性不良基因的个体进行测交,只能测知一到两个隐性不良基因。因此,选择已知携带隐性不良基因的个体用于测交时,要求具备几个不良基因,以提高测交效果。

(3)选择的关键是要选得准:为选择优良个体,最好应尽量收集来自亲代、同胞、后裔测定成绩,本身不同年龄的性能表现等多方面的遗传信息,并用综合评定法,如综合选择指数、综合评分法等方法进行综合评定比较有效。选育场应根据场内技术条件和测定条件,挑选最有效的选择方法。

(4)做好日常生产记录:定期总结,掌握家底。原种猪场的日常档案较多,包括种猪系谱卡、公猪配种计划表、采精登记表、配种记录表、母猪配种产仔登记卡、仔猪出生与断乳转群记录表、免疫注射记录表等。

为掌握公母猪繁殖生产性能，每次生产变动必须有完整记录，并且每周小结及时发现生产中的问题，以便下周及时调整。每月汇总报告主管领导掌握动态，每半年及年终都必须进行全面总结，对公母猪生产性能进行排序以便做好下阶段配种、生产计划。

（二）沙乌头猪

1. 选育方案

依照《上海市地方标准沙乌头猪》(DB 31/T20—2010)的各项技术指标，制定沙乌头猪选育、保种及开发利用方案，确定年度配种计划、后备猪选育计划并开展场内测定和场外测定，活体背膘厚及眼肌面积测定，种猪 24 月龄体重、体尺的测定等工作。

2. 后备公母猪的选留

根据"多留精选、优胜劣汰"的选育原则，按照选育保种方案落实初生、35 日龄、6 月龄 3 次后备公母猪选留。根据种猪测定数据及时选留优秀个体，建立沙乌头猪后备公母猪的选留。

（1）初生阶段：根据初生重、有效乳头 8 对以上进行选留。

（2）35 日龄断奶阶段：该阶段选种主要根据血统、母本生产水平及本身的表现，另外，同胞表现为参考，具体选种指标按 35 日龄断奶的保种要求进行选择。该阶段首先把后裔有遗传疾患和缺乏沙乌头品种特性的从群体中剔除，再从产仔数多的窝中选择个体大的，产仔数少的窝中选择突出个体。同时将断奶体重 5.0 kg以上作为群体选育目标。另外，沙乌头猪品种的特征、个体健康状况以及乳头和睾丸等生殖器官的发育都是选育应考虑的因素。

（3）6 月龄阶段：这是选育的最重要阶段。此时沙乌头种猪的生长性能已充分表现，除了根据后备猪的体型外貌，如体质结实、尻部丰满不下突、背平直或微凹、嘴长短适中、耳下垂、乳头排列整齐、生殖器官发育正常等进行严格选留，确定选留比例外（后备母猪选留比例控制在群体的 40% 以下，后备公猪控制在 25% 左右），然后还应根据体长、体重、活体背膘厚等生长性能数据予以筛选（表 3 - 6）。

3. 选育的具体方法

在种猪生产过程中，可供选择的选育方法较多，常用的有主目标性状选育法、指数选择法、最佳线性无偏预测法、核心群选育等。现将几种方法简介如下。

表3-6　沙乌头猪后备公母猪的选育标准

名称	性别	优	良
体重(kg)	公	55	50
	母	65	55
体长(cm)	公	91	88
	母	96	92
活体背膘厚(cm)	公	2.1～2.3	2.31～2.60
	母	2.1～2.3	1.8～2.09

（1）主目标性状选育：崇明区种畜场承担了上海市和农业部沙乌头猪品种资源保护和选育工作。确立了沙乌头猪选育或保种目标为建立沙乌头猪专门化母系。主目标性状为以繁殖性能为主（如产仔数等），适当兼顾生长性状与胴体品质。

（2）指数选择法：沙乌头猪的选育目标是将沙乌头猪选育成专门化母系。为此，种畜场采用繁殖性状指数选择法选育种母猪，将种母猪主要繁殖性状，如产活仔数、断奶窝重、断奶头数等合并成一个指数，对每头种猪进行遗传评估。而对后备公猪的选育，则将生长性状和6月龄活体背膘厚等合并成一个综合指数，对每头种公猪进行遗传评估和选择。

（3）最佳线性无偏预测法（BLUP法）：充分利用了所有亲属的信息，克服了群体小的不足，有效地消除了环境造成的偏差。多年来，种畜场参照全国种猪遗传评估方案，规范了猪场饲养管理条件，统一了场内测定性状、测定程序，建立了规范的保种、育种档案，积累了丰富的第一手资料。

（4）核心群选育：经严格筛选后的后备种猪进入基础群，在生产、繁殖性能充分表现过后，种公猪根据已配母猪产仔数和24月龄体重、体长3项指标进行选择；种母猪根据产仔数和仔猪断奶个体重（取2、3、4胎的2胎平均值）及24月龄的体重、体长4项指标进行选择。种公猪达到优秀以上、种母猪达到优良以上的进入核心群。而原来核心群中的种公、母猪年龄衰老或出现生产、繁殖性能下降，不符合核心群要求的则降到基础群，再次之则从群体中淘汰。

（5）确定种猪群最佳近交程度：启东沙乌头种猪场将839窝纯种沙乌头猪按其近交系数大小分成9组，运用数量遗传学原理探讨种猪以产仔数为主目标性状的繁殖性能近交效应。研究出种猪最佳近交程度为近交系数0.1%～14.9%；较佳近交程度为近交系数15%～19.9%；衰退程度为近交系数20%～39.9%。最佳近交程度的确定有利于科学地选种和选配，适度近交以提纯复壮，巩固优良性状，为严格控制世代近交增量提供了依据。

（6）建立产仔模型：这是区种畜场下一阶段选育的方向，通过对产仔规律进行研究，建立产仔模型，以指导猪群的选育或保种工作。并根据该产仔模型进一步求出种猪不同胎次产仔数的校正系数。产仔模型的建立将有助于大大提高沙乌头猪产仔主目标性状选育的准确性和精确性。

（7）探索保种选育新技术：当前沙乌头猪遗传资源保存主要是活体基因库保存。随着现代育种技术的不断完善，新的育种技术也不断出现，在运用传统猪育种方法的同时，将尝试应用选育新技术，积极开展基因组学新技术的研究，同时在配子或胚胎的超低温冷冻保存、DNA 文库保存、体细胞保存、分子遗传标志等生物技术研究方面做大量的探索性工作。

（三）枫泾猪

1. 枫泾猪选育方案一

为了进一步利用本地优良品种资源，从 1974 年起以上海市金山县种畜场为基地，开展了对枫泾猪的选育工作，于 1976 年起尝试探讨建立枫泾猪新品系，以期适应生产发展需要与人民生活需要。现将选育方案分述如下。

（1）建系目标：枫泾猪属于中小型脂肪型猪种，随着集体养猪事业不断发展，饲养管理水平逐步改善，目前猪的体型已显著提高。近几年来，相关研究结果表明，利用苏白、长白等公猪与枫泾母猪杂交，其杂种一代抗病力强、耐粗饲、生长快，增重速度要比本种提高 20% 以上，日增重可达 600~700 g。如果经过有计划精心选育，枫泾猪完全能够成为适应本地区气候、自然地理、饲料条件的现代化养猪的理想母本。

① 体型外貌：体质健壮，体躯略长，背平直，胸宽广，毛细而稀，紫红皮，头中等大，额宽、有皱纹（线条清晰），嘴长短适中、向上微凹，耳大下垂与嘴筒齐，四肢高而粗壮，蹄结实，后躯较丰满、坚实而有力，母猪乳房发育良好，8~9 对乳头排列匀称。

② 生长发育：经选育后，枫泾猪生长发育速度有所提高，其具体指标如表 3-7。

表 3-7　成年公猪、母猪体重与体尺选育指标

体重(kg)		体长(cm)		体高(cm)		胸围(cm)		胸深(cm)		管围(cm)	
公	母	公	母	公	母	公	母	公	母	公	母
150~175	125~150	150~160	140~150	80~85	70~75	135~140	125~130	45~50	45~50	24~26	21~23

③ 繁殖力：保持原有繁殖力高的特点，其指标见表3-8。

表3-8　经产母猪繁殖性能选育指标

产活仔数（头）	60日龄断奶成活数（头）	断奶窝重（kg）	乳头数（只）
15	13～14	160～180	16～18

注：公猪乳头数选育指标与母猪相同。

④ 肥育性能：杂种后代的肥育性能是选育的主要指标之一，其指标如表3-9。

表3-9　肥育性能选育指标

日增重（g）			后腿比例（%）	眼肌面积（cm²）	屠宰率（%）	
6月龄	8月龄	杂交一代			纯种	杂交一代
350～400	400～450	≥600	30	15	75	78

注：屠宰率包括头、蹄；日增重指在饲养标准条件内而言。

（2）建系步骤：第一步建立基础猪群，根据太湖猪选育标准及有利于丰富猪群的遗传结构，整理了8个优秀家系和4条血统公猪，通过同族集中与同族分散相结合，窝选与个体选相结合的选种、选配方法，不断扩大优秀亲缘群作为核心群，以品族繁育为主，考察父系，实行全场封闭，品族繁育3～4代，考察父系2～3代。这样，在基本稳定3代的生产性能、体型外貌，在提高猪群整齐度的基础上，采取亲缘为主与类群相结合的8组交叉循环、群体选配的方法进行繁育，其中公社场单相循环。

第二步进入世代繁育，以父定组，以母编组，组成8个家系亲缘群组合，配备4条血缘8条线父本，每组选留5母1公，一个家系1条线。在一、二世代内8个组，三世代4个组，四世代2个组，五世代时成为1个组，这时互交，建立优秀群体，形成品系。

第三步：品系间杂交，重新组合亲缘群，制定新的选育指标，以适应新的养猪生产发展趋势。

（3）建系措施

① 增强选择强度，原则上每头母猪留后代1公3母，公5选1，母3选1，但在条件许可下，力求多留精选。

② 窝选与个体选相结合，以窝选为主。

③ 为防止执行计划中由于对某个组合选留不出后代造成断线，对县场及重点

公社场的生产母猪群也按照品系繁育有计划选配,作为后备。对多留的优秀公母猪有目的地安排相应的重点场,作为后备。

④ 开展县、社二级场协作,选种选配计划都由县站制定。

⑤ 进行后裔测定:为尽量减少在同一饲养条件下母体效应差异,采用本种与苏白二种不同品种双重交配方法配种,其后代分别作肥育性能测定,以及纯种与杂种优势对比测定。

⑥ 实行科学养猪,相对稳定饲料品种、数量及营养价值,逐步开始试行我国自己制定的饲养标准。防病治病,控制各种疾病的干扰,进一步提高管理水平,不断提高成活率。

(4)实施情况及分析

① 零世代选育情况(基础群)见表 3-10～表 3-12。其中 124 号母猪体重 175 kg 以上,体长 144 cm,体高 74 cm,管围 25 cm。其"女儿"802 号,体重 175 kg 以上,体长 150 cm,体高 81 cm,管围 24.7 cm。它们的后代在每千克饲料含可消化蛋白 147.5 g 条件下肥育,日增重平均 465 g,显示出体长和体高遗传力比较高,可以获得较好的选育效果,而且体长、体高、管围大小与其后代日增重有密切关系,以此设想提高枫泾猪生产性能还是有很大潜力。今后要注重对这些有关性状的资料积累与研究,以期望获得比较理想的改进。

表 3-10　零世代成年公母猪体重、体尺实绩

体重(kg)		体长(cm)		体高(cm)		胸围(cm)		胸深(cm)		管围(cm)	
公	母	公	母	公	母	公	母	公	母	公	母
160～190	125～150	149.7	140.9	79.7	73.1	132.1	126.2	45.7	47.6	25.6	22.9

表 3-11　零世代成年母猪繁殖性能实绩

测定数(头)	乳头数(只)	产仔数(头)	活仔数(头)	初生个体重(kg)	初生窝重(kg)	断奶个体重(kg)	断奶窝重(kg)	断奶活仔数(头)
107	17.49	15.97±0.32	13.96±2.25	0.87±0.03	11.39±0.39	12.095±0.27	155.67±5.27	13.56±0.16

经过方差分析,零世代(基础群)中各代产仔数、产活仔数、初生窝重等繁殖性能差异不显著,遗传稳定,遗传力比历年来资料中报道的国外品种高。

60 日龄断奶数与窝重受饲养管理及饲料水平等环境影响,差异显著,表明生

产潜力相当大,如果经合理的饲养管理,配合使用全价配合饲料,断奶窝重能进一步提高。考虑到提高种猪的育成率,适应农村现有的饲养条件,目前不打算全面追求很高的断奶窝重,但为适应现代化养猪发展的需要,拟有计划地进行一些全价营养饲养试验,以摸索出提早断奶、提高产仔率、缩短肉猪饲养期的一些有益经验。

表 3-12　零世代肥育性能测定

样本数	日龄	日增重(g)		屠宰率(%)		眼肌面积(cm²)		后腿比例(%)	
		Fe	CFe	Fe	CFe	Fe	CFe	Fe	CFe
22	240	330	411	66.56	68.45	13.08	16.55	26.9	28.4

样本数	日龄	屠宰率(%)		胴体中瘦肉(%)		皮膘厚(cm)		皮厚(cm)	
		Fe	CFe	Fe	CFe	Fe	CFe	Fe	CFe
22	240	73.3	73.49	37.68	41.63	3.57	3.74	0.56	0.36

苏枫一代(CFe)比枫泾猪(Fe)的日增重有显著提高,屠宰率、后腿重都有提高。但枫泾猪皮厚竟比苏枫一代高 35.71%,占胴体重量的 20.38%,而苏枫一代就下降到 14.53%,从肉用、皮用价值来看,皮厚是一个很大的缺点,今后在选育中有必要加强对这一缺点的改进工作。

② 一世代选育情况见表 3-13、表 3-14。

在 2 月龄时,母猪按 8 个家系选留 128 头,最多一组 24 头,最少一组 12 头;公猪按 4 条血统选留 78 头,最多一组 11 头,最少一组 7 头。按照选育要求,分别在 4、6、8 月龄内逐步淘汰,在考虑体型外貌的同时,原则上以 6～8 月龄日增重为主要考量指标。但是选择时出现了特殊情况,300 组家系虽然选留 14 头,这一组生长速度普遍低于其他组,大部分都是四白脚,在挑选时出现了不同观点,如按标准淘汰,只能留 2 头,为考虑到保留血统,只得降低标准,留 4 头。在选留过程中,还发现瞎乳头,虽然在 2 月龄时就严格剔除,但随着性成熟、体成熟,在 6、8 月龄甚至产仔前后仍然有少量发现。这是育种工作中非常棘手的一个问题。目前尚无

表 3-13　一世代选留情况

性别	2 月龄	4 月龄	6 月龄	8 月龄	投入生产	参加世代选育
公	78	75	44	24	9	8
母	128	121	83	80	69	40

表 3-14 零世代与一世代生长发育情况

性别	世代	6月龄体重(kg)	8月龄					
			体重(kg)	体长(cm)	体高(cm)	胸围(cm)	胸深(cm)	管围(cm)
公	零世代	42.595	/	/	/	/	/	/
	一世代	49.495±1.36	71.41±4.50	109.9±2.18	53.63±0.74	93.62±1.19	30.40±0.62	19.50±0.41
母	零世代	15.70±1.50	78.56±2.84	115.82±0.99	61.18±0.33	102.08±0.99	35.51±0.41	18.38±0.24
	一世代	72.015±1.49	76.25±1.81	113.65±0.706	61.34±0.27	97.87±0.32	30.68±0.20	18.65±0.10

简单易行可靠查实其亲代的遗传方法,而且还发现这些出现瞎乳头的母猪与体型大、乳头粗、皮肤粗有很大相关。拟今后在选育中加强对这一工作的观察与分析。

零世代公猪缺少 8 月龄体尺资料,一世代 6 月龄体重各个家系之间有一定差异,124 组家系 6 月龄平均体重 62.8 kg,314 组家系为 50.8 kg,5687 公猪后代 58.85 kg,5829 公猪后代 46.75 kg。但总的平均数仍不低于零世代。一世代猪到 8 月龄时日增重有了变化,原来有些体重低的公母猪日增重增长很快,有后来居上现象。可见,在选留时不能以 4、6 月龄日增重为主要选留指标,这与基础群的资料分析结果是一致的。但由于一世代选留时猪多,棚舍拥挤,在发情时互有影响,一定程度上影响生长,体重略比零世代低。还发现 601 号公猪采食量大、喜睡、生长速度快,6~8 月龄日增重 613 g,在 8 月龄时体重已达 98.5 kg,但性欲比同群猪差,虽经多次训练,仍无法人工采精,只得忍痛淘汰。后来又发现类似情况,凡性欲旺盛的公猪精神好、喜动、对外界反应敏感,经 1~2 次训练就很容易爬跨台畜,但日增重并不理想,这也是选育工作中的一个矛盾。

一世代已于秋季产仔,已产仔的 37 头母猪产仔情况与零世代初产母猪产仔情况见表 3-15。为加快世代选育,采取每世代第一胎留种方法,据有关资料报道,是可以选留的,而枫泾猪是否有影响尚待摸索。

表 3-15 零世代与一世代初产母猪产仔比较

世代	产活仔数(头)	初生个体重(kg)	初生窝重(kg)
零世代	10.10±0.75	0.84±0.02	7.715±1.18
一世代	11.42±0.37	0.79±0.03	8.485±0.61

（5）今后工作展望：建立新的品系是枫泾猪选育提高中的一项新的工作。随着各个世代的选留，必然要扩大猪群，但却面临棚舍、饲料、人员、经济等矛盾。要充分做好解决矛盾的准备工作，否则方案可能随时被中断。决定先新增一批后备猪舍及肥育测定猪舍，再逐步解决有关矛盾，又由于当时育种理论水平很低，枫泾猪的系统研究工作还没有全面开展，接下来准备对若干性状的遗传参数、繁殖性能、生理指数、肥育性能等项目逐步分析。总的来说，在摸索这项新的工作中，不能期望所有项目都有改进，但不论其每代改进量如何，至少期望将会在生产上起一些作用，这就是育种的目的。

2. 枫泾猪的选育方案二

枫泾猪于 1976 年进入选育（品系繁育）阶段后，在实际中碰到了一些具体问题，为此调整与充实了选育方案一中的有关技术措施。今后的选育主要目的是枫泾猪作为经济杂交基础，母本要保持繁殖性能优良，同时要有良好的杂种优势，瘦肉率高。

（1）前阶段实施目标

第一阶段：根据太湖猪选育标准，整理了 8 个以母猪为主及 4 条优秀高产血统公猪家系亲缘群，实行全场封闭，经 3 代选育，在基本稳定的基础上，组成家系亲缘群。

第二阶段：以母定组，组成 8 个群体组合，每组选留 5 母 1 公，一个家系一条线，实行系内交叉循环，经过 3 个世代的选育，丰富系内支系的纯合高产遗传基因，增加基因的纯合，组成支系。

（2）实施情况与分析

① 繁殖性能（表 3-16）：第一阶段（即零世代）以 3 胎以上母猪繁殖性状的成绩作为基础数，第二阶段（即进入世代选育）则以头胎母猪繁殖性状成绩为基础数比较的数值，两者比较结果：产仔数、产活仔数、初生窝重都比零世代下降，二世代比一世代也有下降，但应指出 2 个阶段的建系群比全场群体略有提高。从已获得的资料分析，可确认繁殖性能易受母体效应、饲养管理、饲料水平、疾病等多种因素影响，特别是头胎母猪留种的方法需要纠正，因为头胎猪本身变异较大，选育计划中又以秋产仔留种，而秋产仔是夏配秋产，容易感染乙型脑炎，以致死胎、烂胎、流产现象增多，这样，有时只能非常勉强按原来一定要每个家系留足 5 头母猪的计划执行，出现了"有良种不能多留，缺了血统勉强凑"的情况，显然这种情况不利于选育提高工作的开展。

表 3-16　繁殖性状对比

项目	群体			选择群			选择群与群对比		
	第二阶段	第一阶段	对比	第二阶段	第一阶段	对比	第二阶段	第一阶段	对比
统计窝数(窝)	50	50	/	38	36	/	38	50	/
产仔数(头)	11.94± 0.34	12.42± 0.61	-0.48	12.50± 0.33	13.31± 0.62	-0.81	12.50± 0.33	12.42± 0.61	0.08
活仔数(头)	11.00± 0.36	10.96± 0.62	0.04	11.78± 0.32	12.21± 0.67	-0.43	11.78± 0.32	10.96± 0.62	0.82
初生窝重(kg)	8.60± 0.52	8.85± 0.93	-0.23	9.10± 0.47	9.89± 0.96	-0.79	9.10± 0.47	8.85± 0.93	0.25
初生个体重(kg)	0.79± 0.11	0.81± 0.08	-0.02	0.78± 0.04	0.82± 0.04	-0.04	0.78± 0.04	0.81± 0.08	-0.03
断奶数(头)	10.96± 0.26	12.55± 0.32	-1.59	11.08± 0.28	12.77± 0.38	-1.69	11.08± 0.28	12.55± 0.32	-1.47
断奶窝重(kg)	137.43± 53.66	132.73± 9.32	4.71	141.50± 7.39	137.43± 10.03	4.07	141.50± 7.39	132.73± 9.32	8.77
断奶个体重(kg)	12.63± 0.49	10.68± 0.61	1.96	12.84± 0.53	10.78± 0.67	2.06	12.84± 0.53	10.68± 0.61	2.16

② 生长发育和肥育性能情况：以零、一、二世代的生长发育来比较(表3-17)，可看出大部分项目略有改进，这对今后选育工作提供了比较可靠的数据。

③ 质量性状：在选育工作初期，偏重于日增重指标，没有注意乳头质量，以后在实践中发现，双脊、体型大、日增重快的猪往往以粗糙疏松为主，这类猪乳头粗，出现瞎乳头频率很高，窝出现率达22.27%。瞎乳头是简单的隐性遗传，符合3∶1的出现率，瞎乳头公、母猪之间互配后代基本上是瞎乳头，而且有瞎乳头的每个个体并非所有乳头都瞎，仔猪可由接近断奶出现瞎乳头到4月龄、6月龄比例增高。另外，脐疝、阴囊疝等也有出现，对育种工作危害性很大。

（3）今后实施计划：针对前阶段存在的问题，为切实搞好选育工作，决定对原定的选育方法和实施技术措施做适当调整。

① 正交互配和交血建系法(表3-18)。

表 3-17　6 月龄和 8 月龄生长发育对比

项目	第一阶段家系亲缘群		第二阶段支系		对比	
	公猪	母猪	公猪	母猪	公猪	母猪
6 月龄体重(kg)	49.00	56.30	51.03	52.68	2.03	−3.625
8 月龄体重(kg)	68.38	75.80	73.60	77.02	5.22	1.22
2～6 月龄日增重(kg)	0.275	0.365	0.305	0.325	0.03	0.04
6～8 月龄日增重(kg)	0.325	0.32	0.365	0.385	0.04	0.065
6 月龄绝对生长速度(%)	273.40	367.05	306.10	323.45	32.70	−43.60
8 月龄绝对生长速度(%)	322.90	321.65	366.15	386	43.25	64.35
6 月龄相对生长速度(%)	202.66	359.40	256.85	280.05	54.19	−79.35
8 月龄相对生长速度(%)	39.50	34.16	42.56	43	3.06	8.84
体长(cm)	110.00	112.76	112.81	113.02	2.81	0.26
体高(cm)	61.25	51.33	57.5	52.55	−3.75	1.22
胸围(cm)	91.00	97.37	96.88	98.93	5.88	1.56
胸深(cm)	32.00	30.70	31.88	31.60	−0.12	0.90
管围(cm)	18.63	18.44	19.25	18.6	0.62	0.16

注: 第二阶段指二阶段二世代。

表 3-18　正交互配和交血建系法

阶段(假设)	甲　　组			乙　　组		
	1	2	3	4	5	6
甲、乙二大组内正交互配	3629× 7897× 8603×	7897× 8603× 3629×	8603× 3629× 7897×	3689× 3329× 8129×	3329× 8129× 3689×	8129× 3689× 3329×
小群内该选配为最佳选配组合	3629×	7897×	8603×	3689×	3329×	8129×
选留阶段	3629×1	7897×2	8603×3	3689×4	3329×5	8129×6
	↓	↓	↓	↓	↓	↓
	①	②	③	④	⑤	⑥
二大组内正交互配和交血方式	② ③×① 乙-④	③ ①×② 乙-④	① ②×③ 乙-④	⑤ ⑥×④ 甲-②	⑥ ④×⑤ 甲-②	④ ⑤×⑥ 甲-②
评定各小群选组实绩(假设)	最好乙-④ 其次② 最差③	最好乙-④ 其次③ 最差①	最好① 其次② 最差乙-④	最好甲-② 其次⑥ 最差⑤	最好⑥ 其次④ 最差甲-②	最好甲-② 其次⑤ 最差④
拟定选组配合	乙-④×① ＞乙-④×①	③×② ＞③×②	①×③ ＞①×③	甲-②×④ ＞甲-②×④	⑥×④ ＞⑥×⑤	⑤×⑥ ＞⑤×⑥
选留阶段	❶	❷	❸	❹	❺	❻

说明: ①公猪选用: 甲组为 3629、7897、8203, 乙组为 3689、3329、8129。母猪选用: 选组阶段, 每小群 6 头属于 2 个全同胞群; 选留阶段, 每小群 5 头属半同胞父系群。②选组阶段, 采用母系群 1～2 胎, 选留阶段采用 3～4 胎。③拟定选配组合依据: 同胎内繁殖性状, 纯种肥育性状, 以及质量性状。④二大组中最佳公猪: 假设甲组-②, 乙组-④, 作为大组间交血。⑤以后各世代依次类推。

② 实施措施：主要为以下几种。

提高选择强度：为了扩大选择反应、增大选择差、提高选择强度，要求每世代 3 胎所繁殖的后代均要参加生长发育测定，扩大后备群，4 月龄留种比例要求母 3∶1、公 10∶1。

选种原则：选种采用窝选和个体选相结合，以窝选为主。窝选应以窝内平均值、窝内发育均匀度以及同胞或半同胞的成绩进行选择。

阶段选择法：总的要有更多的个体参加测定，以增加高产基因的纯合机会，为此分为 4 个阶段选择。第一阶段采用"窝选法"，种猪分为三级，凡是群内平均值作为一级种猪以上全部选留，凡是种猪表型值在窝内平均值以上的作为二级种猪，凡是低于窝内平均值 20% 作为三级种猪。第二阶段 4 月龄选择，第三阶段 6、8 月龄选择，以 6 月龄为主。选择根据体重和体尺 2 个性状，凡是 2 个性状表型值均在群内平均值以上作为留种用。第四阶段一、二胎母猪选择，根据一、二胎母猪的繁殖性状、生长发育，采用选择指数选留建系种猪。

严格剔除瞎乳头等劣性基因携带者，凡同窝内有瞎乳头个体出现，其他非瞎乳头个体绝大多数是杂合体，是瞎乳头基因的携带者，都不能选留。将从由全部正常乳头的窝中选各方面经济性状好的个体留种，要逐代登记，以鉴定出杂合体，至少 3 代以上才能将正常个体作为混合健康个体对待。在选种中还应密切注意脐疝、阴囊疝的出现频率及血缘关系。

③ 选配方法：由于县场原有 5 条血统公猪中已有 2 条被淘汰，为防止亲缘关系很快上升，在 2 个重点公社场引进经过严格鉴定的 3 条血统公猪的精液参加配种。

采用随机选配和有计划选配相结合，首先利用全同胞或半同胞的头胎母猪，分散与各小群正交互配和交血选配，以便分析比较确定有效选配组合，为重复选配提供依据，然后二、三胎进行重复选配，提高群体的一致性，同时观察各窝变异大小，来分析仔猪本身的遗传结构与其性能的一致性，为选种提供依据。

④ 后裔测定：为尽量减少环境条件的影响，采用枫泾猪和苏白猪(今后要求长白猪)2 种混合输精法，其后代分别代表同一母体中纯种和杂种的肥育性能。测定选择群母猪的最佳母猪全同胞或半同胞，用同胞方法测定各世代的肥育性能。

⑤ 实行科学养猪：稳定饲养水平，注意营养价值，根据太湖猪的饲养标准制订了枫泾猪暂定饲养标准，分别按公猪、母猪、仔猪、后备猪、育肥猪制定日粮，育肥猪保持消化能不少于 12.56 MJ，粗蛋白 15% 以上。

母猪、后备猪、育肥猪采用按系集中定人、定棚饲养，尽量减少人为的环境影响，力求精确一致。

加强综合性防疫灭病措施,最大限度减少疾病对选种的威胁。

3. 枫泾种公猪的选育工作探讨

由于公猪在一个配种期可以配大批母猪,对后代的影响很大,因此它的质量优劣与否对提高猪群的质量具有密切关系。在枫泾猪的选育工作中,改进公猪弱点的选育工作就更显得重要。

(1) 注意选种、选配中的几个技术问题

① 在选留好比较理想的公猪后,有时往往公猪之间有血缘关系,如有全同胞或半同胞关系、为了防止群内遗传基础狭窄、不适当的近交,仍保留了原来条线不变。把好的全同胞或半同胞有目的地放到公社种畜场,作为县场的后备力量。

② 在强调日增重为主要选育的同时,必须兼顾公猪的性欲考察,因为日增重高的公猪往往比较惰性,对外界环境反应迟钝,性欲不强,难以训练为人工采精的配种方式。

③ 要特别注意乳头质量的观察,严格剔除带有瞎乳头基因的公猪。

(2) 提高饲养管理水平:枫泾猪公猪采食量小,所以在饲料上既要合理搭配好具有全面营养物质的饲料品种,又要使饲料体积不过分大,而且要加上一定比例青料,以增加适口性。在配种季节,增加蛋白质含量高的饲料。在管理上注意:一是小群养比单养好,会抢食、吃得饱,可减少相互爬跨次数,有利生长;二是 7 月龄时就应进行调教,注意增加运动量,调教过晚会影响性欲,不宜采精。初配时,采精次数要少一些。

在一个场大量选留公猪会受到棚舍、饲养管理、饲料支出、经济收入等条件的限制,在各个阶段选留时还必须时刻注意各项技术性问题。

(四) 浦东白猪

浦东白猪的选育方法由 20 世纪 70～80 年代的系组建系法为主,在现代育种技术的不断创新成功和应用下,进入 21 世纪,逐步走向了以系组建系和群体选育相结合的综合选育法,具体选育方法如下。

(1) 组建核心群,参与纯繁:将现有生产群中的生产母猪进行摸底、分析、比较,以繁殖性状为第一指标,结合体型外貌,将繁殖性能好、生长速度快、体型外貌符合品种要求的种群进行纯种繁育。以公猪血统不同将其分为 6 个家系,通过系内小群间循环配种,融合各家系优点,降低近交系数,选出具有新特色的公猪建立新品系。

(2) 提高公猪数量:在现有规模恒定的前提下,为保护浦东白猪公猪,不让公猪断线,大幅提高选留后备种公猪的数量,生产公猪数由原来的 12 头提高至 20 头以上。

(3) 严格选种:生产母猪一、二胎杂交,三至五胎进行纯种繁育,保种场每头母猪原则上至少有一次纯繁机会。

(4) 后备种猪选留:后备种猪选留以初生重、断奶重、有效乳头数、6 月龄体重和体长等为指标进行选育,兼顾体型外貌。

(5) 做好数据测定和资料积累:后备猪生长发育测定,出生后 35 日龄和 6 月龄两次称重,6 月龄同时进行体尺测定和 B 超活体背膘测定。对成年公、母猪进行称重、测体尺、拍照。

① 母猪繁殖性能测定:详细记录各胎次产仔数、产活仔数、初生重、35 日断奶育成数、断奶个体重和窝重等。

② 育肥性能测定:每年选择 1～2 个公猪血统,选择每个血统 12 头后裔送测定中心进行肥育测定,从 25～90 kg 测定日增重、料重比、屠宰率和胴体品质。

历年的繁殖记录、配种记录、公母猪登记卡、后备猪生长发育记录、后裔测定记录、隐性不良基因检查记录等均需建立档案并输入电脑进行保存。

(6) 各生长阶段的选种依据:主要分以下几个阶段。

① 2 月龄仔猪断奶阶段:根据生长发育、乳头、睾丸发育和毛色等要求进行选育。公仔猪强调个体表型选留,母仔猪强调多仔高产群内选留。

② 6 月龄阶段:根据个体发育、体质结实程度和腿臀围大小选留,严格剔除过度细致和过度粗糙的个体。

③ 初产阶段:初产母猪、青年公猪的初产与初配成绩,可以根据初产繁殖性能后裔的体型外貌作为第二次选择的内容。

选择的关键要选得准。为选择优良个体,应尽量收集来自亲代、同胞、后裔测定成绩、本身不同年龄的性能表现等多方面的遗传信息,并用综合评定法,如综合选择指数、综合评分法进行综合评定比较有效。

综合选育法是以传统的系组建系法为基础,吸取群体继代选育的某些优点的选育方法,这是选育技术上的一个进步,而且适应面较广,可促进选育工作的深化。

三、保种措施

(一) 梅山猪

地方猪品种资源保护以活畜保护为主。以群体遗传学理论为基础,尽量控制群体近交增量为原则,采用家系等量留种法来增大群体的有效含量,在梅山猪核心群内实现 4 个家系(血统)小群闭锁繁育,以发展各个家系的优点、克服其缺点、整体提高猪群质量。同时,通过有计划的选育,在保持梅山猪现有的繁殖性能好、肉质鲜美、杂种优势明显等优良性状的基础上,提高其生长速度和胴体瘦肉率,使其更能适应市场的需要。

现行通用的保种方式主要是小群体求平衡,即通过各家系等量留种和尽量避免近交、迁移、突变、选择等因素的影响来维持群体遗传结构不变。梅山猪各保种场也是在这样的一种模式下进行保种。经过近几十年的保种工作,梅山猪的保种效果,包括现有群体遗传多样性和群体遗传结构都有待探究。孙浩等(2017)利用上海市和江苏省的 4 个梅山猪保种场的 143 头梅山猪基因组测序数据(表 3 - 19),从分子水平估算现有猪群的群体有效含量、多态标记比、观测杂合度、期望杂合度、群体分化指数和遗传距离等指标,并利用系统进化树方法来探究不同保种场间的群体结构关系,以期检验多年来的保种效果,把握当前状态,为梅山猪遗传资源的保护与利用奠定基础。

表 3 - 19　样本量、测序覆盖度和测序深度

群体	猪场(所在地)	样本量(头)	测序覆盖度(%)	测序深度(×)
中型梅山猪	上海市嘉定区梅山猪育种中心(嘉定)	50	2.0	5.8
	昆山市种猪场(昆山)	24	1.6	10.9
小型梅山猪	江苏农林职业技术学院(句容)	33	2.6	5.0
	太仓市种猪场(太仓)	36	3.1	6.6

结果发现,各保种场群体有效含量均处于"严重威胁状态"。造成这一情况的原因可能是 20 世纪 70 年代左右,梅山猪种群体规模小,濒临灭绝。同时又因外来猪种的引入,人们"重视杂交利用,而轻纯繁"导致猪种混杂,纯种数量严重下降。嘉定保种场于 1962 年建立,在 19 头种猪的基础上最先开始对梅山猪种进行保护。当时,昆山市农户中几乎没有养殖中型梅山猪的,在当地政府的支持下,昆山市开始从嘉定、太仓及当地农户中引进猪种,到 1974 年才逐步建成具有相当规模的中型梅山猪保种场。同时期,小梅山猪同样濒临灭绝,并且人们更加偏好饲养大型和中型的猪种。当时只在太仓水网乡村有少量饲养,而且公猪较少,血缘狭窄。1974年开始建立太仓种猪场用于保护小型梅山猪。1995 年江苏句容建立小型梅山猪育种中心用以对小型梅山进行保护。基于这样的繁育历史,可能导致现有梅山猪

种各保种群 N_e 偏小,中型梅山猪较高于小型梅山猪。嘉定保种群具有最高的 N_e,也可能暗示其保护工作开展较早且更有效。昆山、太仓、句容等地保种场可能因其起始群体来源及后续保种实践中的原因,导致其值较低。

因梅山猪各保种场为保种群体,其群体规模约为公猪 12 头、母猪 120 头,且各群体保种方式为各家系等量留种。基于群体遗传学算法,当公畜少于母畜且各家系等量留种时:

$$N_e = \frac{16 \times N_m \times N_f}{N_m + 3 \times N_f}$$

其中,N_m 为公猪头数;N_f 为母猪头数。据此方法估算得到群体有效含量为 62 头。可以发现,不论是采用分子方法还是群体遗传学方法,各保种场群体有效含量均处于较低值。利用分子方法估计的群体有效含量低于群体遗传学方法所估计的值,其原因可能在于梅山猪在其繁育历史上起始群体小、存在近交。因此,群体遗传学算法可能高估群体有效含量。

通过对 4 个保种场的群体结构关系调查,可以发现中、小型梅山猪群体能明显区分为两类群体(图 3-2)。这表明中、小型梅山猪群体在遗传背景上可能确实存

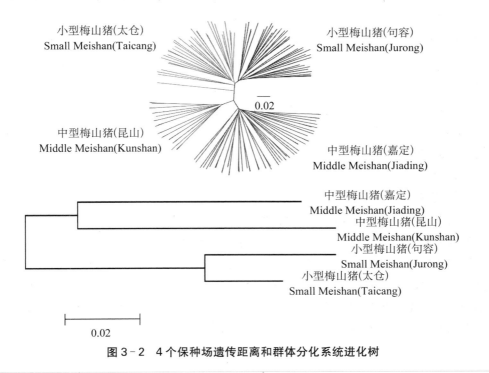

图 3-2 4 个保种场遗传距离和群体分化系统进化树

有差异。对于群体间遗传距离,昆山梅山猪与小型梅山猪群体距离更近,这也与昆山保种场曾从太仓引种历史相符。太仓和句容保种场群体分化不明显,可能是由于小型梅山猪历史血统较窄并经历过近交,两者群体之间血缘关系紧密。但不同中型梅山猪保种场群体间已经出现中等程度分化。这表明中型梅山猪在后期进行保种选育过程中,可能由于不同保种场群体规模小、相互之间缺乏血缘交流,导致来自不同地方的中型梅山猪群体到现在已经开始出现较大的遗传分化。

依靠科技创新,如采用冷冻精液、人工授精和胚胎工程相结合的方法进行保种;有条件的,采用分子遗传标记辅助保种方法,利用在染色体上已知位置的分子遗传标记来确定后代留种,同时对保种的基因进行跟踪,以实现保存群体中所有优良基因的目的。还可以利用现有的猪基因图谱及其分子遗传标记进行监控,尽可能减少基因的流失。

保种是一个费时、费力、花费巨大且回报并不确定的工作,但生物物种的保护是各级政府义不容辞的职责。根据《中华人民共和国畜牧法》和《畜禽遗传资源保种场保护区和基因管理办法》等有关规定,做好以下工作。

1. 制定保护发展规划,建立保种专项基金

(1)制定中型梅山猪保护与开发规划:按照原产地保护原则,以上海市嘉定区梅山猪育种中心为原种场,进行群体纯系繁育,扩大种群,达到母猪 120 头以上,公猪 12 头以上,三代之内没有血缘关系的家系数不少于 8 个。与此同时,在嘉定等产区建立若干个扩繁场,以保种场为骨干,各卫星场为基础,明确保种目标、任务和重点,建立健全中型梅山猪繁育体系。

(2)建立嘉定区梅山猪专项保护与开发基金:以当地政府投入为主,并吸引企业、个人和社会资金有序参与,逐步建立健全保护开发管理体系和运行机制,确保梅山猪品种资源保护与开发能深入持久地进行下去,使之发展成为具有市场竞争力的特色产品和优势产业。

2. 建立保种繁育基地

实践证明,地方畜禽品种资源保护与开发必须有产业和基地作为依托。目前中型梅山猪保种任务由上海市嘉定区梅山猪育种中心承担,要以此为基地创新经营模式,鼓励农业龙头企业或其他有志于梅山猪种业的经济实体加盟。吸引社会资本注入,发挥集团优势,高起点保护经营开发梅山猪种业。以中心保种场辐射带动若干个卫星保种场的方式,化解各类风险,增加基因交换的机会,保持品种稳定。着力培育品牌,使中型梅山猪品种不断适应市场变化。

3. 采用积极的保种方法

（1）保种与选育相结合：保种主要为发展未来畜禽品种提供部分素材，也要为当前杂交利用提供杂交用母本。所以，保种不是原封不动地保，而要保存已知优良性状的基因或基因组合，实行动态保种。保种与选育相结合，选育措施和保种措施统一、兼容。从选育提高生产性能中得到效益，有利于保种任务的完成。

② 保种与杂交利用相结合：保种工作的意义十分重要，但缺乏近期经济效益，又需要不断地投入。因此，保种场既要考虑有效的保种方法，又要考虑增收节支。必须使保种与经济杂交相结合，通过建立杂交繁育体系，把梅山猪作为杂交的原始母本，建立核心群，提供适需杂交母本，从而确保梅山猪在杂交商品猪生产中的优势地位。

③ 保种与良种登记和优良种猪场评比相结合：上海市嘉定区梅山猪育种中心作为国家级地方良种猪场应积极参与上级业务部门组织的良种登记和优良种猪场评比，促进保种工作，提高育种水平，提高猪种质量。

4. 梅山猪保种方案（2017～2018 年）

梅山猪以性成熟早、繁殖力高而著称于世，是我国优良的地方猪种之一，被列入《国家级畜禽遗传资源保护名录》。梅山猪繁殖力高、肉质鲜美，在品种改良和商品猪杂交生产等方面都具有重大价值。为了保护好这一宝贵的资源，特制定本保种方案，具体如下。

（1）背景简介

① 原产地：梅山猪原产于上海市嘉定区及毗邻的江苏省苏州市的太仓、昆山等地。

② 主要特征特性：梅山猪被毛黑色，皮肤黑色或紫红，四白脚，有少量白肚和玉鼻。体型中等偏大，粗壮结实，成年公猪 160 kg 以上，成年母猪 150 kg 以上。耳大下垂，乳房发达，乳头 8 对以上。经产母猪的产仔数 14 头，产活仔数 12.5 头。在 20～80 kg 育肥阶段日增重 480 g 以上。育肥猪在体重 80 kg 左右屠宰时，屠宰率 68.0%，胴体瘦肉率 46.0%，肌内脂肪 5.0%。

③ 保种现状：上海市嘉定区梅山猪育种中心主要承担梅山猪的保种、选育工作。自 20 世纪 70 年代就开始对梅山猪进行提纯复壮工作，同时开展有计划的选配、选育，经过几十年的努力，梅山猪的质量得到了大幅度的提高。1993 年被农业部确定为国家级重要种畜场，主要承担梅山猪的保种和选育任务。2000 年梅山猪被列入《国家级畜禽遗传资源保护名录》。2008 年，上海市嘉定区梅山猪育种中心被确定为国家级梅山猪资源保护场。2010 年完成梅山猪地方标准的修订。2016

年 12 月,梅山猪育种中心保有成年公猪 25 头、后备公猪 32 头,成年母猪 324 头、后备母猪 38 头,8 个家系。

（2）指导思想：通过提纯复壮进一步提高其生产性能；以创新、协调、绿色、开放、共享为发展理念,以有效保护和有序开发为目标,强化科技驱动,完善体制机制,努力开创资源优势和产业优势相融合的新格局。

（3）保种原则：确保重要资源不丢失、种质特性不改变、经济性状不降低。

（4）实施期限、保种数量和目标：具体如下。

① 实施期限：2017～2018 年。

② 保种数量：基础公猪 15 头以上,基础母猪 100 头以上,扩繁群 100 头以上；3 代以内没有血缘关系的公猪家系数 6 个以上。

③ 保种性状目标：符合梅山猪体型外貌特征。初产母猪产仔数 10 头,产活仔 9 头；经产母猪产仔 13.5 头,产活仔 12 头。成年公猪体重 160 kg,母猪体重 150 kg。成年公猪体长 138 cm、母猪体长 132 cm。

（5）保种方法

① 选配：采取家系等量留种方式或执行"以父定组,组间单向循环选配"的原则。将原有 4 个血统的公猪拆分成 6 个血统,各组公、母猪的分布上力求平衡,重点是保护公猪,不让公猪断线,尽量做到多留精选,提高公猪质量。

采用纯繁与杂交相结合的配种方法,适度延长世代间隔,并通过杂交利用降低保种带来的经济压力。母猪 6～8 月龄配种,利用年限大致 4.5 年,共计生产 8 胎；前 3 胎可以杂交,被评定为优良以上的第 4 胎或第 5 胎纯繁留种。第 4、第 5 胎纯繁既可顾及选育对缩短世代间隔的要求,也可兼顾保种对延长世代间隔以防近交过快的要求。

② 留种：每年选配梅山猪纯繁不少于 48 胎,初生时第 1 次选择,1 kg 以上可留种,每窝至少留 2 公。在断奶时进行第 2 次选择,合格以上可留种,每窝至少留 1 公 2 母。6 月龄进行第 3 次选择,按体重、体长、活体背膘厚 3 项进行评分,优良以上可留种。选留后备公猪不少于 12 头（每系 2 头）,母猪不少于 60 头（每系 10 头）。公猪每年更新 35%,母猪每年更新 30%。

③ 测定：场内主要测定初生重,断奶个体重,6 月龄后备种猪体重、体长、活体背膘厚,24 月龄种公猪与配母猪产仔数、体重和体长,种母猪产仔数、仔猪断奶个体重和第 3 胎断奶后 30 d 体重、体长。

每年送测 2 个家系,每个家系选取 3 窝,每窝选 1 公、1 阉公和 2 母。生长性能测定结束后从每个家系测定猪中选取一定比例进行屠宰测定和肉质测定。

（6）开发利用方案：未来 1～2 年对梅山猪的开发利用根据市场需求的不同而变动，肉猪以杜梅二元优质商品猪为主，适当供应优质梅山猪后备母猪。

（二）沙乌头猪

1. 确定种猪群的保种数量

种质资源保存要求保种场长期维持群体的遗传稳定性，防止过度近亲繁殖导致基因漂变或丢失。保持种猪足够的群体数量是选育和保种工作的基础，否则将难以维持生存及繁衍后代，更谈不上选育和种质资源的保护。2006 年中华人民共和国农业部颁布了《畜禽遗传资源保种场保护区和基因库管理办法》。该管理办法对猪遗传资源保种场的种猪规模要求：基础母猪 100 头以上，公猪 12 头以上，3 代以内没有血缘关系的家系数不少于 6 个。目前沙乌头猪保种场基础群母猪达 120 头，成年种公猪 20 头，含 8 个公猪血统，并每年通过纯繁扩群、提纯复壮等方式巩固现有群体质量，延缓近交衰退的时间，确保种群遗传性能的稳定。

2. 制定沙乌头猪的选育标准

（1）外貌标准与鉴定评分：猪种都有其特定的种质特性，制定品种或专门化品系的外貌标准有利于种猪选择和评定，并区别于其他品种或品系。崇明区种畜场针对沙乌头猪的特点，制定了沙乌头猪体型外貌标准和种猪群外貌鉴定评分标准。后备猪的外貌评分项目主要包括品种特征、头颈、背腰、腹部、臀部、四肢、乳头数量与质量、生殖器官等；成年种母猪的外貌鉴定评分项目主要包括基本外貌特征、体尺、体重、乳房、乳头、遗传缺陷、肢蹄等；种公猪的外貌鉴定评分项目主要包括基本外貌特征、体尺、体重、遗传缺陷、肢蹄等。根据各项指标的重要程度配以不同的权重系数予以筛选，提高保种群体质量。

（2）确定主目标性状选育标准：任何地方猪种都有其特征性的优越性状，保种选育就是保存其特征性状，发挥优势特点为生产服务。种猪群不但要制定出该品种或专门化品系的外貌标准，而且还要制定出种猪群目标性状的选育标准。例如区种畜场确立了产仔数、断奶窝重、生长速度、胴体品质等为沙乌头猪的主目标性状，并制定相应的选育标准作为猪种选育及种质资源保护的依据。

3. 建立、完善种猪群系谱档案

种猪标识和种猪档案记录是种猪场的一项重要工作，区种畜场按照农业部《畜禽标识和养殖档案管理办法》要求，结合本场工作实际，对早先的养殖资料进行了系统的整理、归档，形成了较完善的档案资料系统，便于及时查找，为生产提供参考。目前已建立了以下种猪档案资料。

（1）种猪系谱卡：种公、母猪都建立起种猪系谱卡。该种猪系谱卡由 3 个部分组成：种猪基本情况，包含种猪的出生或进场时间、品种、品系、近交系数、初生重、断奶重、左右奶头数、离场日期及原因等内容，并增加了 ESR 基因的基因型项目；种猪个体系谱指该种猪向上 3 代的号码；生长发育记录含后备猪 2 月龄、4 月龄体重，6 月龄体重、体尺及活体膘厚等项目。

（2）种猪繁殖业绩卡：主要包含公猪配种繁殖记录（初配年龄、射精量、精液品质等）、母猪配种记录（配种时间、与配公猪号、预产期等）、母猪产仔与哺乳记录（分娩时间、总产仔数、产活仔数、死胎及畸形数、初生重、断奶窝重等）等档案资料。

（3）种猪健康卡：主要反映种猪的免疫情况（免疫时间、疫苗种类、免疫剂量和途径）、发病及治疗情况、死亡时间及无害化处理方法等。

（4）群体系谱图：将种猪场内现有种猪按照相互间亲缘关系绘成一张群体系谱图。该图能清晰地反映整个种猪群的结构、种猪间的亲缘关系以及各家系的基本状况。种猪场要有专人负责种猪系谱和档案资料的建立和整理工作，按要求即时准确登记档案卡（表），定期整理、统计，为种猪选育提供依据。种猪的系谱档案资料要有专人负责，专柜保管。

4. 完善的技术保障体系

保种工作的实施离不开技术支撑，为此，沙乌头猪的保种工作建立了以种畜场现有技术人员为基础、以上海市崇明区动物疫病预防控制中心人员为补充、以市级推广机构和高等院校为支撑的三级现代育种工作网络，推动沙乌头猪保种生产和杂交利用。

5. 确定适用的技术路线

（1）选配：采取家系等量留种方式，执行"以父定家系、系间单向循环选配"的原则。6 个家系公、母猪的分布上力求平衡，重点是保护公猪，不让公猪断线，尽量做到多留精选，提高公猪质量。采用纯繁与杂交相结合的配种方法，适度延长世代间隔，并通过杂交利用降低保种带来的经济压力。母猪 8 月龄配种，利用年限 5～7 年，共计生产 8～10 胎；前 3 胎可以杂交，被评定为优良以上的第 4 胎开始纯繁留种。第 4 胎开始纯繁既可顾及选育对缩短世代间隔的要求，也可兼顾保种对延长世代间隔以防近交过快的要求。

（2）留种：每年选配沙乌头猪纯繁每个家系不少于 5 胎，初生时第 1 次选择，初生重 0.8 kg 以上、有效乳头 8 对以上可留种，每窝至少留 2 公。在断奶时进行第 2 次选择，合格以上可留种，每窝至少留 1 公 2 母。6 月龄进行第 3 次选择，按体重、体长、活体背膘厚 3 项进行评分，优良以上可留种，选留后备公猪不少于每系 2 头，母猪不少于每系 10 头。24 月龄进行第 4 次选择,种公、母猪评定优良以上可留种。

（3）测定:场内主要测定初生重,断奶个体重,6 月龄后备种猪体重、体长、活体背膘厚,24 月龄种公猪与配母猪产仔数、体重和体长,种母猪产仔数、仔猪断奶个体重和第 3 胎断奶后 30 d 体重、体长。

每年送测 2 个家系,每个家系选取 3 窝,每窝选 2 阉公和 2 母。生长性能测定结束后从每个家系测定猪中选取一定比例进行屠宰测定和肉质测定。

6. 制定切实可行的保种方案

区种畜场根据国家及上海市对地方品种保种工作的要求,参考了沙乌头猪地方标准,结合沙乌头猪保种工作的现状,每 5 年制定一个总的保种方案,分析保种现状、设定保种目标、提出保种方法,在此基础上,细化年度保种方案,规范指导保种工作的实施,具较强的可操作性。

种质资源保种场的首要工作是按照国家《畜禽遗传资源保种场保护区和基因库管理办法》保护好猪种资源。但是一个保种猪场若仅做保种工作是难以维持生存的。因此还必须在做好种质资源保护的前提下加强种猪选育,合理进行开发利用以实现保种场生产上的良性循环。

7. 2017 年度沙乌头猪保种方案

沙乌头猪是我国优良地方猪种之一,具有性成熟早、繁殖力高、母性好、耐粗食、肉质鲜美、嫩而多汁的特点,对低温潮湿的海岛地理气候有较强的适应能力,是杂交优势明显的高产母本品种,在品种改良和商品猪杂交生产等方面都具有重大价值,2014 年被列入《国家级畜禽遗传资源保护名录》,为了保护好这一宝贵的资源,特制定本保种方案。

（1）保种目标

原则:保存沙乌头猪种质资源基因库,维持其品种特征、特性不变。

数量:基础公猪 24 头以上,基础母猪 200 头以上,3 代以内没有血统关系的公猪家系数 8 个。

性状目标:符合沙乌头猪体型外貌特征;经产母猪产仔数 15 头,产活仔数 14 头;公猪体重 150 kg,母猪体重 135 kg;公猪体长 145 cm,母猪体长 132 cm。

留种目标:纯繁数量 50 胎以上,选留 6 月龄后备公猪 12 头以上,后备母猪 60 头以上。

测定:集中测定纯种沙乌头猪 36 头,场内测定 160 头以上。

（2）保种方法

① 选配:采取家系等量留种方式,执行"以父定家系、系间单向循环选配"的原

则。8个家系公、母猪的分布上力求平衡,重点是保护公猪,不让公猪断线,尽量做到多留精选,提高公猪质量。采用纯繁与杂交相结合的配种方法,适度延长世代间隔,并通过杂交利用降低保种带来的经济压力。母猪6～8月龄配种,利用年限大致5年,共计生产8～10胎;前3胎可以杂交,被评定为优良以上的第4胎开始纯繁留种。第4胎开始纯繁既可顾及选育对缩短世代间隔的要求,也可兼顾保种对延长世代间隔以防近交过快的要求。

② 留种:选配沙乌头猪纯繁每个家系不少于6胎,初生时第1次选择,初生重0.8 kg以上、有效乳头8对以上可留种,每窝至少留2公。在断奶时进行第2次选择,合格以上可留种,每窝至少留1公2母。6月龄进行第3次选择,按体重、体长、活体背膘厚3项进行评分,优良以上可留种,选留后备公猪不少于每系2头,母猪不少于每系8头。24月龄进行第4次选择,种公、母猪评定优良以上可留种。

③ 测定:分场内测定和集中测定。

场内测定:主要测定初生重,断奶个体重,6月龄后备种猪体重、体长、活体背膘厚,24月龄种公猪与配母猪产仔数、体重和体长、种母猪产仔数、仔猪断奶个体重和第3胎断奶后30 d体重、体长。

集中测定:送测3个家系,每个家系选取3窝,每窝选2阉公和2母。生长性能测定结束后从每个家系测定猪中选取一定比例进行屠宰测定和肉质测定。

(三) 枫泾猪

2003年前,枫泾猪的保种育种工作由金山区种畜场实施;2003年之后,上海沙龙畜牧有限公司开始承担枫泾猪的保种和育种任务。

1. 选配

采取家系等量留种方式,执行"以父定家系,系间单向循环选配"的原则。6个家系公、母猪的分布上力求平衡,重点是保护枫泾公猪,不让公猪断线,尽量做到多留精选,提高公猪质量。采用纯繁与杂交相结合的配种方法,适度延长世代间隔,并通过杂交利用降低保种带来的经济压力。母猪6～8月龄配种,利用年限大致4.5年,共计生产8胎;前3胎可以杂交,被评定为优良以上的第4胎或第5胎纯繁留种。第4、第5胎纯繁既可顾及选育对缩短世代间隔的要求,也可兼顾保种对延长世代间隔以防近交过快的要求。

2. 留种

每年选配枫泾猪纯繁每个家系不少于8胎,初生时第1次选择,初生重1 kg以上可留种,每窝至少留2公。在断奶时进行第2次选择,合格以上可留种,每窝至少少留 1 公 2 母。6 月龄进行第 3 次选择,按体重、体长、活体背膘厚 3 项进行评分,优良以上可留种,选留后备公猪不少于每系 2 头,母猪不少于每系 10 头。24 月龄进行第 4 次选择,种公、母猪评定优良以上可留种。

3. 测定

场内主要测定初生重,断奶个体重,6 月龄后备种猪体重、体长、活体背膘厚,24 月龄种公猪与配母猪产仔数、体重和体长,种母猪产仔数、仔猪断奶个体重和第 3 胎断奶后 30 d 体重、体长。每年送测 2 个家系,每个家系选取三窝,每窝选 2 阉公和 2 母。生长性能测定结束后从每个家系测定猪中选取一定比例进行屠宰测定和肉质测定。

(四) 浦东白猪

地方猪品种资源保护以群体遗传学理论为基础,尽量控制群体近交增量为原则,采用家系等量留种法来增大群体有效含量,以公猪血统不同将其分为 6 个家系,通过系内小群间循环配种,融合各家系优点,降低近交系数,选出具有新特色的公猪建立新品系。同时,通过有计划选育,在保持浦东白猪现有的繁殖性能好、肉质鲜美、杂种优势明显等优良性状的基础上,提高其生长速度和胴体瘦肉率,使其更能适应市场的需要。

浦东白猪的保种工作是一项长期而艰巨的工作,为确保种质资源不流失,要做好以下几项工作:一是制定浦东白猪保护与开发规划,建立保护专项基金;二是要建立保种繁育基地,加大科研投入力度;三是要采用积极的保种方法,保种与选育相结合,保种与杂交利用相结合,保种与良种登记相结合。

浦东白猪保种方案(2012~2016 年):浦东白猪是我国唯一的被毛全白的地方猪种,被列入《国家级畜禽遗传资源保护名录》,具有性成熟早、繁殖力高、母性好和肉质鲜美等特点,在品种改良和商品猪杂交生产等方面都具有重大价值,为了保护好这一宝贵的资源,特制定本保种方案。

(1) 保种现状:2003 年由上海市南汇县种畜场建立了保种群,2006 年浦东白猪被列入《国家级畜禽遗传资源保护名录》,2008 年该场成为国家级资源保护场。2010 年《上海市地方标准 浦东白猪》(DB 31/T21—2010)修订完成。目前,在上海浦汇浦东白猪繁育有限公司保有成年公猪 14 头、后备公猪 20 头,成年母猪 80 头、后备母猪 40 头,血统 4 个,生产性能也有所下降。

(2) 保种的目的和意义:保存浦东白猪种质资源基因库,通过提纯复壮进一步提高其生产性能。为开展优质商品肉猪生产提供母本,为种猪新品种品系的选育等育种工作提供素材,保障养猪业可持续发展。

(3) 保种原则:减缓保种群近交系数增量。使得保种目标性状能达到,不丢失。

(4) 实施期限、保种数量和目标

① 实施期限:2012～2016 年。

② 保种数量:按照国家要求,保种群基础公猪 12 头以上,基础母猪 100 头以上,3 代以内没有血缘关系的公猪家系数 6 个以上。保种场的保种群体规模将由现在的规模逐渐扩大到 128 头母猪、16 头公猪(8 个家系)水平,并且高度注意群体血统结构、避免高度近交。

③ 保种性状目标:所有个体被毛全白,符合浦东白猪体型外貌特征。经产母猪产仔 13 头,产活仔 12 头。成年公猪体重 180 kg,母猪体重 165 kg。成年公猪体长 148 cm、母猪体长 138 cm。肉质鲜美,体重 85 kg 屠宰时肌内脂肪含量超过 3%。

(5) 保种方法

① 选配:采取家系等量留种方式或执行"以父定组,组间单向循环选配"的原则。重点是保护公猪,不让公猪断线,尽量做到多留精选,提高公猪质量。

采用纯繁与杂交相结合的配种方法,适度延长世代间隔,并通过杂交利用降低保种带来的经济压力。母猪 6～8 月龄配种,利用年限 4～5 年,共计生产 8 胎;前 3 胎可以杂交,被评定为优良以上的第 4 胎或第 5 胎纯繁留种。第 4、第 5 胎纯繁既可顾及选育对缩短世代间隔的要求,也可兼顾保种对延长世代间隔以防近交过快的要求。

② 留种:每年选配浦东白猪纯繁不少于 30 胎,初生时第 1 次选择,初生重 1 kg 以上可留种,每窝至少留 2 公。在断奶时进行第 2 次选择,合格以上可留种,每窝至少留 1 公 2 母。6 月龄进行第 3 次选择,按体重、体长、活体背膘厚 3 项进行评分,优良以上可留种,选留后备公猪不少于 12 头(每系 2 头),母猪不少于 60 头(每系 10 头),公猪每年更新 30%,母猪每年更新 25%。

③ 测定:场内主要测定初生重,断奶个体重,6 月龄后备种猪体重、体长、活体背膘厚,24 月龄种公猪与配母猪产仔数、体重和体长,种母猪产仔数、仔猪断奶个体重和第 3 胎断奶后 30 d 体重、体长。每年送测 2 个家系,每个家系选取 3 窝,每窝选 1 公、1 阉公和 2 母。生长性能测定结束后从每个家系测定猪中选取一定比例进行屠宰测定和肉质测定。

第四章

配 种 与 繁 殖

一、发情与鉴定

发情是指性成熟的母猪表现的生殖周期现象,在生理上表现为排卵、准备受精和妊娠,在行为上表现为吸引和接纳公猪的爬跨。发情鉴定是根据母猪的精神状态、对公猪的性欲反应、卵巢及生殖器官变化等进行综合判断,判定母猪的发情阶段,以便确定配种适期,提高受胎率。判断母猪发情是否正常,及时对处于发情的母猪适时配种是提高母猪生产水平的有效举措。

(一) 梅山猪

1. 性成熟与体成熟

梅山猪母猪 3 月龄已性成熟,比国外品种早了 4 个月,也普遍早于国内一些地方品种。此时梅山猪母猪虽已性成熟,能正常受胎、分娩,但无论从排卵数量、产仔及产活仔的生活力来看还很不理想,而且 3 月龄母猪的性器官尚未完全成熟,因此不宜提倡过早配种。从多方面分析,6 月龄母猪排卵已达 18.3 个,与习惯上 8 月龄配种的母猪排卵 18.53 个相似,卵巢、子宫角、输卵管等一些性器官的发育已接近 8 月龄母猪,体重也达到了 50~60 kg,可以初配。从以上分析可以看到,梅山猪母猪的初配年龄比外国品种提前了 2 个月(周林兴等,1982)。

2. 发情规律

梅山后备母猪发情周期平均为 19.8 d,发情持续期平均为 4.35 d,发情安定时间平均为 2 d。

梅山猪经产母猪断奶后的第一个情期是出现在仔猪断奶后 4～7 d,平均6.93 d,发情持续天数平均为 4.91 d,发情安定天数平均为 3.27 d;第二个情期持续天数平均 4.88 d,安定时间为 3.12 d。性周期平均 20.65 d,也有母猪在带奶 40～50 d 发情配种的,俗称"窝里配"。

3. 发情鉴定

梅山猪母猪发情特征极为明显,发情初期主要表现为阴户红肿、食欲减退,少数母猪还出现鸣叫不安、在圈内来回走动,有愿意接近公猪的表现,但不接受爬跨。到了适配期,母猪呆立反应,阴户明显充血、有明显黏液流出,食欲完全停止,用手按压母猪背腰部,出现允许爬跨姿势。当地群众总结出 16 字口诀:"母猪发呆,手按不动,阴户打皱,黏液粘草。"在发情后期,母猪从安定逐渐转为不定,阴户充血和黏液减少,食欲逐步恢复。由于梅山猪平时动作缓慢又性情温和,所以发情的异常动作易被发现,很容易判断发情。

(二) 沙乌头猪

1. 性成熟与体成熟

沙乌头猪母猪性成熟较早,3～4 月龄母猪出现发情征状,比国外品种早。此时虽已有发情征状,但无论从排卵数量、产仔数、产活仔数及产活仔猪的生活力来看都很不理想,而且 3 月龄母猪本身还处于生长发育阶段,不提倡过早配种。母猪 240～270 日龄、体重 65～85 kg,公猪 270～300 日龄、体重 100 kg 以上时才予以配种。

2. 发情规律

母猪的发情规律与梅山猪相似。性周期平均 22 d。

3. 发情鉴定

发情鉴定是沙乌头母猪繁殖活动中一项非常重要的技术环节。饲养种猪的主要目的是用于繁殖。发情鉴定的方法有多种,如精神状态鉴定法、外部观察法和试情法等。

(1) 精神状态鉴定法:母猪开始发情就会表现出对周围环境非常敏感,兴奋不安,拱地,嚎叫,两耳耸立,两前肢跨到栏杆上,食欲减退,东张西望,之后性欲逐渐旺盛。当母猪采取群体饲养方式时,会开始爬跨其他猪,且随着发情逐渐到达高潮,以上表现更加频繁,接着食欲会从低谷开始增加,嚎叫次数逐渐减少,表现出呆滞,且开始接受其他猪爬跨,这时配种最好。

(2) 外部观察法:①发情前 1～2 d 母猪表现为食欲减退或者彻底废绝,对周围环境变化非常敏感。外阴部红肿,阴部偶有清亮、稀薄的黏液流出。②母猪发情的特征是出现静立反射,即保持静立不动,耳朵和尾巴竖起,后肢叉开,背弓起,持续性颤抖,阴门排出较多的黏液。初产母猪和后备母猪表现更加明显。触摸乳房和侧腹时非常敏感,表现出颤抖、紧张。③发情盛期时阴道内黏液稍微呈浑浊的乳白色状,黏液牵拉性较强,两手指间可拉出 1 cm 左右或更长的丝,阴门裂周围的黏液开始形成结痂。经产母猪外阴部可能没有黏液流出,不过将阴门翻开就能够看到阴道内存在黏液,用手指蘸取少量进行牵拉性检查。在对母猪进行发情鉴定的同时,也要对排出的黏液进行检查,确定有无异常。如果发现黏液质地不匀,或者呈红褐色或者黄色,说明可能患有子宫内膜炎或者阴道炎,这是导致其发生屡配不孕的主要原因,必须及时采取治疗。

(3)试情法:可利用母猪发情时对公猪爬跨具有比较敏感、对公猪气味比较敏感、对公猪的叫声较敏感等特征进行判断。其中利用公猪试情是检查母猪发情的常用、有效办法。通常在清晨或上午进行试情,驱赶性情温驯、性欲旺盛的种公猪慢慢在走道上走动,并稍微停留在母猪栏门前,若母猪没有远跑,而是保持静立,甚至主动接近,就可将该母猪驱赶到公猪圈内进行试情。注意不能突然在群养的母猪圈内放入公猪,因为未发情的母猪因拒绝爬跨而快速躲避公猪,同时发情的母猪也常跟随跑动,不利于判断。

(4)注意事项:对于空怀和已配的母猪,每天需要检查 2 次(上午和下午)发情情况,2 次检查间隔 10 h 左右。最好在饲喂后 30 min 试情,此时母猪较安静,容易判定。对于断奶母猪,注意断奶后 4~7 d 阶段的查情;对于已配母猪,不仅要注意检查配种后 18~24 d 和 38~44 d 阶段的返情状况。对母猪发情通过采取一般鉴定方法与重点相互结合的方法,多次检查并采取综合分析。尤其是当母猪出现隐性发情时,只有让其直接与公猪接触进行试情,才能够判断是否发情。发情鉴定后要记录发情母猪的耳号、发情时间、胎次、压背反应和外阴部变化等,尤其重要的是详细记录后备母猪的变化。

(5)发情征状鉴定:根据生产实践经验,总结出了"一看、二听、三算、四按背、五综合"的母猪发情鉴定方法。即:一看外阴变化、行为表现、采食情况;二听母猪的哼鸣声;三算发情周期和持续期;四做按背试验;五进行综合分析。当阴户端几乎没有黏液,颜色接近正常,黏膜由红色变为粉红色,出现"静立反应"时,为配种输精适时。在发情后期,母猪各种症状逐渐减弱,阴门充血和黏液减少,食欲逐渐恢复且拒绝交配。休情期(间情期)指从这次发情消失到下次发情出现。休情期母猪无性欲,外阴部正常。

(三) 枫泾猪

枫泾猪与许多地方品种一样具有性早熟特性。

1. 初情期和性成熟期

小母猪 45 d 左右时外阴开始充血红肿,有时出现爬跨行为,但是拒绝交配。初情期日龄为 133 d。

经测定,初情母猪一次排卵 12 个,成年母猪一次排卵 31 个,比国外品种多 14.2 个(《浙江省畜禽品种志》,1980)。

2. 发情规律

枫泾猪成年母猪在稳定的饲养管理环境下发情极为明显,发情周期19.48 d。发情持续期 4.35 d。发情安定期 2 d。经产母猪的乳猪断奶后 4～7 d,平均 6 d,持续发情期 4～5 d。也有哺乳期内发情的,发情征候依然是躁动不安、进食减少,圈内来回走动,但是其程度相对较低。实践认为哺乳期间即使发情也不允许配种。这是可能会引起体内激素紊乱,影响带仔和母猪断乳后正常发情。

3. 发情鉴定

发情初期外阴红肿,食欲减少,有的母猪会出现鸣叫、来回走动、情绪不安。愿意接近公猪,不接受交配,2 d 便进入发情期。一般发情后 24～48 h 开始排卵,高峰期为发情后 36 h 左右,持续排卵 10～15 h。对于多头母猪养在一个圈的条件下,一时难以区别正确发情期时,应使用试情公猪试情。饲养人员如果没有注意发情开始期,可以以静立反射作为判断适时输精时间。对 5 头母猪不同输精时间受胎率进行了测定,结果如表 4-1(杨少峰等,1983)。

表 4-1　枫泾猪不同输精时间受胎率与产仔数

发情后时间(h)	静立反射时间(h)	受胎率(%)	产仔数(头)
27	3	0	0
33	9	80	7
39	15	100	15
45	21	80	7.5

枫泾猪个别护仔性特别强的母猪性情暴躁,拒绝陌生人接触,但是发情期还是比较温和的。

（四）浦东白猪

1. 性成熟和发情周期

在良好的饲养管理条件下,小公猪出生后 1～2 月龄开始有爬跨现象,4 月龄已有成熟精子;小母猪约 4 月龄开始第一次发情,发情周期一般为 20～21 d。初产母猪发情持续期一般为 3～5 d,经产母猪 2～3 d。发情特征表现为不食,在圈内来回走动,大多数不鸣叫。发情初期阴户红肿,且有黏液流出;到中后期,用手按压其臀部时,非常安定,常表现为静卧,赶动不起立,此时配种,受胎率较高。初配年龄,根据后备种猪的发育状况,一般母猪于 7 月龄、体重 70 kg,公猪于 8 月龄、体重 85～100 kg 时初配较好。母猪一般使用 9～10 胎;公猪容易早衰,一般仅使用 3 年左右。如及时配种,受胎率一般在 95% 以上。妊娠期为 112～115 d,平均 114 d。

2. 发情鉴定

母猪的发情特征极为明显,发情初期主要表现为阴户红肿,食欲减退,少数母猪还出现鸣叫不安,在圈内来回走动,有愿意接近公猪的表现,但不接受爬跨。到了适配期,母猪呆立,阴户明显充血、有明显黏液流出,食欲完全停止,用手按压母猪背腰部,出现允许爬跨姿势。在发情后期,母猪从安定逐渐转为不安,阴户充血、黏液减少,食欲逐步恢复。由于母猪平时动作缓慢又性情温和,所以发情的异常行为易被发现,很容易判断发情。

二、排卵与配种

1. 母猪排卵规律

后备母猪的排卵时间在肯接受交配的 36～48 h,成年母猪排卵时间在肯接受交配的 24～36 h。成年母猪的排卵时间早于初配的后备母猪。

后备母猪发情持续期长于经产母猪,而且个体之间差异较大,配种时间要比经产母猪延迟。5 胎以上的经产母猪发情时间相对短一些,配种时间要早一点。中国农业科学院畜牧研究所和上海市金山县畜牧兽医站合作对枫泾猪做了大量输精和精子在母猪生殖道的运行、受胎、胎儿发育等方面的科研工作。卵子比精子大 29 倍之多,卵子核心部分被卵丘细胞包围,精子与卵子结合前绝大多数精子以顶部透明质玻璃酶溶解卵丘细胞。除部分中途死亡的,绝大多数精子前赴后继溶解卵丘细胞,但只有几百个精子附在初溶解后的溶解卵丘细胞外,能进入卵细胞内的精子只是极少数,即两者融合为受精体,在发育中分化。经外周血液中激素含量测定表明,枫泾猪从受孕前的发情激素到受胎后的孕酮替换非常快,也比国外品种的含量高,而且差别很大。这可能也是枫泾猪高繁殖力的一个因素。枫泾猪经产母猪成熟排卵数 31 个,也有排出 44 个、66 个的个例,说明前面叙述的初产母猪有产仔 31 头、经产母猪产仔 33 头的个例是有依据的。卵子是在一定时间内分批成熟的,早期成熟的可以在输卵管上部壶腹部附近停留一段时间。由此说明 2 次输精的必要性和判断静立反射时间输精的重要性。

2. 母猪排卵时间

根据母猪的排卵时间计算进入母猪生殖道内精子获能和具有受精能力的时间,进而决定最佳输精时间。母猪发情后一般 24～30 h 开始排卵,真正排卵是在发情开始、接受公猪爬跨后的 40 h。发情持续期短的排卵较早,持续期长的排卵晚,故成年母猪比青年母猪略早些。

经对梅山猪母猪各年龄段排卵测定,梅山猪一般排卵时间集中在发情安定后的 30～48 h,成年母猪比青年母猪略为早些。刚排出的卵子在伞部及输卵管前 1/2 时,往往被大量颗粒细胞所包裹,形成明显的放射冠,并被分泌的黏蛋白紧紧粘在一起,在冲卵时见到最多的有 10 多个卵子粘在一起。排出的卵子较为迅速地通过输卵管的前 1/2 处,此时卵子大多尚未分割。卵子在输卵管的后 1/2 逗留的时间较长,为 36～48 h,在此与相遇的精子受精。配种后 96 h,受精卵和未受精卵均已开始进到子宫角。据周林兴等(1982)研究报道,梅山猪青年母猪与成年母猪,在安定 24 h 后,卵巢上成熟卵泡分别平均为 18.5 个和 26 个,但均未排卵。在安定 36 h 后,青年母猪仍未排卵;成年母猪 2/3 成熟卵泡已排卵,尚有 1/3 成熟卵泡未排卵。青年母猪安定 48 h,成熟卵泡全部排卵,而且大部分的卵子已运行至输卵管的后 1/2 处;安定 96 h,卵子已全进入子宫角前 1/3 处。成年母猪安定 96 h,卵子只有 41.1% 进入子宫角,尚有 58% 的卵子还在输卵管的后 1/2 处。由此可见,正确掌握梅山猪母猪不同年龄段的输精时间,是提高受精率和产仔率的关键技术。

3. 配种方式

有自然交配和人工授精两种配种方式。一是自然交配,即由公、母猪直接交配,也称为本交。二是人工授精,即借助器械采集种公猪精液,经品质检查、稀释等处理,再将精液输入母猪的生殖道使之受孕的一种配种方法。

实行人工授精的好处有:

① 提高种公猪的利用率,不仅可以选留少而精的种公猪,节省饲养成本,而且可以充分发挥优良种公猪的作用。

② 能够克服公、母猪体型大小悬殊、交配困难的情况,有利于计划选配和开展

经济杂交。

③ 便于重复交配和混合授精等先进繁殖技术的实施,有利于提高受胎率、产仔数。

④ 扩大优良种公猪辐射范围。

⑤ 可避免喘气病等疫病的传播。

4. 配种时间

据有关文献记载认为,精子在母猪生殖道内具有受精能力的时间不超过 24 h,而卵子在母猪生殖道内具有受精能力的时间为 12～24 h。而精子、卵子在母猪生殖道内运行及精子获能尚需一定时间,所以经产母猪配种以发情后 24～30 h 为宜,隔12h重复交配一次。新母猪发情持续时间长,可适当延长配种时间。群众的经验是"老配早,小配晚,不老不小配中间",一般都会取得较好配种效果和较高产仔数。

规模化养猪场可采用两次重复配种,如上午配种 1 次,下午再复配 1 次;如下午配种,第二天早晨再复配 1 次。

三、人工授精

人工授精是当前配种生产中较常用的方法,主要包括采精、精液质量检查、稀释、保存、配种、公猪调教等。

(一) 搞好猪人工授精的基本要求

(1) 按计划配种,充分发挥优良种公猪的高产性能。

(2) 加强对发情母猪的观察,及时授精,提高配种率和繁殖率。

(3) 严格技术操作,提高受胎率和产仔数。

(二) 采精

采精是人工授精的首要环节。只有认真做好采精前的准备、正确掌握采精技术、科学安排采精频率,才能获得大量的优质精液。

1. 准备工作

(1) 场地准备:采精环境要良好,场地要固定,以便公猪建立良好的性反射。室外采精场地要求宽敞、平坦、安静、清洁、避风;室内采精场地应宽敞明亮、地面平坦,注意防滑,要与人工授精操作室相连,并附设喷射消毒和紫外线照射杀菌设备。

（2）器械、用品的准备：采精之前对以下器械和用品进行消毒备用：玻璃管、玻璃瓶、玻璃漏斗、纱布、玻璃棒、授精器等均需进行煮沸消毒，或用干燥箱控温 100 ℃烘干消毒。

（3）假台畜准备：用 0.1‰高锰酸钾溶液进行消毒，并保持干净。

（4）公猪准备：采精前安排好需用公猪，应在喂食后或喂食前 1 h 以上进行采精。

（5）稀释液准备：配制好的稀释液温度控制在 35～37 ℃。

2. 公猪调教和采精

准备留作采精用的公猪，一般从 7～8 月龄开始调教，相比从 6 月龄开始调教，前者可缩短调教时间且易于采精。

（1）公猪的调教方法：主要包括以下几种方法。

① 观摩法：将小公猪赶至待采精栏，让其旁观成年公猪交配或采精，激发小公猪性冲动。经旁观 2～3 次大公猪和母猪交配后，再让其试爬假台畜进行试采。

② 发情母猪引诱法：选择一头发情的经产母猪，用麻袋或其他不透明物盖起来，不露肢蹄只露母猪的阴户，赶到假台畜旁，将公猪赶来，让其嗅、拱母猪，刺激其性欲的提高。在公猪性兴奋时赶走发情母猪，将涂有其他公猪精液或者母猪尿液的假台畜移过来，让公猪爬跨即可进行采精。

③ 外激素或类外激素喷洒假台畜：用发情母猪的尿或者阴道分泌物涂在假台畜上，同时模仿母猪叫声，也可以用其他公猪的精液、尿或口水涂在假台畜上，目的都是诱发公猪的爬跨欲。调教用的假台畜高度要适中，可因公猪身高而调节，最好使用可升降的假台畜。

无论用哪种方法调教公猪，公猪爬跨后一定要进行采精，不然公猪很容易对爬跨假台畜失去兴趣。调教时不能让 2 头或 2 头以上公猪同时在一起，以免引起公猪打架等影响调教的进行和造成不必要的经济损失。

（2）采精方法：分假阴道法和徒手法两种。前者是借助模仿母猪阴道功能的器具，只能采集全份精液，要求设备多，清洗费时费力，现在较少采用。后者由于不需要器械，方法简便，可分段收集精液，最近几年世界各国普遍流行。徒手采精时，采精员戴上双层医用塑料手套，手套外面不得使用滑石粉，采精员蹲于公猪一侧，待公猪阴茎伸出后即用右手抓住阴茎，握住螺旋头，由轻到重有节奏地紧握龟头螺旋部，并以适度压力使公猪射精。另一手持集精杯接取公猪精液。由于公猪的射精反应对压力比对温度更为敏感，只要掌握适当的压力，经过训练的公猪都可以采到精液。

(三) 精液检查

精液检查的目的在于鉴定精液品质的优劣；根据检查结果了解公猪生殖器官的健康状况；了解公猪的饲养管理和繁殖管理对公猪的影响；反映采精技术水平和操作质量；依据检查结果确定稀释倍数等。精液检查的主要项目包括采精量、精子活力、精子密度、精子形态等。

(1) 采精量：采下来总量，包括精液和副性腺分泌物。

(2) 精液量：经过纱布或尼龙筛过滤去除副性腺分泌物后的量。

(3) 精子活力：又称为精子活率，是指直线前进运动的精子占总精子的百分率。它关系到精子在母猪生殖道内的运动和与卵子结合的能力，因此在采精后、稀释前后、保存、运输前后、输精前都要进行检查。国内目前评定精子活率等级的方法采用十级制，即在显微镜下观察一个视野内的精子运动，若全部精子呈直线前进运动，则活力为 1.0；有 90% 的精子呈直线前进运动，则活力为 0.9，依次类推。鲜精液的精子活力 $\geqslant 0.7$ 方可使用，活力 < 0.6 时应舍弃不用。评定精子活力时应注意取样要有代表性；检测时提前放入 37 ℃ 保温箱中预热，尤其是 17 ℃ 保存的精液应在保温箱中预热 60 s 后观察；检测时应使用盖玻片，防止污染显微镜镜头；评定精子活力时，显微镜的放大倍数要求 100 倍或 150 倍，有条件的可在显微镜上配置一套摄像显示仪以便将精子放大到电脑屏幕上进行观察。

(4) 精子密度：精子密度又可称为精子浓度，是指单位体积(1 mL)精液中所有精子的数目。精子密度的检查方法包括：

① 估测法：通常结合精子活率检查进行。该方法不用计数，用肉眼观察显微镜下的精子分布情况。精子间距离少于一个精子的长度为"密"，精子间距离相当于一个精子的长度为"中"，精子间距离大于一个精子的长度为"稀"。该方法主观性强，误差较大，现在通常不被采用。

② 精子密度仪法：该法简便、用时短、重复性好，广泛应用于现代化养猪企业。其基本原理是精子透光性差，精清透光性好。选用 550 nm 一束光透过 10 倍稀释的精液，光吸收度与精子的密度成正比，根据所测结果，查对照表可得出精子的密度。该法测定误差约为 10%。若精液中有异物，仪器也会将它计算在内，应适当考虑减少这方面的误差。

③ 血细胞计数法：该法最准确，速度慢。具体步骤为：用 3% NaCl 溶液杀死精子，同时对精液稀释。猪的精液稀释 10 倍或 20 倍，充分混合均匀，弃去管尖端的精液 2~3 滴。把一小滴精液滴于计数板盖玻片的边缘，使稀释后的精液渗入到

计数室内,不得使计数室充有气泡,然后镜检。先在低倍镜下找到计数板上的计数室全貌,再用高倍镜(400～600倍)进行计数。计数室由25个中方格组成,每一个中方格分为16个小方格。在25个中方格中选取有代表性的5个(四角和中央)计数,按公式进行计算。

1 mL原精液中的有效精子数
＝5个中方格的精子数×5(等于25个中方格的精子数)×
10(等于1 mL内的精子数)×1 000(1 mL稀释精子数)×稀释倍数

(5) 精子形态

① 精子畸形率:精液中形态不正常的精子(如断头、短尾、双头、双尾、头大等的精子)称为畸形精子。精子畸形率是指精液中畸形精子数占总精子数的百分比。使用普通显微镜时需要染色,若用相差显微镜则不需要染色。取一小滴被测精液(精液密度大的需要用生理盐水稀释)置于载玻片上。将样品滴以拉出形式制成抹片,切忌在抹片时造成精子人为损伤。用0.5%龙胆紫酒精或蓝墨水染色3 min,自然干燥,自来水轻轻洗涤。在400倍的显微镜下观察,检查不同视野的精子数(不少于200个)中畸形精子数量占所观察精子总数的百分比,即可得出被检精液的精子畸形率。

② 精子顶体异常率:精子顶体异常有膨大、缺陷、部分脱落、全部脱落等数种。在正常情况下,猪的精子顶体异常率2.3%,超过4.3%会直接影响其受精率。方法:采用测定精子畸形率的方法做出精子抹片,自然干燥2～20 min,以1～2 mL的福尔马林磷酸缓冲液固定。对含有卵黄、甘油的精液样品需用含2%甲醛的柠檬酸钠液固定。静置15 min,水洗后用姬姆萨液染色90 min,水洗,风干后再用0.5%伊红染色2～3 min。水洗、风干置于1 000倍显微镜下用油镜检查,或用相差显微镜(10×40×1.25倍)观察。每张抹片需观察300个精子,统计出精子顶体异常率。

(四) 精液稀释

1. 稀释精液目的

通过稀释,增加精液的营养物质和其他助活剂,以延长精液的保存时间。精液稀释后能增加精液量。按照人工授精一定浓度和剂量要求,可增加配种母猪头数,从而提高优良种公猪的利用率。

2. 精液稀释方法与步骤

(1) 精液与稀释液等温:将烧杯中的水温调到33 ℃,将两支刻度试管放入水中,将采到的精液用吸管移至一个刻度试管中,将与精液等量的稀释液移至另一个刻度试管中,两试管同时在水温 33 ℃的烧杯中停留 5 min。

（2）稀释时把稀释液沿着精液容器的壁慢慢加入精液中,边加入边搅拌。如需高倍稀释,应先分步进行,先进行低倍稀释然后再高倍稀释,以防精子因稀释过快改变生存环境而造成伤害。

目前,有条件的种猪场都购买正规厂家出品的"猪用精液稀释液"制剂,并按产品说明书配制使用。

（五）精液保存

1. 常温保存(15～25 ℃)

常温保存一般控制在 15～20 ℃效果最佳,主要是利用一定范围的酸性环境抑制精子的活动,减少其能量的消耗,使精子保持在可逆的静止状态而不丧失受精能力。猪全份精液在 15～20 ℃下保存效果最佳。通常采用隔水降温方法保存,将贮精瓶直接置于室内、地窖或自来水中保存。生产实践证明其效果良好、设备简单、易于普及和推广。

2. 低温保存(0～5 ℃)

精液低温保存是在抗冷剂的保护下,防止精子冷休克,缓慢降温到 0～5 ℃保存,从 30 ℃降至 0～5 ℃,每分钟降 0.2 ℃为好,用 1～2 h 完成降温过程。利用低温降低精子的代谢和能量消耗,抑制微生物生长,同时加入必要的营养和其他成分,并隔绝空气,达到延长精子存活时间的目的。低温保存时可用较厚的棉花、纱布包裹精液瓶,置于一容器中片刻,再移入冰箱。低温保存的精液在输精前必须升温,一般将贮精瓶直接投入 30 ℃温水中即可。低温保存效果比常温好,保存时间较长。

3. 冷冻保存(－196～－79 ℃)

精液的冷冻保存是利用液氮(－196 ℃)、干冰(－79 ℃)或其他冷源,将精子经过适当处理后保存在超低温下,以达到长期保存精子的目的。冷冻优良种公猪精液可以充分发挥良种猪的遗传品质,使用不受时间、地域的限制,长期保存也有利于深入开展猪的育种工作和猪种质资源的保护。

（六）输精技术

（1）先把保存的精液升温至 35～37 ℃,然后检查活力,活力合格(0.6 以上),即换上输精塞头准备输精。输精试管或瓶子应用专业的棉花袋套好,以保暖和防止在输精操作过程中受阳光直接照射。

（2）母猪阴户及其周围和尾根用 0.1％高锰酸钾溶液消毒并擦干净，以防止在输精操作过程中带入病菌，引起子宫炎等病。

（3）输精人员要穿工作服，手指甲要剪短、磨光，手清洗干净后以 75％乙醇涂擦消毒，待完全挥发后再持输精器材。手消毒后不能接触任何未消毒物品。

（4）左手（右手也可，下同）拿输精试管或瓶，右手拿输精管插入母猪的阴门。先向上轻轻插入 15 cm 左右，然后平直慢慢插进，直到插不进为止。插入深度一般为输精管的 1/3～2/3（20～40 cm）。插好后，左手提输精试管至高于母猪背，并将其倒举，使精液借大气压力自动流入子宫颈或子宫体。输精完毕后，停留 3～5 min，然后将输精管慢慢地拉出，然后用手在母猪腰部按压几次，防止母猪弓腰而使精液倒流。

（5）输精剂量应根据其体重大小而定，一般每头母猪每次输精剂量为 50～100 mL。

（6）输精的次数通常为 2 次，间隔时间为 6～24 h。间隔时间的长短应根据每头母猪发情期的安定持续期长短和第一次输精时母猪发情的成熟程度而定，如安定持续期短和第一次输精时母猪发情较成熟，则间隔短，否则间隔长。

（七）注意事项

在操作过程中要严格消毒。凡精液所接触到的器械和稀释液，均须事先经过严格消毒。在人工授精室内保持空气清洁，切忌抽烟等。因为一切不良气味都有害于精子的保存。加强配种检查，如发现母猪输精适期鉴定不正确，输精过早，则须补配 1～2 次；如发现母猪返窝（即配种后受胎又发情），则再输精。做好采精，配种记录工作，以便检查和总结，改进工作。

（八）人工授精技术的应用

从 20 世纪 80 年代初始，太湖猪产区的人工授精技术得到不断发展，逐步进入统一供精阶段，建立起了高效的供精网络。太湖猪产区内的县建立了家畜改良站，从公猪的饲养管理、采精和精液品质检验、稀释、分装、送精、输精等各个相关技术环节，都建立了严格的监测制度，严格执行"猪统一供精综合技术标准"，保证了太湖猪产区统一供精普及率达到 70％以上。人工授精技术的开展，不仅降低了配种的成本，使猪场管理迈向现代化、生产工厂化、人性化的轨道，同时又保证了优良公猪的利用率，避免了近交现象的发生，促进了品种改良，提高了商品猪的质量和整齐度，并减少了疾病的传播。

1975年,根据农业部有关文件精神在金山县成立太湖猪育种协作组,在此基础上,于1979年在上海成立了太湖猪育种委员会,积极推动太湖猪的选育,开展良种登记、建立健全县、乡、大队三级育种体系,生产队饲养小规模母猪,农民饲养杂交一代肉猪为主,猪的人工授精得到推广。90年代,上海市农业局加强了对猪人工授精的组织管理,按行政区域布局,建立县、乡二级配种站,限制或取消大队养猪场饲养公猪。1991年由市财政扶持在9个郊县建立了9个人工授精站,统一由县畜牧兽医站技术指导、业务管理、培训人工授精技术员,由此人工授精普及率迅速提高,金山县、乡二级养猪在2次全国会议推动下巩固与发展,基础扎实,人工授精普及率95%以上。

浦东白猪人工授精起步较早,第一阶段1959～1960年,南汇县试行生猪人工授精。由南汇县畜牧兽医站首先在大团举办人工授精技术培训班。当时人工授精器械为假阴道采精,自配稀释液,输精用橡皮管(清洗后重复使用)。由于母猪养殖户分散,输精员工作强度大,设备和技术都还跟不上,造成受胎率低,挫伤群众对猪人工授精的积极性,人工授精推广未能达到预期目的。70年代后期,1978年12月在周浦地区筹建南汇县生猪供精站,高峰时人工授精用公猪近30头,供应范围涉及南汇、川沙等14个乡镇。1984年该站获得农业部、国家科委等4个部门联合授予的全国先进单位称号。2000年由于城镇化开发建设而停业。与此同时,各规模养猪场也相继饲养公猪,学习人工授精技术,开展人工授精。2005年实施的农业部生猪科技入户示范工程,将人工授精技术确定为三大主推技术之一。在广大科技人员的推广指导和工程物化补贴的引导下,人工授精技术得到全面推广,技术装备和技术水平显著提高。至2007年底,规模猪场的人工授精技术应用率达90%、专业户达60%、一般养殖户达80%,人工授精技术的应用单位均取得了满意的效果。

四、妊娠与分娩

母猪配种后若无返情出现,就进入妊娠期。

(一)妊娠诊断

妊娠诊断的方法有很多种,目前准确性较高且比较实用的猪妊娠诊断方法有不返情观察法、超声图像法、孕酮或雌激素酶免疫测定法等。

梅山猪配种后96 h左右,受精卵沿着输卵管向两侧子宫角移动,附植在子宫角的黏膜上,在它周围逐渐形成胎盘。胎盘形成过程需要 2 周时间。母体通过胎盘向胎儿提供营养,前期胎儿生长缓慢,后期胎儿生长快,所需营养也相应增加。梅山猪的妊娠期范围 112～115 d,90 d 时胎儿只有 550 g,而后增长迅速,110 d 时体重可达到 1 150 g。不同胎龄胚胎重量及占初生重的百分比见表 4‑2。

表 4‑2　不同胎龄胚胎重量及占初生重的百分比

胎龄(d)	胎重(g)	占初生重(%)	胎龄(d)	胎重(g)	占初生重(%)
30	2.0	0.15	80	400.0	29.00
40	13.0	0.90	90	550.0	39.00
50	40.0	3.00	100	1 060.0	76.00
60	111.0	8.00	110	1 150.0	82.00
70	263.0	19.00	出生	1 300～1 500	100.00

只要掌握适时配种,枫泾猪的受胎率相当高,正常情况下是 100%,母猪一旦受胎,会很快安定下来,食欲增加,体膘恢复,体重增加。据解剖学观察:妊娠 28 d 时胚胎平均重 2～2.8 g,没有成形,而一颗黑点的小心脏已经在搏动。妊娠 30 d 后雌激素逐渐减少,孕酮逐渐增加,在外周血液测定中这一变化明显。妊娠 56 d 时,胎儿体重已经有 50 g,已经形成体态。妊娠 84 d 后胎儿迅速长大,平均妊娠期 114.02 d,出生时仔猪平均体重 0.79 kg。妊娠最后 30 d,胎儿体重增长 2/3 以上。母猪妊娠后性情温和、安静、贪睡、食欲旺盛,毛色泽发亮,皮肤舒张,外阴皱纹收缩,而且干燥。妊娠 60 d 腹部明显增大。临产前半个月,乳房开始膨胀,出现农民俗称的"奶梗",就是说两排乳房胀大后中间有一天槽,两旁乳头之间乳房各自增大连成两条突起。临产前 3 d,轻轻拍乳头可能有清水样乳汁。

(二) 分娩前的准备

1. 正确确定预产期

母猪妊娠期为 112～115 d,平均 114.45 d。在母猪妊娠后,需要确定预产期并做好记录。

(1) 推算母猪预产期的方法:常用的有以下 4 种。

① "333"推算法:此法是现在常用的推算方法,从母猪交配受孕的月数和日数加"3 个月 3 周 3 天",即 3 个月为 90 d,3 周为 21 d,另加 3 d,正好是 114 d。例如:配种期为 12 月 20 日,则母猪 4 月 14 日分娩。

② "月加 4,日减 8"推算法:即从母猪交配受孕后的月份加 4,交配受孕日期减

8。用这种方法推算月加 4,不分大月、小月和平月,但日减 8 要按大月、小月和平月计算。用此推算法要比"333"推算法更为简便,可用于推算大致母猪的预产期。例如:配种日期为 12 月 20 日,12 月加 4 为 4 月,20 日减 8 为 12,即母猪的分娩日期大致在 4 月 12 日。使用上述推算法时,如月不够减,可借 1 年(即 12 个月),日不够减可借 1 个月(按 30 天计算);如超过 30 天进 1 个月,超过 12 个月进 1 年。

③"月加 3,日加 20"推算法:即从母猪交配受孕后的月份加 3,交配受孕日期加 20。例如:2 月 1 日配种,5 月 21 分娩;3 月 20 日配种,7 月 10 日分娩。

④"月减 8,日减 7"推算法:即从母猪交配受孕的月份减 8,交配受孕日期减 7,不分大月、小月、平月,平均每月按 30 日计算,答数即是母猪妊娠的大约分娩日期。用此法也较简便易记。例如:配种期 12 月 20 日,12 月减 8 个月为 4 月,再把配种日期 20 日减 7 是 13 日,所以母猪分娩日期大约在 4 月 13 日。

(2)母猪预产期推算表:可参见表 4-3。

表 4-3 母猪预产期推算表

配种	1 月	2 月	3 月	4 月	5 月	6 月	7 月	8 月	9 月	10 月	11 月	12 月
1 日	4.25	5.26	6.23	7.24	8.23	9.23	10.23	11.23	12.24	1.23	2.23	3.25
2 日	4.26	5.27	6.24	7.25	8.24	9.24	10.24	11.24	12.25	1.24	2.24	3.26
3 日	4.27	5.28	6.25	7.26	8.25	9.25	10.25	11.25	12.26	1.25	2.25	3.27
4 日	4.28	8.29	6.26	7.27	8.26	9.26	10.26	11.26	12.27	1.26	2.26	3.28
5 日	4.29	5.30	6.27	7.28	8.27	9.27	10.27	11.27	12.28	1.27	2.27	3.29
6 日	4.30	5.31	6.28	7.29	8.28	9.28	10.28	11.28	12.29	1.28	2.28	3.30
7 日	5.1	6.1	6.29	7.30	8.29	9.29	10.29	11.29	12.30	1.29	2.29	3.31
8 日	5.2	6.2	6.30	7.31	8.30	9.30	10.30	11.30	12.31	1.30	3.2	4.1
9 日	5.3	6.3	7.1	8.1	8.31	10.1	10.31	12.1	1.1	1.31	3.3	4.2
10 日	5.4	6.4	7.2	8.2	9.1	10.2	11.1	12.2	1.2	2.1	3.4	4.3
11 日	5.5	6.5	7.3	8.3	9.2	10.3	11.2	12.3	1.3	2.2	3.5	4.4
12 日	5.6	6.6	7.4	8.4	9.3	10.4	11.3	12.4	1.4	2.3	3.6	4.5
13 日	5.7	6.7	7.5	8.5	9.4	10.5	11.4	12.5	1.5	2.4	3.7	4.6
14 日	5.8	6.8	7.6	8.6	9.5	10.6	11.5	12.6	1.6	2.5	3.8	4.7
15 日	5.9	6.9	7.7	8.7	9.6	10.7	11.6	12.7	1.7	2.6	3.9	4.8
16 日	5.10	6.10	7.8	8.8	9.7	10.8	11.7	12.8	1.8	2.7	3.10	4.9
17 日	5.11	6.11	7.9	8.9	9.8	10.9	11.8	12.9	1.9	2.8	3.11	4.10
18 日	5.12	6.12	7.10	8.10	9.9	10.10	11.9	12.10	1.10	2.9	3.12	4.11
19 日	5.13	6.13	7.11	8.11	9.10	10.11	11.10	12.11	1.11	2.10	3.13	4.12
20 日	5.14	6.14	7.12	8.12	9.11	10.12	11.11	12.12	1.12	2.11	3.14	4.13

续　表

配种	1月	2月	3月	4月	5月	6月	7月	8月	9月	10月	11月	12月
21日	5.15	6.15	7.13	8.13	9.12	10.13	11.12	12.13	1.13	2.12	3.15	4.14
22日	5.16	6.16	7.14	8.14	9.13	10.14	11.13	12.14	1.14	2.13	3.16	4.15
23日	5.17	6.17	7.15	8.15	9.14	10.15	11.14	12.15	1.15	2.14	3.17	4.16
24日	5.18	6.18	7.16	8.15	9.15	10.16	11.15	12.16	1.16	2.15	3.18	4.17
25日	5.19	6.19	7.17	8.17	9.16	10.17	11.16	12.17	1.17	2.16	3.19	4.18
26日	5.20	6.20	7.18	8.18	9.17	10.18	11.17	12.18	1.18	2.17	3.20	4.19
27日	5.21	6.21	7.19	8.19	9.18	10.19	11.18	12.19	1.19	2.18	3.21	4.20
28日	5.22	6.22	7.20	8.20	9.19	10.20	11.19	12.20	1.20	2.19	3.22	4.21
29日	5.23	/	7.21	8.21	9.20	10.21	11.20	12.21	1.21	2.20	3.23	4.22
30日	5.24	/	7.22	8.22	9.21	10.22	11.21	12.22	1.22	2.21	3.24	4.23
31日	5.25	/	7.23	/	9.22	/	11.22	12.23	/	2.22	/	4.24

应用举例：某头母猪 10 月 1 日配种,在第一行中查到 10 月,在第一列中查到 1 日,两者交叉处的 1 月 23 日(次年)即为预计的分娩日期。

2. 产前准备

当母猪快到预产期时,要做好三项工作。

① 产前 1～2 d,对母猪圈用 1％过氧乙酸或 1％漂白粉配置液喷雾地面或墙面。

② 由于有衔草做窝的本能,产前垫草会被很快叼乱、弄脏,预产期之前准备好干净、柔软垫草,待消毒过的地和墙干燥后铺上新的垫草,在母猪生产结束时换上。现代规模化饲养后,有专门产房,无须垫草。

③ 做好接产用具的准备和消毒,如剪刀、5％碘酊、纱布、毛巾、塑料桶等。此外,仔猪抗寒能力很弱,特别是在严寒冬季,必须对仔猪进行保温。

3. 临产征状

食欲减退,卧立不安,有衔草做窝现象,俗称"叼窝"。轻轻抚摸母猪的乳房会立即卧倒,发出轻轻呼唤声,以为是接受哺乳。外阴肿大,频频排尿,发出间歇性"哼哼"声,如果卧倒开始努责(阵缩),初产母猪还需要一段时间,经产母猪预示着要马上临产了。在摇尾巴的同时阴道内流出羊水,仔猪随即产出。

4. 分娩时间

当母猪躁动一定时间后,会侧卧在垫草上。发生间歇性努责时,说明母猪有阵阵腹痛,快要产仔了;若再经一段时间羊水破了,从阴道流出,随即一个小猪仔就会顺着阴道产出来。

日本学者对梅山猪产程做了观察,在一次分娩过程中,从第一只仔猪产出到产仔结束,平均时间为 112～116 min;产一头所需间隔时间最短 7.5 min,最长 17.3 min,平均 12.7 min;从分娩结束到胎盘排出的时间平均 77 min,最快 45 min,最长112.5 min。而日本饲养的欧美猪种平均分娩时间为 200 min(83～672 min),说明梅山猪的分娩时间较短(张勇等,2003)。

资料表明,枫泾猪整个产仔时间比较短,与太湖流域各品种没有差异,尤其是同嘉兴黑猪不分伯仲。产仔全过程为 112～116 min。每头仔猪产出间隔快的不到 7 min,最长 17 min,30 min 以上预示可能难产。究其原因,以胎位不正为多,个别个体体重特别大或者母猪阵缩乏力、体质差都可能难产。从分娩到结束平均 77 min,快的 40 min 左右,慢的 110 min 左右,比外来品种分娩时间要短得多。

(三) 接产

当母猪的预产期快到时要加强护理,并关注母猪的动静,特别在有临产表现后不能离人。此时将准备的接产用具放在现场,并在水桶中加入温水,以便助产时擦洗之用。

当羊水破后,第一头仔猪头或脚露出母猪阴门,说明产仔已经开始。

(1) 准备工作:先用消毒纱布将母猪两侧乳房、乳头擦干净,并挤掉乳头中的宿乳。

(2) 擦干黏液:当仔猪产出后,马上用消毒干净的纱布或毛巾擦去仔猪口、鼻内黏液,然后用毛巾迅速擦干仔猪的皮肤。这对促进仔猪血液循环、防止体温过多散失和预防感冒非常重要。

(3) 断脐带:仔猪离开母体时,一般脐带会自行扯断,但仍然拖着 20～40 cm 长的脐带,此时应及时人工断脐带。方法是先将脐带内的血液向仔猪腹部方向挤压,然后在距仔猪腹部 4～5 cm 处用手钝性掐断。脐带血管受到压迫而迅速闭合,一般断脐带后不会流血不止,不必结扎。断脐后用 5% 的碘酊将脐带断部以及仔猪脐带根部一并消毒。然后将仔猪放到母猪的乳房边。

(4) 假死仔猪的急救:有的仔猪出生后全身发软、奄奄一息,甚至停止呼吸,但心脏仍在跳动,此种情况称为仔猪假死。造成仔猪假死的原因主要是有的母猪分娩时间过长,子宫收缩无力,仔猪在产道内脐带过早扯断而迟迟不出来;有的是黏液堵塞气管,造成仔猪呼吸障碍等。遇到这样的仔猪应立即进行抢救,假死仔猪的急救方法主要有。

① 人工呼吸法：接产人员迅速将仔猪口中的黏液掏出，擦干净其口鼻部，手握仔猪嘴鼻，对准其鼻孔适度用力吹气，反复吹 20 次左右；也可让假死仔猪仰卧在垫草上，用两手握住其前后肢反复做腹部侧屈伸，直至其恢复自主呼吸。

② 药物刺激法：用酒精或白酒等擦拭仔猪的口鼻周围，刺激仔猪复苏。

③ 拍打法：接产人员先将仔猪口中的黏液擦掉，倒提仔猪后腿，用手连续拍打仔猪胸部，直至仔猪发出叫声为止。猪场接产人员拍打法相对使用比较多，效果好。

④ 浸泡法：将仔猪浸于 38 ℃温水中，口鼻露在外，3～5 min 后仔猪可恢复正常。

⑤ 捋脐法：尽快擦净仔猪口鼻内的黏液，将头部稍高置于软垫草上，在脐带 20～30 cm 处剪断；术者一手捏紧脐带末端，另一手自脐带末端捋动，每秒 1 次，反复进行不得间断，直至救活。一般情况下，捋 30 次时假死仔猪出现深呼吸，40 次时仔猪发出叫声，60 次仔猪可正常呼吸。特殊情况下，要捋脐 120 次，假死仔猪方能救活。

（5）产后处理：产仔完毕后，接产人员要将仔猪逐一称重（初生重），同时打上耳号，并按耳号做好详细记录。最后清理现场，清掉污物，助产结束。

（6）难产处理

① 超过预产期两天还挤不到奶水或有难产史的母猪。可以肌内注射 0.2 g 氯前列烯醇或律胎素 1 mL。

② 母猪子宫收缩无力或产仔间隔超过 1 h 或胎衣未排干净的母猪，可以注射缩宫素 30 万～50 万 IU。

③ 注射缩宫素仍无效或由于胎儿过大、胎位不正、骨盆狭窄等原因造成难产的，应人工助产。助产人员确保手上指甲剪平，助产前用 0.1% 的高锰酸钾溶液清洗母猪外阴部和助产人员手臂，然后助产人员手臂抹上碘伏和肥皂，随着难产母猪子宫收缩的节律缓慢把手深入母猪阴道内，手掌心向上，五指并拢，抓仔猪的两后腿或下颌部；母猪子宫扩张时，开始向外拉仔猪，子宫收缩时暂停，动作要轻；拉出仔猪后应帮助仔猪呼吸。

④ 人工助产的母猪要有台账记录，注明难产原因，并每隔 12 h 肌注抗生素（青霉素 400 万 IU＋链霉素 100 万 IU），连续 3 次，并向阴道内推入消炎药物，以防发生子宫内膜炎或阴道炎等产科疾病。

（四）母猪产后护理

分娩后1周内母猪、仔猪的健康状况，与仔猪育成率和断奶体重关系极大。

（1）母猪产后当日原则上不喂料，只喂给豆饼麸皮汤或调得很稀的汤料。产后2～3 d不应喂料过多，饲料要营养丰富、容易消化，并视母猪膘情、体力、泌乳及消化情况逐渐加料。产后5～7 d逐渐达到标准喂量或不限量饲喂。母猪产后体力虚弱，过早加料可能引起消化不良、乳质变化，导致仔猪拉稀。应灵活掌握，如果母猪产后体力较强、消化较好、哺乳仔猪数较多，则可提前加料或自由采食，以促进泌乳。

（2）有的母猪因妊娠期营养不良，产后无奶或奶量不足，可喂给小米粥、豆浆和小鱼小虾汤等催奶。对膘情好而奶量不足的母猪，除了喂催奶饲料外，可以同时采用药物催奶。如当归、王不留行、漏芦、通草各30 g，水煎，配小麦麸喂服，每天1次，连喂3 d；也可用四叶参250 g，一次煎服。

（3）为促进母猪消化，改良乳质，预防仔猪下痢，每天喂给母猪25 g小苏打，分2～3次溶于饮水中投给；对粪便干硬、有便秘倾向的母猪，要多供给饮水，并适当喂些人工盐。

（4）要经常保持产房温暖、干燥、空气新鲜，保持产栏卫生。产房小气候差、产栏不卫生容易造成母猪产后感染，表现恶露多、发热、拒食、无奶。如不及时治疗母猪，仔猪常于数日内全窝饿死。遇到这种情况，要抓紧治疗，给母猪青霉素、链霉素及用专门的子宫冲洗液对子宫进行冲洗。

五、提高繁殖力的措施

在一定时期内，猪维持正常繁殖功能与生育后代的能力，叫繁殖力。猪的繁殖力受品种、繁殖技术、公猪的精液品质、母猪的排卵数、卵子的受精能力以及胚胎的发育情况等多种因素影响。在养猪实际中，要科学运用这些因素，努力提高繁殖力。

20世纪50～60年代，由于恶劣的饲料营养条件，枫泾猪产活仔数仅7～9头（1959年上海市猪品种普查）。70～80年代，以青粗饲料为主开始逐步推广混合饲料喂猪，营养条件有显著改善，初产母猪产仔可达12头，经产母猪产仔达到17头，其中第五胎产仔数为19头，产活仔数为16.4头。据《中国猪品种志》(1986)介绍，太湖猪以繁殖力高著称于世，是全世界已知猪品种中产仔数最高的品种。几个产区重点太湖猪场 1977～1981 年的统计数表明：3 胎以上产仔数 15.83 头。各个类群差异不显著，枫泾猪、梅山猪、二花脸猪、嘉兴黑猪相差无几，以枫泾猪略高一点。全群比横泾猪、米猪稍微低一点。进入 20 世纪后期到 21 世纪初期全面使用配合饲料喂猪，营养条件优越，已经是无可挑剔了。但是据 2001～2009 年资料统计分析，经产母猪体重显著增加，仔猪个体重也有提高，而产活仔数有所下降，产仔15.01 头，比对照组少 2 头。这一现象和梅山猪是一致的，需要科技工作者与生产者引起高度重视。

张似青等（2007）以纯种梅山猪 25 年的信息资料为基础，首次对梅山猪进行总体遗传结构分析，用数量遗传学原理计算该品种的繁殖性状，结果显示梅山猪繁殖性能呈历年下降趋势，原因不一。因此，应当重视和坚持采用提高母猪繁殖率的措施。

1. 合理调整母猪群体年龄结构

年龄结构对母猪群体繁殖力的影响很大，尤其表现在对排卵数的影响上，可见对母猪及时的选留与淘汰十分重要。梅山猪高繁殖都在 2～7 胎，生产母猪的利用年限应控制在 3～4 岁，每年猪群更新率 25%～30%，同时后备母猪的选留应符合育种计划规定的个体选择条件，还要加强培育，使之发育良好，保持良好的繁殖体况，但不宜使用肥猪料饲喂，否则会导致身体过肥、产仔少、生长速度过快等问题。

2. 掌握初配年龄适时配种

适时配种要掌握适宜的初配年龄，母猪第一次发情或公猪第一次爬跨配种基本不受胎，因而后备母猪初配年龄不低于 8 月龄，体重应在 50 kg 以上，在第二次或第三次发情期配种较好。过早配种会影响产仔数和第二胎配种，过晚配种会影响受胎率和使用年限。

3. 实施早期断奶缩短哺乳期

一般经产母猪在产仔后 21～28 d 断奶较为合适，此时断奶，对母猪膘情和下一窝仔猪数影响较小，对仔猪的不良刺激也较小。青年母猪的断奶时间以 35 日龄左右为好，据日本饲养梅山猪的资料，仔猪的哺乳期为 35 d，母猪从断奶到出现发情的间隔时间因个体而不等，一般范围为 4.3～8.8 d（张勇等，2003）。

4. 促使母猪发情排卵措施

饲养青年母猪，希望早发情、多排卵，可以采取适当措施。一是公猪刺激，每天让成年公猪在待配母猪栏内追逐母猪 10～20 min，即可以起到刺激作用，又可起到试配作用；二是加强运动，人为驱赶运动，可增加青年母猪卵巢内血流量，提高雌激素的分泌，促进母猪早发情；三是注射激素，发现母猪发情后 12～24 h，肌内注射促排卵素 3 号一支(25 mL),可促使卵泡增加,早成熟早排卵,提高配种率和产仔率。

5. 保持猪舍适宜温度

产仔性能下降不仅仅是遗传因素,环境因素所占比重较大,如季节对繁殖性状的影响程度可达到 1 头仔猪以上(张似青等,2007),特别是猪舍温度与母猪繁育有很大关系。一般后备母猪的适宜温度为 17～20 ℃,妊娠母猪的适宜温度为 11～15 ℃,这是因为高温能引起母猪体温升高,子宫温度高不利于受精卵的发育和胚胎附植,胚胎死亡率高,产仔数少,夏秋高温季节必须采取降温措施,使舍内温度不超过 21 ℃。

6. 避免近交

上海市金山县畜牧兽医站在枫围公社种畜场曾经对 150 头母猪进行近交状况分析。发现这个场只有一头枫泾种公猪容易接受采精,另外两头不是自然交配就不接受采精,人工授精员为方便,擅自主张,三年内竟只有一头公猪承担配种任务。长期下来,近交系数超过 25%,达 33%之多,由此产生这个场产仔数、产活仔数少于县种畜场。而且出生后普遍发生白痢病,其医药费开支很大,仔猪死亡率很高。近交系数在 12.5%左右,没有影响产仔数,也没有影响生产力。建议现有育种基地必须配制 5 条以上公猪,制定严密选种选配计划,不允许高度近交继续发展下去。

研究表明,梅山猪家系血液的狭窄趋势是繁殖性能下降的一个主要因素,为此梅山猪群体的近交已不容忽视(张似青等,2007),建议在周边区域寻找优秀公猪,补充家系来源。

7. 调整营养需要水平

据上海市嘉定区梅山猪育种中心试验结果表明,随着粗纤维水平的提高,母猪产仔性能越好;其中 7.5%粗纤维水平产仔性能最好,但与 5%粗纤维水平差异不显著($P>0.05$)。在实践生产中也验证提高粗纤维含量至 4.3%,提高了产仔数。据上海市农科院畜牧兽医研究所马康才等(1984)报道,对 30 头梅山猪在第二、三胎以不同蛋白质水平的日粮连续两胎进行饲养试验,结果表明,在妊娠期使用含粗蛋白 12%日粮和哺乳期使用粗蛋白 14%可获得正常的繁殖成绩和生产效果。由此可见,适当提高梅山猪日粮的粗纤维与粗蛋白水平,有利于保持和提高梅山猪高繁殖力特性。

8. 预防繁殖障碍性疾病

规模化猪场采取自繁自养,确需引种的应从有资质、具备系谱和检疫证明的猪场进猪。猪引回后必须经过隔离观察,确认无病后方可混群饲养。对母猪应做好猪繁殖与呼吸综合征、猪瘟、圆环病毒病、细小病毒病等病毒性疾病的免疫与检测工作,减少流产、死胎、木乃伊胎的发生。

以上海市崇明区种畜场沙乌头猪免疫程序(2017 年)为例。

(1)口蹄疫

① 种公、母猪:每年免疫 3 次,每隔 4 个月 1 次,每次肌内注射 2.5 mL/头。

② 后备种猪:仔猪 60~70 日龄首免,肌内注射 1.5 mL/头,85~95 日龄二免,肌内注射 2 mL/头,115~125 日龄三免,肌内注射 2.5 mL/头。每次免疫间隔不超过 30 d。3 次免疫后,每隔 4 个月 1 次,每次肌内注射 2.5 mL/头。

(2)猪瘟

① 种公、母猪:每年免疫 3 次,每隔 4 个月 1 次,每次肌内注射 2.5 mL/头。

② 后备种猪:仔猪 25~30 日龄首免,肌内注射 1.5 mL/头,55~60 日龄二免,肌内注射 2 mL/头,首免与二免不超过 30 d。二次免疫后,每隔 4 个月免疫 1 次,每次肌内注射 2.5 mL/头。

(3)伪狂犬病

① 种公、母猪:每年免疫 3 次,每隔 4 个月 1 次,每次肌内注射 2 mL/头。

② 后备种猪:出生 1~3 d 滴鼻,60 d 和 90 d 各肌内注射 2 头份/头,配种前加强免疫,肌内注射 2 头份/头。

(4)高致病性蓝耳病

① 仔猪:断奶后免疫,肌内注射 1.5 mL/头,1 个月后加强免疫 1 次。

② 种母猪:配种前免疫,肌内注射 1.5 mL/头。

③ 种公猪:每年免疫 3 次,每隔 4 个月免疫 1 次,每次肌内注射 1.5 mL/头。

(5)猪流行性乙型脑炎:种公、母猪和后备种猪均为每年春季(蚊虫出现前)配种前免疫 1 次,肌内注射 2 mL/头。

(6)细小病毒病

① 种公、母猪:每年免疫 1 次,配种前免疫,肌内注射 2 mL/头。

② 后备种猪:配种前免疫,肌内注射 2 mL/头。

第五章

饲养管理与疾病防治

传统观念认为，营养对繁殖母猪的影响只是简单的投入与产出关系，即仅以每头母猪年提供育成仔猪数作为生产性能参数衡量这种关系。事实上，营养问题十分复杂，不但要考虑营养对生产性能的影响，还需要考虑猪的福利、环境污染、添加剂对产品质量的影响以及对人体健康的影响。动物营养已经成为一门独立学科，它反映繁殖、生长速度、胴体品质等生产性能以及对人体是否具有危害等问题。

饲养母猪的主要任务是保证胎儿在母体内健康发育，以尽量降低胚胎早期死亡，防止烂胎、死胎、流产、早产，确保仔猪个体均匀、健康。

一、消化特点

（一）营养物质的消化吸收

1. 消化

消化是吸收前的准备，包括机械作用，如咀嚼和胃肠的肌肉收缩，以及胃肠道酶的化学作用。消化过程的所有作用是使食物颗粒变小和具备吸收必需的可溶性。

（1）口腔：消化由口腔开始，食物被咀嚼成小块以增加表面积，便于各种消化酶和消化液的作用。口腔产生的唾液使干燥的饲料变得温润，便于吞咽。唾液中所含的淀粉酶对淀粉进行分解。唾液中还含有碳酸氢盐离子（重碳酸盐），在胃中作为缓冲剂，保持胃的酸度在一个合适的水平。味觉的敏感性产生于口腔，以决定是否喜欢所提供的饲料，如烧焦饲料的怪味道会导致猪拒食。

（2）食道：食物经咀嚼并与唾液混合后形成食团,然后通过吞咽经食道从口腔到胃。在吞咽过程中,食道自前向后有节律地收缩和舒张,从而使食物进入胃中。

（3）胃：猪胃由一室组成,是一个空的豆状器官。据测定,一头100 kg猪的胃容量为6～8 L,经过胃的不断蠕动作用后,食物进一步软化并分离成微粒。胃壁上有一些特殊细胞产生胃液,胃液中含有几种酶,继续进行消化过程,比如脂肪酶作用于脂肪产生甘油和脂肪酸,胃蛋白酶把蛋白质分解为氨基酸。另外,胃中的一种特殊细胞分泌盐酸,并成为胃液的组成部分。哺乳仔猪胃液还包含凝乳酶,分解乳中的蛋白质。胃被黏膜层所保护,以防止酸或消化酶的损伤。

（4）小肠：小肠是一个长管状肌肉组织,在腹腔中处于一种折叠状态。一头100 kg的猪,小肠长度约为18 m,容量约为19 L。小肠可分为3部分,大致比例为十二指肠占5％、空肠占90％、回肠占5％。胆汁和胰液含有消化酶,分泌在十二指肠。胆汁产生于肝脏,在流入肠道前贮存于胆囊。胆汁中含有中和食糜中酸性的多种盐类,并把食糜中脂肪分解成非常小的微粒被消化,这一过程称为乳化。胰液由胰脏产生,含有多种消化淀粉（淀粉酶）、蛋白质（胰蛋白酶、糜蛋白酶和羟肽酶）和脂肪（脂肪酶）的酶。蛋白酶以非活动态产生,当进入十二指肠后被激活。其中,胰蛋白酶在钙存在的情况下进行活化,进而激活糜蛋白酶和羟肽酶。淀粉酶和脂肪酶以活动态产生。胰液中不包含重碳酸盐（迅速降低由胃进入十二指肠食糜酸度的重要因子）,从而使酸碱度处于中性。由于十二指肠的分泌增加了食糜的量,这些分泌物全是碱性和黏液性的,主要包括重碳酸盐和少量的淀粉酶,随后食糜在空肠和回肠中消化。因而几乎所有的消化过程都是在小肠中进行。小肠的不断蠕动和混合起辅助消化作用。

（5）大肠：大肠包括两部分,一部分为盲肠,呈袋状结构;另一部分为结肠,通向直肠和肛门。这部分消化道没有消化液分泌。猪的盲肠很小,相对来说没有任何功能（有报道可能具有免疫功能）。肠内容物在结肠运动很慢,粗纤维被微生物不同程度地活化,产生挥发性脂肪酸,猪吸收这些脂肪酸作为能量利用。虽然这种形式来源的能量不多,但对老龄猪的作用还是比较显著的。大肠的主要功能是吸收水和水溶性矿物质,在直肠形成粪便并由肛门排出。食物通过全部消化道需要24～36 h。

2. 吸收

吸收是营养物质通过肠壁进入血液循环的过程。营养物质的吸收主要是在小肠中进行的,被吸收的营养通过血液被带到身体所需要的地方。小肠内壁的结构可确保营养物质能被有效地吸收,其表面由被称为绒毛的指状凸出物组成,以增加肠壁表面积来增加吸收能力。绒毛周围是更小的凸出物,被称作微绒毛,它进一步增加肠壁的表面积。小肠壁包含了非常特殊的细胞,具有吸收功能。吸收营养物质主要有以下 3 种方式。

(1)被动扩散:一些营养物质依靠简单的扩散过程穿过绒毛的黏膜细胞进入血液循环,也就是通常所说的扩散或被动转移。扩散发生在血液外面营养物质浓度高于血液内时。

(2)主动运送:一些营养物质需要协助穿过黏膜进入血液,特别是在肠道中的浓度低于血液中浓度时,机体生成各种机制实现这一功能,如需要载体(蛋白质或维生素)携带营养物质穿过细胞膜,一旦进入血液循环,这个载体就被解离,所携带的营养物质即被机体自由利用。

(3)胞饮作用(细胞内吞作用):这个过程只发生在初生仔猪。免疫球蛋白是由初乳提供的一种蛋白质,它不经过消化就能完全被消化道吸收。仔猪出生后对免疫球蛋白的完全吸收能力仅可持续 12～18 h。

(二)哺乳仔猪的消化特点

通常将从出生到 25 kg 体重的猪称为仔猪。仔猪阶段是猪生长发育和养猪生产的重要阶段。仔猪与其他阶段的猪在消化生理、养分代谢和体温调节等方面具有不同特点,这些特点成为仔猪营养需要和饲养技术独特性的重要机制,也是仔猪营养性紊乱(包括腹泻)的基本原因。

1. 消化生理

仔猪消化器官在胚胎期已形成,但结构和功能却不完善,具体表现在下列几方面。

(1)胃肠重量轻、容积小:初生时胃的重量为 4～8 g,仅为成年猪胃重的 1%。初生仔猪的胃只能容纳乳汁 25～40 g;到 20 日龄时,胃重增长到 35 g,容积扩大 3～4 倍;约到 50 kg 体重后才接近成年胃的重量。肠道的变化规律类似,初生时小肠重仅 20 g 左右,约为成年猪小肠重的 1.5%。大肠在哺乳期容积只有 30～40 mL/kg 体重,断奶后迅速增加到 90～100 mL/kg 体重。

(2)消化功能不完善:初生仔猪乳糖活性很高,分泌量在 2～3 周龄达到高峰,以后渐降,4～5 周龄降到底限。初生时,其他碳水化合物分解酶活性很低,蔗糖酶、果糖酶和麦芽糖酶的活性在 1～2 周龄时开始增强,而淀粉酶活性在 3～4 周龄时才达高峰。因此,仔猪,特别是早期断奶仔猪对非乳饲料的碳水化合物的利用率很低。在蛋白分解酶中,凝乳酶在初生时活性较高,1～2周龄达到高峰,以后随日龄增加而下降。其他蛋白酶活性很低,如胃蛋白酶,初生时活性仅为成年猪的1/4～1/3,8周龄后数量和活性急剧增加;胰蛋白酶分泌量在3～4周龄时才迅速增加,到10周龄时总胰蛋白酶活性为初生时的33.8倍。蛋白分解酶的这一状况决定了早期断奶仔猪对植物饲料蛋白不能很好消化,日粮蛋白质只能以乳蛋白等动物蛋白为主。至于脂肪分解酶,其活性在初生时就比较高,同时胆汁分泌也较旺盛。在3～4周龄时,脂肪酶和胆汁分泌迅速增高,且一直保持到6～7周龄。因此,仔猪对以乳化状态存在于母乳中的脂肪消化吸收率高,而对日粮中添加的长链脂肪利用较差。

(3)胃肠酸性低:初生仔猪胃酸分泌量低,且缺乏游离盐酸,一般从20 d开始才有少量游离盐酸出现,以后随年龄增加而增加。在整个哺乳期,胃液酸度为0.05%～0.15%,且总酸度中近一半为结合酸,而成年猪结合酸的比例仅占1/10。仔猪在2～3月龄时盐酸分泌才接近成年猪水平。胃酸低,不但削弱了胃液的杀菌、抑菌作用,而且限制了胃肠消化酶的活性和消化道的运动功能,继而限制了对养分的消化吸收。

(4)胃肠运动微弱,胃排空速度快:初生仔猪胃运动微弱且无静止期,随日龄增加,胃运动逐渐呈运动与静止的节律性变化,到2～3月龄时接近成年猪。仔猪胃排空的特点是速度快,随年龄增长而渐慢。食物进入胃后完全排空的时间:3～15日龄时为1.5 h,1月龄时为3～5 h,2月龄时为16～19 h。饲料种类和形态影响食物在消化道的通过速度。如30日龄猪,饲喂人工乳时的通过时间为12 h,饲喂大豆蛋白时为24 h,饲喂颗粒料时为25.3 h,饲喂粉料时为47.8 h。

2. 代谢特点

(1)生长发育快:仔猪初生体重一般约占成年时的1%,以后随年龄的增加,其生长速度和养分沉积量迅速增加(表5-1)。

表5-1 仔猪生长速度和养分沉积量

体重(kg)	水分(%)	粗脂肪(%)	粗蛋白(%)	粗灰分(%)	预期日龄	增重(g/d)
1	81	1.0	11	4		
5	68	12	13	3	22	240
10	66	15	14	3	39	320
15	64	18	15	3	53	380
20	63	18	15	3	65	500

仔猪的绝对生长速度随年龄增长而加快,而生长强度(体重的相对生长量)则随年龄增长而下降。例如,39 日龄体重为初生重的 8 倍,而 65 日龄体重仅为 39 日龄体重的 2 倍。养分沉积的重要特点:脂肪的沉积率在出生后前 3 周内迅速增加,从初生时的 1% 提高到 5 kg 时的 12%,以后与蛋白质的沉积率相当;蛋白质的沉积率初生后增长不多;灰分的沉积率更趋稳定。但无论是脂肪、蛋白质还是灰分,在体内沉积的绝对量均随年龄增长而急剧增加,表明仔猪生长快,物质代谢旺盛。

(2) 养分代谢机制不完善:仔猪在养分代谢上存在明显的缺陷,表现为以下几点。

① 磷酸化酶活性低,降低了糖原分解为葡萄糖的速度,但饥饿、注射儿茶酚胺可提高该酶活性。

② 糖异生能力差,限制了应激仔猪所需葡萄糖的供应。

③ 肝脏线粒体数量少,限制了碳水化合物和脂肪酸作为能源的利用,且由于 ATP 合成量少,很多生物合成过程受到抑制。

④ 仔猪体脂沉积少。初生时体脂只有 1%～2%,且大部分是细胞膜成分,作为能源的血液游离脂肪酸量很低,初生时 100 mL 血液中只有 100 μg。因此,尽管仔猪的脂肪利用机制存在,但底物供应非常有限,限制了仔猪的能量来源。

⑤ 氨基酸代谢也可能存在缺陷。新生仔猪主要依靠贮存量相对较多的糖类及母乳的摄入来获取能量。新生仔猪每千克体重含糖类 23 g,其中 21 g 在肌肉,其余在肝脏。按新鲜组织含量计,肝糖原浓度为 200 mg/g,而肌糖原为 120 mg/g。出生后首先动用肝糖原,然后动用肌糖原。随着仔猪年龄增长,或在环境刺激下,上述缺陷可逐渐得到补救。但对于弱仔猪,这些缺陷则会有致命的危险。

(三) 上海四大名猪的消化代谢特点

1. 梅山猪

(1) 具有食粗性、喜青料、耐低营养水平且增重慢的特性:梅山猪是在自给自足的农耕社会长期以来以青粗饲料为主、适当补充精饲料的低营养水平下培育成的,其消化器官和消化功能具有食粗性、喜青料、耐低营养水平且增重慢的特性。据曹文杰(1952)研究,太湖猪(包括梅山猪)在日粮粗纤维含量高达 17.6%、每千克日粮含代谢能(DE)仅 9.084 MJ 的低能量条件下,其采食量仍达 1.7 kg,日增重 133 g,保持了一定体况。1982 年,上海市嘉定区种畜场在梅山猪育肥时,饲喂日粮水平含粗纤维 12.6%,精、粗、青料比为 1∶1.05∶2.63 的情况下,试验 75 d 平均日增重达 675 g,见表 5-2。

表 5-2　梅山猪育肥试验增重、耗料对照表

测定数 (头)	始重 (kg)	末重 (kg)	总增重 (kg)	日增重 (g)	精料 (g/头)	粉渣 (g/头)	统糠 (g/头)	青料 (g/头)
5	21.55	72.20	50.65	675	173.7	168	13.7	457.5

据葛云山等(1982)对太湖猪(梅山猪)低营养水平的耐受力试验表明,每头日饲喂每千克日粮含消化能 6.857 MJ、粗蛋白 62 g 的饲料 0.65 kg,经 60 d 试验,结果太湖猪(梅山猪)和长白猪分别增重 6.85 kg 和 3.43 kg,太湖猪(梅山猪)的增重是长白猪的 2 倍(表 5-3);太湖猪(梅山猪)的腹油沉积能力超过长白猪,前者平均为 376 g,后者仅为 310 g。

表 5-3　低营养水平的耐受力试验

项目	太湖猪(梅山猪)	长白猪
	生长性能	
测定数(头)	10	10
始重(kg)	16.70±1.58	19.27±0.7
末重(kg)	23.55±1.16	22.7±1.17
增重(kg)	6.85	3.43
项目	屠宰性能	
测定数(头)	2	2
宰前重(kg)	19.875	22.250
胃(g)	300	283
小肠(g)	595	858
大肠(g)	705	840
板油(g)	141	125
花油(g)	235	185

(2)日粮含粗纤维不足,会导致其生产性能下降:在 2000 年以前,上海市嘉定区梅山猪育种中心沿用传统的养殖方式,在种猪养殖过程中使用较高比例的粗饲料和青绿饲料。而自 2000 年以后,育种中心直接从饲料公司购买全价饲料,饲料

中的粗纤维含量较低,也不再饲喂青绿饲料,因而直接影响到一些生产性能,如产仔数、受胎率等。据上海市嘉定区梅山猪育种中心的育种记录,现有梅山猪平均窝产仔数为12～13头,较其2000年前的平均水平下降20%。

2015年上海市嘉定区梅山猪育种中心参照梅山猪地方标准(DB 31/T18—2010)和NRC(2012),在相同能量、蛋白水平下比较不同粗纤维水平日粮对梅山猪母猪窝产仔数、窝产活仔数、断奶活仔数、断奶窝重的影响。

采用饲喂试验,整个生产周期的饲料配方(妊娠料、哺乳料)粗纤维分为3个梯度,分别为2.5%、5%、7.5%,原饲料为对照组,5%、7.5%梯度的纤维水平通过加入苜蓿草实现,试验结果见表5-4。

表5-4　不同粗纤维水平日粮对梅山猪母猪生产性能的影响

组别	产仔数(头)	产活仔数(头)	组别	产仔数(头)	产活仔数(头)
对照组	13.22±2.78[a]	12.11±2.78	5.0%	14.25±4.71[b]	12.81±3.78
2.5%	13.06±4.71[a]	10.94±4.25	7.5%	14.41±3.45[b]	13.12±3.72

注:同列数据肩标小写字母不同表示差异显著($P<0.05$)。

随着粗纤维含量的升高,产仔数也随之增加。本试验7.5%组平均产仔数最高。对照组粗纤维含量高于2.5%组,低于5.0%组,平均产仔数也在两者之间,更加充分体现了这一结果。另外,5.0%与7.5%组在产仔数上差异不显著($P>0.05$),但与2.5%组差异显著($P<0.05$),可以看出日粮中粗纤维增加到5%以上对梅山猪母猪的产仔数有明显的影响;再继续增加粗纤维含量,其产仔数会继续提高,但提高不明显。

2. 沙乌头猪

沙乌头猪对饲料的利用率高、消化力强,具有发达的门齿,适于切断食物或从地上摄取食物,唾液腺等消化腺很发达,能把食物中的营养物质转化为机体需要的营养成分。食物消化主要依靠化学性消化,微生物消化作用较小。食物在胃和小肠中被消化,消化了的营养物质主要在小肠中被吸收。

3. 枫泾猪

枫泾猪具有非常耐粗饲的鲜明特点,自形成品种以来都是以青粗饲料为主。其消化功能强大,耐粗饲,但是生长慢,瘦肉率仅40%左右。枫泾猪的小肠长度19.36 m,体型大幅提高的杂交一代小肠长度19.80 m,两者相差无几,可见枫泾猪的消化功能并不亚于体型大幅度提高的杂交一代育肥猪。

4. 浦东白猪

浦东白猪是在自给自足的农耕社会长期以来以青粗饲料为主、适当补充精饲料的低营养水平下培育成的。其消化器官和消化功能具有食性粗（杂食、耐粗性能好）、喜青绿饲料、耐低营养水平且日增重较慢的特性。

二、营养需要

动物营养需要指的是每一动物每天对能量、蛋白质、矿物质、维生素和微量元素等养分的最低营养需要量。它反映的是群体平均需要量，但在实际生产中，猪的营养需要受性别、年龄、生产水平、生产环境、生产目标等诸多因素的影响，不能一概而论。在实际生产中，畜牧场往往根据饲养标准设计饲料配方，制作配合饲料，规定动物的采食量等。

（一）梅山猪

1. 种公猪营养需要

种公猪营养需要取决于其配种负担，随着人工授精技术的普及，种公猪常年配种制度已确立，故在饲养标准中可不加区别。

成年梅山猪公猪的平均体重以 150 kg 计算，日需要量为维持量的 1.34 倍，配种期在日需要量基础上增加 20%～25%。在配种高峰期可适当补充鸡蛋、矿物质和多维素等；在大规模饲养条件下，在日粮中添加锌、碘、钴、锰等对精液品质有明显提高。后备公猪的营养需要应满足各阶段生长，保证足够的消化能和粗蛋白含量（表5-5）。

表5-5　嘉定区梅山猪育种中心种公猪饲料营养水平和日粮定量

项目	配合饲料营养价值			每头猪日粮定量(kg)
	消化能(MJ/kg)	粗蛋白质(%)	粗纤维(%)	
非配种期	12.55	14.0	6	2.2
配种期	12.97	16.0	6	2.7
后备公猪	12.60	16.0	6	2.0～2.5

2012年，上海市嘉定区梅山猪育种中心制定了梅山猪公猪每日营养需要量（表5-6）。

表 5-6 梅山猪种公猪每头每日营养需要量

项 目	体重 60～120 kg	体重 120 kg 以上
采食风干料(kg)	1.6	2.1
消化能(MJ)	20.08	·26.36
代谢能(MJ)	19.28	25.31
粗蛋白质(g)	192	252
赖氨酸(g)	6.1	7.9
蛋＋胱氨酸(g)	3.2	4.2
苏氨酸(g)	4.8	6.3
异亮氨酸(g)	5.3	6.9
钙(g)	10.6	13.8
磷(g)	8.5	11.1
食盐(g)	5.6	7.4
铁(mg)	113	149
锌(mg)	70	92
铜(mg)	8	11
锰(mg)	14	19
碘(mg)	0.19	0.25
硒(mg)	0.21	0.27
维生素 A(IU)	5 600	7 350
维生素 D(IU)	288	378
维生素 E(IU)	14	19
维生素 K(mg)	2.9	3.8
维生素 B_1(mg)	4.2	5.5
维生素 B_2(mg)	1.4	1.9
烟酸(mg)	14.4	18.9
泛酸(mg)	19.2	25.2
生物素(mg)	0.14	0.19
叶酸(mg)	0.8	1.1
维生素 B_{12}(μg)	20.8	27.3

注：配种期种公猪粗蛋白 16％。

2. 种母猪营养需要

(1) 空怀母猪营养需要：断奶母猪干乳后,应多供给营养丰富的饲料,保证充分休息,才可使母猪迅速恢复体力。此期的营养水平和日喂量应与妊娠后期相同(表 5-7),如能增喂动物性饲料和优质青绿饲料更好。优质青绿或多汁饲料对繁殖和消化功能均有促进作用,它们富含蛋白质、维生素和矿物质,对排卵数、卵子质量、排卵的一致性和受精有良好的影响。

表5-7　嘉定区梅山猪育种中心种母猪饲料营养水平和日粮定量

项目	配合饲料营养价值			每头猪日粮定量(kg)
	消化能(MJ)	粗蛋白质(%)	粗纤维(%)	
空怀、轻胎母猪	11.72	12.0	10~12	2.0
妊娠母猪	11.72	13.0	6~8	3.0
哺乳母猪	12.35	14.0	6	4.5~5.0
后备母猪	12.76	15.0	6	1.75~2.25

（2）妊娠母猪营养需要：妊娠母猪的营养水平应保证胎儿良好的生长发育，最大限度减少胚胎死亡率，并使母猪产后有良好的体况和泌乳性能。日粮中粗蛋白质含量13%是适宜的（表5-7）。2012年，上海市嘉定区梅山猪育种中心制定了梅山猪妊娠母猪每头每日营养需要量（表5-8）。

表5-8　梅山猪妊娠母猪每头每日营养需要量

项目	体重(kg)			
	妊娠前期		妊娠后期	
	80~120	120~160	80~120	120~160
采食风干料(kg)	1.7	1.9	2.2	2.4
消化能(MJ)	19.92	22.27	25.78	28.13
代谢能(MJ)	19.13	21.38	24.75	27.00
粗蛋白质(g)	204	228	286	312
赖氨酸(g)	6	7	7.9	8.6
蛋+胱氨酸(g)	3.2	3.6	4.2	4.6
苏氨酸(g)	4.8	5.3	6.2	6.7
异亮氨酸(g)	5.3	5.9	6.8	7.4
钙(g)	10	12	13.4	14.6
磷(g)	8	9	10.8	11.8
食盐(g)	5	6	7	7.7
铁(mg)	110	124	143	156
锌(mg)	72	80	92	101
铜(mg)	7	8	9	10
锰(mg)	14	15	18	19
碘(mg)	0.2	0.2	0.24	0.26
硒(mg)	0.26	0.29	0.33	0.36

续　表

项目	体重(kg)			
	妊娠前期		妊娠后期	
	80～120	120～160	80～120	120～160
维生素 A(IU)	5 440	6 080	7 260	7 920
维生素 D(IU)	272	304	352	384
维生素 E(IU)	14	15	17.6	19.2
维生素 K(mg)	2.9	3.2	3.7	4.0
维生素 B_1(mg)	1.4	1.5	1.8	1.9
维生素 B_2(mg)	4	5	5.5	6
烟酸(mg)	14	15	18	19
泛酸(mg)	16	18	21	23
生物素(mg)	0.14	0.15	0.18	0.19
叶酸(mg)	0.9	1.0	1.1	1.2
维生素 B_{12}(μg)	20	23	29	31

（3）哺乳母猪营养需要：哺乳母猪的能量需要由维持需要加泌乳需要构成。泌乳需要取决于乳量和乳质，并由维持加产乳需要量构成。日粮所提供的能量用体质增耗加以调节，达到三者平衡。哺乳母猪要饲喂优质饲料，哺乳期饲料营养水平要高，饲料中用鱼粉、大豆磷脂等高质量原料，并注重适口性。

据上海市农业科学院畜牧兽医研究所马康才等（1984）报道，对 30 头梅山猪在第二、第三胎以不同蛋白质水平的日粮连续两胎进行饲养试验，结果表明，在妊娠期使用含粗蛋白质 12% 的日粮和哺乳期使用粗蛋白质 14% 的日粮，可获得正常的繁殖成绩和生产效果。2012 年，上海市嘉定区梅山猪育种中心制定了梅山猪哺乳母猪每头每日营养需要量（表 5-9）。

表 5-9　梅山猪哺乳母猪每头每日营养需要量

项目	体重(kg)		
	80～120(一胎)	120～160(二胎以上)	每增减 1 头仔猪(±)
采食风干料(kg)	4.5	5.0	
消化能(MJ)	54.59	60.67	4.489
代谢能(MJ)	52.74	58.58	4.318
粗蛋白质(g)	630	700	48
赖氨酸(g)	23	25	

续　表

项目	体重(kg)		
	80～120(一胎)	120～160(二胎以上)	每增减 1 头仔猪(±)
蛋 + 胱氨酸(g)	13.9	15.5	
苏氨酸(g)	16.2	18.5	
异亮氨酸(g)	14.9	16.5	
钙(g)	29	32	3.0
磷(g)	21	23	2.0
食盐(g)	20	22	2.0
铁(mg)	315	350	
锌(mg)	198	220	
铜(mg)	20	22	
锰(mg)	36	40	
碘(mg)	0.5	0.6	
硒(mg)	0.41	0.45	
维生素 A(IU)	7 650	8 500	
维生素 D(IU)	810	900	
维生素 E(IU)	36	40	
维生素 K(mg)	7.6	8.5	
维生素 B_1(mg)	4.1	4.5	
维生素 B_2(mg)	12	13	
烟酸(mg)	41	45	
泛酸(mg)	54	60	
生物素(mg)	0.41	0.45	
叶酸(mg)	2.3	2.5	
维生素 B_{12}(μg)	59	65	

3. 后备母猪的营养需要

在培育后备母猪时,要保障日粮中能量和蛋白质水平和合适比例,重视矿物质、维生素和必需氨基酸的补充。一般采用前高后低的营养水平,前期是与仔猪相近,后期接近妊娠母猪。前期、中期和后期每千克的日粮代谢能分别为 12.55 MJ、12.55 MJ 和 12.14 MJ,前期、中期和后期粗蛋白分别为 16%、14%和 13%。并根据后备母猪不同的生长发育阶段及时调整饲料的营养水平,确保稳定的体重增长,保证有足够的体脂储备。

后备母猪的日粮中粗蛋白含量不低于 14%,赖氨酸含量应达到 0.7%,严重的氨基酸不足、不平衡也会明显延迟后备母猪的初情期。同时,后备母猪日粮中应含有较高的钙、磷水平,一般钙不低于 0.8%,磷不低于 0.7%。

夏季可在后备母猪的日粮中适量添加生物素和维生素 C 等预防热应激,有条件的猪场可给后备猪喂些青绿多汁饲料,可促进其生长发育。

2012 年,上海市嘉定区梅山猪育种中心制定了梅山猪后备母猪每头每日营养需要量(表 5 - 10)。

表 5 - 10　梅山猪后备母猪每头每日营养需要量

项目	体重阶段(kg)		
	15～30	30～60	60 以上
预期日增重(g)	250～350	350～450	450～500
采食风干料(kg)	1.2	1.7	2.2
消化能(MJ)	15.31	20.98	26.68
代谢能(MJ)	14.7	20.13	25.58
粗蛋白质(g)	204	255	286
赖氨酸(g)	7.4	9.0	10.6
蛋 + 胱氨酸(g)	4.8	5.9	7.5
苏氨酸(g)	4.8	5.8	6.8
异亮氨酸(g)	5.4	6.5	7.5
钙(g)	7.2	10.2	13.2
磷(g)	6	8.5	11
食盐(g)	4.8	6.8	8.8
铁(mg)	64	75	84
锌(mg)	64	75	84
铜(mg)	4.8	5.1	6.6
锰(mg)	2.4	3.4	4.4
碘(mg)	0.17	0.24	0.31
硒(mg)	0.18	0.26	0.33
维生素 A(IU)	1 392	1 904	2 442
维生素 D(IU)	214	221	253
维生素 E(IU)	12	17	22
维生素 K(mg)	2.4	3.4	4.4
维生素 B_1(mg)	1.2	1.7	4.4
维生素 B_2(mg)	2.8	3.4	4.2
烟酸(mg)	14.4	17	20
泛酸(mg)	12	17	22
生物素(mg)	0.11	1.53	0.19
叶酸(mg)	0.6	0.9	1.1
维生素 B_{12}(μg)	12	17	22

4. 肉猪营养需要

以梅山猪为母本的二元或三元杂交商品肉猪,瘦肉率较高、生长速度快,需要适宜的日粮营养水平(表5-11)。2012年,上海市嘉定区梅山猪育种中心制定了育肥猪每头每日营养需要量(表5-12)。

表5-11 "杜梅"肉猪饲料营养水平和日粮定量

项目	配合饲料营养价值			每头猪日粮定量(kg)
	消化能(MJ)	粗蛋白质(%)	粗纤维(%)	
前期	12.97	16.0	4	不限量
后期	12.55	14.0	6	2.70

表5-12 梅山猪育肥猪每头每日营养需要量

项目	体重阶段(kg)					
	1~5	5~10	10~20	20~35	35~60	60~90
预期日增重(g)	160	280	420	500	600	750
采食风干料(kg)	0.20	0.46	0.91	1.60	1.81	2.87
消化能(MJ)	3.35	7.00	12.60	20.75	23.48	36.02
代谢能(MJ)	3.20	6.70	12.10	19.96	22.57	34.60
粗蛋白质(g)	54	101	173	256	290	402
赖氨酸(g)	2.80	4.60	7.10	12.00	13.60	18.08
蛋+胱氨酸(g)	1.60	2.70	4.60	6.10	6.90	9.20
苏氨酸(g)	1.60	2.70	4.60	7.20	8.20	10.90
异亮氨酸(g)	1.80	3.10	5.00	6.60	7.40	9.80
钙(g)	2.00	3.80	5.80	9.60	10.90	14.40
磷(g)	1.60	2.90	4.90	8.00	9.10	11.50
食盐(g)	0.50	1.20	2.10	3.70	4.20	7.20
铁(mg)	33	67	71	96	109	144
锌(mg)	22	48	71	176	199	258
铜(mg)	1.3	2.90	4.5	7.0	7.9	10.8
锰(mg)	0.9	1.90	2.7	3.5	3.9	2.2
碘(mg)	0.03	0.07	0.13	0.22	0.25	0.40
硒(mg)	0.03	0.08	0.13	0.42	0.47	0.80
维生素A(IU)	480	1 060	1 560	1 970	2 230	3 520
维生素D(IU)	50	105	179	302	342	339
维生素E(IU)	2.40	5.10	10.00	16.0	18.0	29.0
维生素K(IU)	0.44	1.00	2.00	3.2	3.6	5.7

续　表

项目	体重阶段(kg)					
	1～5	5～10	10～20	20～35	35～60	60～90
维生素 B_1(IU)	0.30	0.60	1.00	1.6	1.8	2.9
维生素 B_2(IU)	0.66	1.40	2.60	4.0	4.5	6.0
烟酸(IU)	4.80	10.60	16.40	20.8	23.5	25.8
泛酸(IU)	3.00	6.20	9.80	16.0	18.0	28.7
生物素(IU)	0.03	0.05	0.09	0.14	0.16	0.26
叶酸(IU)	0.13	0.30	0.54	0.91	1.03	1.60
维生素 B_{12}(μg)	4.80	10.60	13.70	16.0	18.0	29.0

（1）能量水平：在蛋白质、氨基酸水平一定的情况下，一定限度内，能量采食越多则增重越快、饲料利用率越高、沉积脂肪越多、胴体瘦肉率越低，故能量水平必须适度。

（2）蛋白质和必需氨基酸水平：前期（20～55 kg）为 16%～17%，后期（55～90 kg）为 14%～16%，同时要注意氨基酸含量。猪需要 10 种必需氨基酸，缺乏任何一种都会影响增重，赖氨酸、蛋氨酸和色氨酸的影响尤为突出。当赖氨酸占粗蛋白质 6%～8%时，日粮蛋白质的生物学价值最高。能蛋比：20～60 kg 时为23：1，60～100 kg 时为 25：1。

（3）矿物质水平：钙磷比为 1.5：1，食盐 0.25%～0.5%。

（二）沙乌头猪

根据沙乌头猪的饲养特点，参照 GB 8130 标准与沙乌头猪地方标准（DB 31/20—2010），结合生产实际情况予以制定沙乌头猪各阶段饲养标准（表 5-13）。

表 5-13　沙乌头猪各阶段饲养标准

项目	哺乳期	断奶(5～25 kg)	后备猪(25～40 kg)	空怀、轻胎	重胎	哺乳母猪(产活数 10 头)	种公猪(常年配种)
日采食量(g)	120～220	400～450	1 500	2 000	2 500	5 000 以上	2 500
预期日增重(g)	150	250～300	400～420	/	/	/	/
消化能(MJ)	/	5.8	17.5	23	29	50	28
可消化蛋白(g)	/	85	200	220	300	600	350
赖氨酸(g)	/	4.8	9.6	8.9	11	28	16

续　表

项目	哺乳期	断奶 (5~25 kg)	后备猪 (25~40 kg)	空怀、 轻胎	重胎	哺乳母猪 (产活数 10 头)	种公猪 (常年配种)
蛋+胱氨酸(g)	/	2.7	6.8	5.7	6.6	16	8.5
粗脂肪(%)		3.2	4.6	4.5	4.5	4.6	4
粗纤维(%)	/	3.3	4.5	4.6	4.5	4.2	4.6
钙(g)	/	3.9	9.8	12	16	30	18
磷(g)	/	2.9	8.5	10	14	22	15
食盐(g)	/	1.35	5.5	6.5	8.0	21	9.5

按照以上饲养标准,崇明区种畜场现行的饲料配方如表 5-14。

表 5-14　沙乌头猪饲料配方

项目	玉米 (%)	豆粕 (%)	鱼粉 (%)	油粉 (%)	小麦粉 (%)	小料 (%)	合计 (%)
哺乳仔猪料	58	17	0	0	0	25	100
仔猪料	59	29	0	2	6	4	100
中大猪料	61	27	0	0	8	4	100
开食料	65	15	0	0	4	16	100
公猪料	60	20	0	0	8	12	100
轻、空胎母猪料	56	16	0	0	24	4	100
重胎、哺乳母猪料	58	24	0	0	14	4	100
后备种猪料	65	23.5	1	1.5	5	4	100

由以上配方得到沙乌头猪各阶段的营养组成情况,见表 5-15。

表 5-15　沙乌头猪各阶段饲料的主要营养成分

项目	消化能(MJ)	蛋白质(%)	赖氨酸(%)
保育料	14.02	19	1.15
小猪料	13.81	18	0.9
中、大猪料	13.39	17	0.75
妊娠(轻胎)	13.19	14.5	0.8
哺乳(重胎)	14.02	17	1
公猪	13.19	17	1

（三）枫泾猪

1. 枫泾猪饲料营养要求的变化过程

枫泾猪形成后，农户是分散饲养的，饲料以米糠、麸皮、酒糟、糖粕、豆腐渣、菜类及紫云英等为主，米糠、麸皮只是在饲料的汤料中撒上一层引诱吃食，副产品下脚料占比例小。到 20 世纪 60～70 年代仍沿用这一饲养方式，饲料为稀汤形式，青料一律煮熟，农民称之为"稀汤落大肚，吃料拍拍响"。以现代科学技术分析，能量、粗蛋白含量都是比较低的，所以母猪体型小、产仔数受限。

20 世纪 60 年代初期，多数喂二八糠，只能以水花生、水浮莲等充饥，粗蛋白、能量极低，大量的体内寄生虫几经暴发。70 年代，县种畜场是培养枫泾猪的重点场，饲料条件有所改善。80 年代开始使用混合饲料，丰富了饲料营养。21 世纪初，全面应用配合饲料，营养全面。

2. 母猪营养需要

根据上海市农业科学院畜牧兽医研究所聂广达等（1980 年）实践证实，第一胎全期妊娠过程可以用同一饲料；第二胎、第三胎后可以分为前期（1～84 d）、后期（85 d～生产），前低后高，冬季加御寒料。

（1）后备母猪营养需要：20 世纪 90 年代后，营养专家们提出了短期优饲观点，即后备母猪及空胎母猪在配种前 10 d 要实行"短期优饲"，目的是增加营养，确保母猪生殖道、从卵巢到输卵管、子宫角有一个良好的营养状况，各种激素平衡，黏膜正常，有利于胚胎着床。到配种后立即恢复原来饲养状况，停止加料或增加营养浓度，要适当控制碳水化合物（能量）比例，保持八成膘。过于肥胖的母猪有碍胚胎发育，会减少产仔数。

（2）妊娠母猪营养需要：经产母猪、杂交一代母猪妊娠前期日粮冬季 2.2 kg、夏季 2 kg，保持中等膘情。对过于瘦弱的母猪可适当加料，对过肥的母猪应予以限料。妊娠母猪营养配料中粗蛋白 12%、消化能 11.72 MJ、钙 0.64%、磷 0.46%、赖氨酸 0.50%、蛋＋胱氨酸 0.31%。在妊娠后期，冬季每日 2.5～3 kg，夏季 2.3～2.5 kg，营养成分不变。

（3）哺乳母猪营养需要：实践证明，20 世纪 70～80 年代，枫泾猪比较理想的典型日粮可以定为：妊娠前期混合料 1.2 kg、青料 9 kg；妊娠后期混合料 2 kg、青料 9 kg。混合料为：玉米 10.5%、大麦 50%、米糠（青料）25%、麸皮 7%、豆饼 4%、鱼粉 2%、石粉 1%、食盐 0.5%。每日代谢能维持在 25.16～27.21 MJ 较合理。由于枫泾猪相当耐粗饲，在一定程度上能量高低不影响产仔数。而妊娠后期采食量不加限制,能量水平过高反而会增加胚胎死亡率,减少产仔数。在 20 世纪 50～60 年代的恶劣饲养环境下,枫泾猪体型、产仔数都在低位状态上。而上述日粮可以发挥高的繁殖性能。现今枫泾猪每胎产仔数下降 2 头多,可能与精料过多、缺少青料有关。可以初步排除繁殖性能中的遗传力作用,以饲料营养的合理性为抓手,深入研究,以保持枫泾猪世界领先的高繁殖力优势。

3. 仔猪营养需要

这是与仔猪健康生长发育、提高成活率有密切关系的关键技术。我国在 20 世纪 80 年代后期至 90 年代初期开始关注。许振英(1989)提出乳清粉用于开食具有良好效果,其所含乳糖或乳蛋白可以满足仔猪开食乃至生长需要。

乳猪开食时必须以不同方式补铁、补硒、补充维生素,有益于生长发育。

建议开食到断乳阶段配方:消化能 13.81～14.36 MJ、代谢能 12.72～13.27 MJ、粗蛋白 20%、赖氨酸 1.16%～1.19%、蛋氨酸＋胱氨酸 0.6%～0.63%、苏氨酸 0.7%～0.83%、异亮氨酸 0.63%～0.65%、钙 0.9%～1.09%、磷 0.55%～0.68%、粗纤维 1.76%～2.8%,采食量 150 g～170 g。

4. 公猪营养需要

种公猪日粮必须以精料为主,有条件的猪场每日加少许高质量的青料,但不能喂大量青粗料,以避免形成"草腹"而影响配种。枫泾猪日粮在 1.9 kg 之内,含消化能 24.28 MJ、粗蛋白 220 g、钙 12 g、总磷 10 g(有效磷 6 g)、钠 5 g。

后备公猪的饲料营养水平对公猪性成熟有一定影响,采食量减少会导致延长性成熟时间,喂饲低蛋白饲料时会降低精液质量。在严重营养不良的条件下会影响生长发育、体型大小,但繁殖能力似乎没有任何持续的不良影响,所以日粮中只要保持合理的能量和粗蛋白水平就可以了,无须提高能量、粗蛋白的比例。

后备公猪饲料营养需专门的配方。到配种前两个月在日粮中可以增加维生素、微量元素,重点是补充维生素 A、维生素 D、维生素 E。微量元素主要补充钙、磷,保持钙、磷平衡,增加适量硒也是非常必要的。后备公猪要控制日粮采食量,消化能 12～12.6 MJ、粗蛋白 15%～16%、粗纤维 6%,采食量由少到多逐步增加。8 月龄前 1.5 kg 足够满足需要,不能超过 2 kg。

5. 育肥猪营养需要

(1)饲料能量水平与营养指标:在限量的饲养条件下,提高能量浓度能提高增重速度,但是未必适用于枫泾猪。能量过低的饲料利用率会降低,而枫泾猪育肥猪在体重 100 kg 时,脂肪特别是皮下脂肪积累比重特别高,不受消费者欢迎,所以建议日粮中能量水平要偏低于瘦肉型猪标准,建议前期在 10.46～10.88 MJ,后期保持在 10.46 MJ。

(2)蛋白质与氨基酸水平:饲料中蛋白质增加 1 个百分点,胴体瘦肉率提高 0.5 个百分点(张永泰,1999)。体重 30 kg 以内地方品种(脂肪型)、肉脂兼用杂交猪、瘦肉型猪每日沉积蛋白质基本无差异,故每日提供 80～100 g 蛋白质就能满足需求。体重 50～55 kg 时,地方品种、肉脂兼用杂交猪、瘦肉型猪沉积蛋白质速度明显下降。为此,枫泾猪体重 20～35 kg 时日粮粗蛋白为 15.5%,体重 35～60 kg 时日粮粗蛋白为 13%,体重 60 kg 以上时日粮粗蛋白为 12%。

(3)氨基酸水平:实践证明,仅以粗蛋白为指标是不完善的,还要取决于粗蛋白中氨基酸的平衡状态。枫泾猪日粮中赖氨酸水平参照我国的饲养标准,其中小猪阶段占风干料为 0.64%,中猪为 0.56%,大猪为 0.52%。

(4)矿物质和维生素水平:生长育肥猪前期钙 0.60%、有效磷 0.23%、食盐 0.5%;后期钙 0.50%、有效磷 0.15%、食盐 0.5%就可以满足生长需要。维生素需要量按饲养标准规定。

(5)粗纤维水平:过高与过低都会影响适口性、消化率。育肥猪总的控制在 6%～8%比较安全。

(四) 浦东白猪

20 世纪 50～60 年代,农民养猪基本上是利用剩余农副产品、青绿草料及糠麸粗料,后来逐步使用混合饲料。混合精料大多由玉米、大麦、小麦、麸皮、棉仁饼、菜籽饼等粉碎加工配合,基本满足猪的生长发育需要。70 年代以后,一些县级养猪场和重点乡镇养猪场基本上参照《上海地区猪的饲养标准试行方案》(内部资料)来制定各自饲养标准和饲料营养配方。

上海市南汇区种畜场(2010 年后改为上海浦汇浦东白猪繁育有限公司)作为全国唯一一家浦东白猪保种场饲养浦东白猪,在浦东白猪的营养需要和饲料供给上基本参照《上海地区猪的饲养标准试行方案》,结合浦东白猪特点制定营养标准(表5-16)。

在全面推行全价配合饲料后,上海浦汇浦东白猪繁育有限公司与上海新农饲料有限公司合作,研究制定了浦东白猪不同生长发育阶段的营养标准和饲料配方组合(表 5-17 和表 5-18)。

表 5-16　浦东白猪各阶段营养标准

营养标准	粗蛋白 （%）	粗纤维 （%）	粗灰分 （%）	钙 （%）	磷 （%）	食盐 （%）	赖氨酸 （%）	饲喂量
种公猪	≥17	≤10	≤9.0	0.40～1.20	≥0.35	0.3～1.45	≥0.80	2.5～3 kg
空怀母猪	≥13.5	≤10	≤9.0	0.40～1.20	≥0.35	0.3～1.45	≥0.50	2～2.5 kg， 根据膘情调整
妊娠前期	≥13.5	≤10	≤9.0	0.40～1.20	≥0.35	0.3～1.45	≥0.50	2～2.5 kg
妊娠后期	≥14.5	≤10	≤9.0	0.40～1.20	≥0.35	0.3～1.45	≥0.80	3 kg，临产前 逐渐减料
哺乳期	≥14.5	≤10	≤9.0	0.40～1.20	≥0.35	0.3～1.45	≥0.80	3～7 kg，产后 7 d 内逐渐加料
哺乳仔猪	≥19	≤4.0	≤7.0	0.7～1.2	≥0.6	0.3～1.45	≥1.35	自由采食
断奶仔猪[1]	≥19	≤4.0	≤7.0	0.7～1.2	≥0.6	0.3～1.45	≥1.15	自由采食
断奶仔猪[2]	≥17	≤5.0	≤7.0	0.5～1	≥0.5	0.3～1.45	≥0.85	自由采食
后备母猪[3]	≥17	≤5.0	≤7.0	0.5～1	≥0.5	1.45	≥0.85	体重的3%
后备母猪[4]	≥15	≤7.0	≤8.0	0.4～0.8	≥0.35	0.3～1.45	≥0.75	体重的3%
育肥猪	≥15	≤7.0	≤8.0	0.4～0.8	≥0.35	0.3～1.45	≥0.75	体重的3%

注：上标 1 指体重＜15 kg 的断奶仔猪，上标 2 指体重≥15 kg 的断奶仔猪，上标 3 指体重＜30 kg 的后备母猪，上标 4 指体重≥30 kg 的后备母猪。

表 5-17　浦东白猪不同生长发育阶段的营养标准

营养指标	妊娠前期	妊娠后期、哺乳期	公猪料	仔猪料	育成前期	育成后期
粗蛋白（%）	13.97	17.55	16.93	16.10	14.81	14.20
钙（%）	0.79	0.93	1.05	0.82	0.78	0.77
总磷（%）	0.53	0.55	0.71	0.41	0.36	0.39
有效磷（%）	0.21	0.27	0.45	0.25	0.22	0.23
消化能（生长猪）（MJ）	13.33	14.40	13.45	13.97	13.42	13.19
代谢能（生长猪）（MJ）	12.65	13.85	12.93	13.43	12.93	12.72
总赖氨酸（%）	0.65	1.07	0.89	1.00	0.90	0.79
总苏氨酸（%）	0.50	0.71	0.64	0.65	0.59	0.52
总含硫氨基酸（%）	0.50	0.59	0.58	0.56	0.52	0.51
总色氨酸（%）	0.16	0.19	0.18	0.18	0.16	0.15
可消化赖氨酸（%）	0.55	0.95	0.78	0.88	0.80	0.68
可消化苏氨酸（%）	0.41	0.60	0.54	0.55	0.49	0.42
可消化含硫氨基酸（%）	0.43	0.55	0.50	0.47	0.45	0.43
可消化色氨酸（%）	0.14	0.16	0.16	0.18	0.16	0.13

表 5-18　浦东白猪不同生长发育阶段的饲料配方

饲料名称	种猪料配方			商品猪料配方		
	妊娠前期	妊娠后期、哺乳期	公猪料	仔猪料	育成前期	育成后期
东北玉米(%)	33	53	56.5	41	58	54.1
大麦(%)	44	12	15	20	20	20
细小麦麸(%)	5	/	/	/	/	7
面粉(%)	/	/	/	8	/	/
豆油(%)	/	/	/	1	/	/
高效能(2 型)(%)	/	2.5	/	2	/	/
膨化全脂大豆(%)	/	10	/	6	/	/
豆粕 43(%)	14	15.5	19.2	18	18	15
肠膜蛋白(%)	/	/	2.5	/	/	/
普通蒸汽鱼粉(%)	/	/	2	/	/	/
啤酒酵母粉(%)	/	2.5	/	/	/	/
L-赖氨酸盐酸盐(%)	/	0.12	/	0.15	0.25	0.17
L-苏氨酸(%)	/	0.05	/	0.07	0.05	0.01
DL-蛋氨酸(%)	/	/	/	/	/	/
甜菜碱(%)	/	0.05	/	/	/	/
肉碱(50%)(%)	0.01	/	/	/	0.01	0.01
精酸素(%)	/	/	0.1	/	/	/
公猪活力促进剂(%)	/	/	0.1	/	/	/
防霉剂(%)	0.05	0.05	0.05	0.05	0.05	0.05
吸附剂(%)	0.2	0.2	0.2	/	/	/
VP110(%)	0.02	0.02	0.03	0.03	0.03	0.03
芽孢杆菌(%)	/	0.3	/	/	/	/
泌乳促进剂(%)	/	0.05	/	/	/	/
添加剂(%)　TP4325	4	/	/	/	/	/
TP4326	/	4	/	/	/	/
4327	/	/	4.4	/	/	/
9903	/	/	/	/	/	4
9901	/	/	/	4	/	/
9902	/	/	/	/	4	/
合计	100.28	100.34	100.38	100.30	100.39	100.37

　　南汇县测定站育肥猪饲料配方及效果(1979～1980 年)及南汇县万祥公社新二大队肉猪饲料配方及效果见表 5-19～表 5-22。

表 5-19　南汇县测定站及万祥公社新二大队育肥猪饲料配方

饲料名称	测定站	万祥公社新二大队	饲料名称	测定站	万祥公社新二大队
玉米(%)	50	35	粗料(%)	3	/
大麦(%)	11	35	食盐(%)	0.5	/
小麦(%)	/	15	消化能(MJ)	13.43	13.48
麸皮(%)	8	/	粗蛋白(%)	16.3	16.35
棉饼(%)	13	/	可消化蛋白(g)	119	127.2
糠饼(%)	6	15	赖氨酸(%)	0.92	0.775
鱼粉(%)	7	5			

表 5-20　南汇县测定站育肥猪饲料用料

体重(kg)	日用料(kg)	体重(kg)	日用料(kg)	体重(kg)	日用料(kg)
20~30	1.4	50~60	2.1	80~90	2.4
30~40	1.5	60~70	2.2	90~100	2.5
40~50	1.8	70~80	2.3		

表 5-21　南汇县测定站育肥猪饲料使用效果

体重(kg)	日用料(kg)	日增重(g)	料重比
20~47.5	1.385	486	2.85:1
47.5~81	2.045	553	3.70:1
81~113	2.410	550	4.38:1
20~113	/	530	3.67:1

注:5 批 39 天记录。

另饲养 23 头小公猪,120 d、23.1~87.05 kg,日增重 533 g,料重比 2.98:1。

表 5-22　南汇县万祥公社新二大队肉猪饲料用料

日龄	日用料(kg)	日龄	日用料(kg)
1~30	1	61~90	2.05
31~60	1.625	91~120	2.35

饲养 120 d(4 头)、23.25~104 kg,日增重 670 g,料重比 2.72:1。

三、饲料供给

猪日粮配制是根据猪对各种营养物质的需要量,即饲养标准和饲料原料的营养价值,用几种饲料按一定比例配合成营养平衡的猪饲料,以达到营养全面、适口性好、成本低廉、生产效果好的目的。

但在猪饲养过程中,通常并不是为每一头猪单独配制每一天的日粮,而是根据猪的生长阶段、生理状态和生产性能等不同条件,依据饲养标准、营养需要量配合大量的混合料,在实际饲喂时再按日喂量分顿饲喂或自由采食。

(一) 饲料配方设计原则

1. 科学性

要以饲养标准为依据,按照不同类型猪的营养需要量,查找猪常用饲料成分进行日粮配合,同时又要根据生产实践反映的生产效果加以调整,保证营养全面。饲养标准中的营养指标,并非养猪生产实际中能发挥最佳水平的需要量,如微量元素和维生素,必须根据生产实际,适当添加在配制日粮中,如果受到条件限制,也必须满足猪对能量、蛋白质、钙磷、食盐等主要营养的需要。

2. 多样化

原料力求多样化,不同饲料的营养成分不同,多种饲料可起到营养互补的作用,以提高饲料转化率。例如,为了满足猪对能量的需要,饲料中能量饲料的比例就应多一些,可多加一些玉米;但一般说来,能量饲料中的蛋白质含量较少(如玉米),而且蛋白质质量也较差,特别是缺少蛋氨酸和赖氨酸,钙、磷和维生素也不足。因此,大量使用能量饲料时要考虑补充蛋白质,还应注意蛋氨酸、赖氨酸的补充,添加微量元素与维生素。

3. 营养性

日粮必须满足能量、蛋白质(包括赖氨酸、蛋氨酸等限制性氨基酸)、钙、磷和维生素等的需要。同一品种的不同生长阶段,其生产性能和生理状态的不同,对饲料中能量与蛋白质的比例、钙磷比例要求也不同。

4. 适口性

饲料的适口性直接影响猪的采食量。适口性不好,猪不爱吃,采食量小,不能满足猪的营养需要。日粮原料的选择不但要满足猪的营养需求,而且要与消化生理特点相适应。如果容积过大,猪虽有饱感,但各种营养养分不能满足要求;如容积过小,虽满足了营养需要,但饥饿感会导致不安,不利于正常生长。

5. 经济性

配合饲料选择原料时,不仅要考虑其营养特性,而且要注意饲料的价格。尽量采用最低成本配方,同时根据市场原料价格的变化,对饲料配方进行相应的调整。应尽量选用当地或自家生产的饲料,充分利用本地资源加工生产,在不影响饲养效果的前提下,尽可能选用价廉的、并能在较长时间内能保证供应的饲料。

6. 灵活性

日粮配方可根据饲养效果、饲养管理经验、生产季节和养殖户的生产水平进行适当地调整,但调整的幅度不宜过大,一般控制在10%以下。

7. 均匀性

日粮配制必须均匀一致,否则达不到预期效果,造成浪费或不足,甚至会导致某些营养因素采食过多或过少而使猪出现中毒现象或营养缺乏症。在配制饲料时,应将比例小的原料,如蛋白质饲料、预混料添加剂、氨基酸、维生素等先用部分玉米粉少量混合,逐步放量,最后与全部饲料混合,就可达到混合均匀的效果。

8. 安全性

注意饲料中有害物质对猪的影响。如菜籽饼用量超过8%,就会产生中毒。选用日粮原料时,不用有毒有害物质,如霉变饲料,细菌等病原微生物、重金属污染的饲料,控制细菌总数、霉菌毒素、重金属含量不能超标,配制的配合饲料要符合国家饲料卫生质量标准。

(二) 科学配制日粮

为了保证各类猪能获得生长与生产所需要的营养物质,应根据各类猪的生理阶段,按饲养标准拟定一个合理的饲养方案。

猪是单胃动物,自身不能满足生长所需蛋白质、维生素等需求,猪体需要的各种营养物质均由饲料供给,而各种饲料中所含的营养物质种类与数量不同,因此,应根据猪体不同生长发育和生产阶段对各种营养物质的需要量及各类饲料中各营养物质的种类和数量来科学配合日粮。多种饲料合理搭配,千万不可长期饲喂单一品种的饲料。

按营养标准和饲料原料的营养价值,用两种以上的饲料原料,经严格的计算后形成一定的日粮配方。梅山猪等地方品猪耐粗喜青,应饲喂以精、青、粗合理搭配的全价饲料,在饲料配合时,能量、蛋白质、维生素、矿物质等饲料要合理搭配,营养全面充足,适当控制日粮粗纤维的含量,确保日粮适口性好、容易消化,使猪吃得下、吃得饱、不浪费。

（三）合理调制饲料

（1）通过饲料的配合、调制，采取适宜的加工工艺，能够增加饲料的适口性，便于猪咀嚼、吞咽、消化利用、提高营养价值，从而加大猪的食欲，增加猪的采食量，达到让猪多吃快长的目的。

（2）应根据饲料的性质采取适宜的调制方法。一般颗粒料优于干粉料，稠料优于稀料；粗料细喂（打浆、切碎等），先粗后精。

青饲料除切碎、打浆鲜喂外，还可调制成青贮饲料或干草饲喂；粗饲料常用粉碎、浸泡、发酵等调制方法；精饲料中各种籽实类通过粉碎后生喂，但生豆类需经蒸煮或焙炒消除抗胰蛋白酶因子和豆腥味后才可喂猪。另外，棉籽饼、菜籽饼会有一定量的有毒物质，在配合饲料中喂母猪不宜超过 3％，喂育肥猪不宜超过 8％，且饲喂前应经过脱毒处理后方可饲喂。

利用青料喂猪节省饲料成本，潜力最大的在母猪。母猪妊娠期可多喂优质的青料，临产前 1 个月增加精料补喂量。但是，生长、育肥猪要按一定比例投喂，如果添加比例过大，会延长育肥期，也不省料。除青料外，可利用豆制品、淀粉糟渣等农副加工产品作为补充。

（3）步骤及方法：饲料是养猪生产的重要生产要素，养猪成本的 70％ 左右为饲料成本，所以根据当地的饲料原料资源及猪的不同生长阶段来自配饲料，能有效地降低饲料成本，增加养殖效益。在配合饲料加工生产中，能否配制成既符合生猪营养需要与生理特点，又具较低成本或最低成本的配合饲料产品，将直接影响生猪生产的生产效率和经济效益。

在设计饲料配方时必须遵守以下步骤。

① 确定饲料原料种类：根据饲料资源、库存情况、市场行情、生猪不同的生理阶段、不同的生产目的和不同的生产水平，来确定采用哪些种类饲料。

② 确定营养指标：主要根据不同生理阶段、不同生产目的及不同生产水平，来确定要计算哪些营养指标及其要求量（或限制量）。有的指标有上下限约束，有的要限制上限，有的要限定下限。每种营养指标值确定的主要根据：一是饲养标准；二是本地、本场的长期生产经验数据；三是制定配方者的理论知识和实践经验。

③ 查营养成分表：根据所确定采用的饲料及营养指标，查阅饲料营养成分表。营养成分因地、因时、因分析手段的不同而有差别，因此最好采用综合性的数据。

可通过查阅本地区、全国以至国外的饲料营养成分表得出数值。

④ 确定饲料用量范围：主要根据饲料的来源、库存、价格、适口性、消化性、营养特点、有毒性、动物种类、生理阶段、生产目的和生产水平等。如对生长育肥猪，棉籽（粕）用量为 10%～15%、小麦麸为 10%～20%、菜籽饼（粕）为 5%～8% 等。

⑤ 查实饲料原料价格：按原料收购价或市场价格，即能购到的实际价格。

⑥ 按照采取的计算饲料配方的方法进行计算，即可得出所需配方。

(四) 重视饲料安全

饲料安全一般是指饲料通过动物进入食物链后对食物链中每个成员（动物和人）的生命活动及环境质量无不良影响。针对饲料安全中存在的突出问题，应切实采取确保饲料安全的措施。

1. 加强法律法规的制定并严格执行

对使用肉骨粉和动物油脂作为饲料原料、禁止使用 β-兴奋剂和其他激素类生长促进剂以及抗生素在饲料中使用等都做出严格的限制。

2. 加大饲料安全执法管理力度

针对欧洲暴发疯牛病和二噁英中毒事件，我国政府及时发布了禁止从欧洲进口肉骨粉和动物油脂的禁令。针对在猪饲料中使用盐酸克伦特罗造成消费者中毒事件，对饲料中使用盐酸克伦特罗加大了打击和处理的执法管理力度，相继推出了一系列的法规、公告和标准。

3. 加强饲料质量监督检验工作

建立和健全饲料质检机构，充分发挥饲料质检机构的作用，加强质量安全检测，淘汰不合格原料和产品，防止不安全因素通过动物进入食物链，这些都是确保饲料安全的重要措施。

4. 制订和完善饲料工业标准和行业标准

除了有关饲料安全的法律法规体系外，饲料工业国家标准和行业标准，特别是强制性的卫生标准、安全标准、标签标准以及检验方法标准已成为确保饲料质量和安全的重要依据。

5. 企业实施全面质量管理

目前国际上公认的质量管理先进体系主要有 ISO9000 质量管理体系和 HACCP 管理体系。HACCP 管理体系是食品行业安全卫生标准，可使食品危害风险降到最低限度，已成为使食品供应链及生产过程免受生物、化学和物理性污染的管理工具。

6. 建立饲料安全技术保证体系

确定有毒有害物质最大允许含量、有毒有害物质或其有毒有害的代谢产物在畜产品中的最大允许残留量。制定药物使用技术规程。建立有毒有害物质预警参数。

7. 加强新技术新产品的研究与开发

针对新型安全饲料添加剂（如酶制剂、微生物添加剂、功能性寡糖、有机酸、免疫促长剂和其他代谢调节剂等）和新的日粮配制技术，以及应用生物技术改善动物生产潜力和抗病力、降低或消除细菌的耐药性等方面开展研究，其中某些方面的研究已取得了长足进展。

四、饲养管理

（一）饲养管理原则

梅山猪、沙乌头猪、枫泾猪和浦东白猪与其他地方品种或引进品种基本相似，应遵守共同的饲养管理原则。

1. 科学配制日粮

各种饲料中所含的营养物质种类与数量不一样，应根据猪体对各种营养物质的需要量及各类饲料中各营养物质种类和数量来科学配制日粮。多种饲料合理搭配，千万不可长期饲喂单一的饲料。

2. 分群、分圈饲养

为有效地利用饲料和圈舍，提高劳动生产率，降低生产成本，应按品种、年龄、体重等进行分群喂养，以保证各类猪的正常生长发育。成年公猪和妊娠后期的母猪应单圈饲养。分群饲养过程中，还应按照猪的生长发育情况，及时进行调整分类。

3. 不同的猪群采用不同的饲养方案

为使各类猪都能正常生长发育，应根据各猪群的生理阶段、体况及对产品的要求，按饲养标准规定分别拟定合理的饲养方案。

4. 坚持"四定"喂猪

根据猪的生活习性，应建立"四定"生活制度。

（1）定时饲喂：饲喂时间、次数要固定，提高猪的食欲和饲料利用率。

（2）定量饲喂：喂食数量要掌握好，不可忽多忽少。但定量不是绝对的，应根据气候、饲料种类、食欲、粪便等情况灵活掌握。

（3）定温饲喂：根据不同季节温度的变化，调节饲料及饮水温度。

（4）定质饲喂：日粮配合不要变动太大，饲料变更时，要逐渐过渡。一般变更期为1周，即1周内饲料逐渐减少或逐渐增加。

5. 饲喂方法

归纳起来有4种方法：泡料、生湿拌料、生干料和颗粒料。

（1）泡料：把配合饲料与青饲料按1∶（1～2）的比例搭配，加入3～4倍的水拌匀，每天喂3～4顿。这种方法适用于喂母猪。

（2）生湿拌料：把配合饲料加入适量的青饲料拌匀，再按1∶（0.8～1.5）的比例加入水中。每天喂3～4次，另给充足饮水。这种方法适用于喂仔猪（最好不加糟渣饲料）、育肥猪和种猪。

（3）生干料：把配合饲料放入食槽，另设水槽（最好用自动饮水器），让猪自由采食和饮水。如果饲料中未加多种维生素，每天应补充青料1～2次。这种方法主要适用于饲喂仔猪。

（4）颗粒饲料：把配合饲料压成颗粒，直接放入食槽投喂，不加水，另设水槽。这种方法主要适用于饲喂仔猪。

生青饲料如水花生、水葫芦、水浮莲等易感染寄生虫（主要是蛔虫），应定期驱虫。一般仔猪断奶前驱虫1次，2个月后再驱1次虫；种猪每年驱虫2次。

不同的饲喂方法，对饲料利用率和胴体品质均有一定影响。育肥猪自由采食增重快，但胴体肥；限量饲喂虽会降低日增重，但可提高饲料利用率及瘦肉率。应普及生饲料喂猪，一般以湿拌料、稠粥料或生干粉料喂猪，并应积极发展利用颗粒饲料饲喂。

6. 供给充足饮水

水对饲料的消化吸收、体温调节、泌乳等生理功能起着重要作用，所以每天必须供应充足而清洁的饮水。猪在夏季需水多，冬季需水少；喂干粉料需水多，喂湿料需水少。

7. 做好调教工作

猪上圈或调到新圈的开始几天，饲养人员要认真做好调教工作，让猪养成在固定地点采食、睡觉、饮水和排便的习惯。方法是把圈舍打扫干净，在猪床铺上少量垫草，食槽放些饲料，水槽放些水（有自来水的地方，最好用自动饮水器），排泄地点堆放少量粪便，然后把猪放进去。在开始训练阶段，若有的猪不在固定地点排粪，应把散拉粪便及时铲到粪堆上。这样经过 2～3 d 调教,猪很快就能养成"四定位"的良好习惯。

8. 保证适当运动

适当强度的运动可加强猪的新陈代谢,结实肌肉,促进食欲,增强体质,提高神经系统和分泌系统的生理机能。种公猪每天必须定时运动 2 h,以提高配种能力。母猪适当运动可提高繁殖力,防止难产,减少死胎、弱胎。

9. 调控生活环境

猪在圈舍里最适宜的温度:仔猪体重 1～5 kg 30 ℃、6～20 kg 28～25 ℃,成年猪 18～15 ℃。低温会造成猪能量消耗,高温会影响猪的食欲。所以各种猪舍,冬季应搞好防寒保温,夏季应注意防暑降温。相对湿度 65%～75%。

猪舍注意通风换气,防止密度过大造成 CO_2、NH_3、H_2S 等有毒气体聚集,影响猪的食欲、增重与饲料利用率,造成猪的眼病及呼吸系统与消化系统疾病。排通粪污,保持舍内外的清洁卫生,通风良好,定期消毒,加强舍外绿化。

调控光照强度和时间。研究表明,强光会降低日增重,胴体较瘦;弱光则促进脂肪沉积,胴体较肥。

严格控制饲养密度:猪圈建在冬暖夏凉、地势高且干燥的地方。种公猪一般 6～7 m^2/头,运动场 7～10 m^2。空怀母猪和妊娠前期母猪可 3～4 头关在一起,平均每头 2～3 m^2。育肥猪 1～1.5 m^2/头。

10. 采用"全进全出"的饲养方式

"全进全出"的饲养管理方式可提高生产效益和加强疫病预防。猪场繁殖母猪应调整配种日期或实行周期发情,力争做到集中配种、集中产仔,以便于产房和哺乳母猪的消毒。仔猪断奶后应集中进入育成猪舍,同时出栏。猪群离舍后,猪舍应彻底消毒后再接纳新的猪群。若一个猪舍内有猪发病或死亡,切不可零星补充混群,应在全群育肥或淘汰后,经彻底消毒,空圈半个月以上才可引入。

11. 建立合理的日常饲养管理制度

在饲养管理过程中,除定期消毒圈舍和用具外,每天打扫圈舍,清除粪便,清洗水槽、食槽(先清去剩料),给料、喂水、运动、配种、妊娠后期母猪转圈等,所以必须按季节不同安排工作程序,制定合理的管理制度。

制度建立后要严格执行,使饲养人员能有条不紊地安排各项工作,同时各类猪群经妥善安排饲喂、饮水、放牧、运动、刷拭、休息等,有利于猪体正常生理活动,促进生长发育和提高生产性能,这样才能使人、猪、环境三者良好结合,发挥整体养猪效益。上海市嘉定区梅山猪育种中心饲养员工作日程表见5-23。

表5-23 上海市嘉定区梅山猪育种中心饲养员工作日程表

时间	工作安排
7:00~7:30	观察猪群,做好记录
7:30~8:30	清理料槽,喂料
8:30~10:00	猪群治疗,母猪配种,仔猪剪牙、断尾、补铁、断奶、称重等工作,做好记录
10:00~11:00	清理卫生,冲洗猪舍、猪体,做好消毒工作
11:00~11:30	其他工作(赶猪运动、分群等)
14:00~15:30	观察猪群,做好记录,猪群治疗
15:30~16:30	清理卫生,冲洗猪舍、猪体,做好部分消毒等工作
16:00~17:30	猪群饲喂

12. 建立规章制度

（1）投入品使用制度：禁止使用法律法规和国家技术规范禁止使用的饲料、饲料添加剂、兽药等。

使用的饲料和饲料原料应色泽一致,颗粒均匀,无发霉、变质、结块、杂质、异味、霉变、发酵、虫蛀及鼠咬。

兽药使用应在动物防疫部门或执业兽医指导下进行,凭兽医处方用药,不擅自改变用法、用量。

（2）卫生防疫制度：制定并严格执行卫生消毒制度,定期对猪舍、场区进行打扫、清洗并采用有效消毒药进行卫生消毒。

根据猪常见病情况,结合本地区猪病流行情况和各种疫苗的性能制定免疫程序,并按照免疫程序进行预防注射。

制定并执行休药期制度、粪污及病尸无害化处理制度等。

养猪场工作人员应定期进行健康检查,确保无人畜共患病。

（3）档案记录制度：应有岗位责任、档案管理等生产管理制度。

养殖档案应载明品种、数量、繁殖记录、标识情况、来源和进出场日期,饲料、饲料添加剂、兽药等投入品的来源、名称、使用对象、时间和用量,检疫、免疫、消毒情况,猪发病、死亡和无害化处理情况等。除特别规定外,所有原始记录应保存两年以上。

（二）公猪饲养管理

饲养种公猪的目的是为了及时完成配种任务,使种公猪体质结实,维持公猪合适的膘情、精力充沛，保持旺盛的性欲、良好的精液品质，提高配种受胎率，让母猪及时受胎、多产仔、产好仔。俗话说："母猪好好一窝，公猪好好一坡。"高质量的种公猪也是高繁殖力的保障，尤其是用于人工授精的公猪影响面更广。因此，要提高种公猪的配种能力，提升公猪的精液质量，必须对种公猪进行良好的饲养管理。由此足以说明饲养公猪的重要性。只有在营养及运动等方面饲养管理好，做好预防与防疫工作，才能保持旺盛的精力。

1. 种公猪饲养

种公猪在家畜中是交配时间最长（5～10 min，长的达 20 min 以上）、采精量最多的动物（通常一次采精能达到 150～500 mL），所以种公猪在配种时会消耗较多的体力和营养储存。为了保持种公猪的体质健康，性欲旺盛，产出数量多、质量高的精液，必须保证种公猪全面而充足的营养。种公猪精液中干物质的主要成分是蛋白质，所以必须给予足够的氨基酸平衡的动物性蛋白质，在配种高峰期可适当补充鸡蛋、矿物质、多种维生素等；对能量要求不高。另外，对维生素 A、维生素 E 及钙、磷、硒等营养要求较高，在大规模饲养条件下，饲喂锌、碘、钴、锰等微量元素对精液品质有明显提高作用。成年公猪生理处于平衡状态，在保证饲料质量的情况下，不要饲喂过多，控制体况，防止过肥或过瘦。严禁使用发霉变质和有毒有害饲料。

种公猪日粮配制原则：配种期间蛋白质水平不低于 17%，非配种期不低于 15%。

实行季节性产仔的猪场，种公猪的饲养管理分为配种期和非配种期。配种期饲料的营养水平和饲料喂量均高于非配种期。在配种前 20～30 d 增加 20%～30% 的饲料量，同时加喂鱼粉、鸡蛋、多维素和青饲料，使种公猪在配种期内保持旺盛的性欲和良好的精液品质，提高受胎率和产仔数。配种季节过后逐渐降低营养水平。常年均衡产仔的猪场，种公猪常年配种使用，应按配种期的营养水平和饲喂量饲养；配种后，加喂 1～2 只生鸡蛋。

沙乌头猪实行的是常年配种，所以全期日粮配比中，粗蛋白在 17%，同时要求蛋白质中所含的必需氨基酸达到平衡。在配种期日粮中应适当搭配动物性蛋白饲料或补充必需氨基酸，这对提高精液品质有重要作用。每千克日粮中最少要含钙 10～20 g、磷 7～9 g、胡萝卜素 7～8 g。若没有维生素 A 的添加剂，可用含胡萝卜素丰富的饲料进行补充。一般每日饲喂 3 次，喂量依据体重而定。一般体重 100 kg 以下的公猪每日喂风干日粮 2 kg，体重 100～150 kg 的公猪饲喂风干日粮 2.5 kg。配种旺季的公猪每日加喂 2～3 个鸡蛋，对提高公猪精液品质有很大作用。

饲养种公猪的主要目的是配种。为此，种公猪应保持良好的体质、适宜的体况

（八九成膘）、良好的性欲和优良的精液品质,故应在营养物质以及适当运动等方面加强管理。种公猪饲养应重点注意以下3个方面。

（1）饲料选取：在种公猪的饲料中拌入适量的豆饼、花生饼、鱼粉等物质,以确保蛋白质的多样化,从而提升种公猪对蛋白质的利用率。

（2）营养配比：在种公猪的生长发育过程中,微量元素具有十分重要的作用。确保维生素、矿物质的平衡可以增强种公猪的免疫力。青绿多汁饲料中含有大量优质的蛋白质及维生素。为此,精饲料与青绿饲料应保持多样化,并在遵循科学配比的原则上进行合理搭配。以精料为主,适当搭配青绿饲料,尽量少用碳水化合物饲料,以避免造成垂腹。同时,还应注意饲料的质量,以防因误喂发霉饲料而影响种公猪的健康。

（3）饲喂方式：饲喂种公猪时应遵循定时定量的原则（夏季除外）。每天应饲喂3次。精、粗饲料结合,先食后水。每次不要喂太饱（八九分饱）,喂料量为2.5～3 kg;全天24 h提供新鲜的饮水。

在采精期间,应另外增加辅助营养物质,比如在采精完成后应为种公猪补充1个鸡蛋或者添加黄豆粉,确保公猪快速恢复。若种公猪缺乏钙、磷,其睾丸功能会严重退化,精液质量也会随之下降,故应注意补充钙、磷,以提升种公猪的繁殖能力。

在满足种公猪生理营养需要的前提下,应重视种公猪品种、体况和配种能力的适当掌握。不能过肥,因过于肥胖的体况会使公猪性欲下降,还会产生肢蹄病;也不能过瘦,因过瘦可能是因为生病导致食欲下降,营养摄入不够,或长期不使用导致性情不安、食欲下降等,也会降低其配种能力。

2. 种公猪管理

在养猪生产中,保持公猪体质健壮和提高配种能力,一方面在于喂给营养完全的日粮,另一方面在于合理护理。除了经常注意圈舍清洁、干燥、阳光充足,创造良好的生活条件外,还应做好以下几项工作。

（1）建立良好的生活制度：种公猪的饲喂、采精及配种、运动、刷拭等都应在基本固定的时间内进行,利用条件反射养成规律性的生活习惯,便于管理操作。

（2）群养、单养及分群：单圈喂养公猪安静,可减少外界的干扰,杜绝了爬跨和造成自淫的恶习。在公猪体重达到60 kg后,应当单圈喂养,确保每头猪的占地面积为8 m² 左右,避免公猪间相互咬架,减少不良习惯。

种公猪有好斗性,混养易相互争咬,造成伤害;与母猪混养要么造成性情温顺、失去雄威,要么过早爬跨、无序配种。同时,根据膘情及时调整饲喂量,使之保持良好的种用体况(即八成膘)。

种公猪也有小群饲养的。但小群饲养种公猪必须从断奶时合群,一般一圈 2 头,最多不能超过 3 头。小群饲养合群运动,可充分利用圈舍、节省人力。公猪配种后不能立刻回群,休息 1~2 h,待气味消失后再回群,以免引起同圈公猪爬跨。同时,母猪舍应远离公猪舍,以免母猪气味、叫声等挑逗公猪。

(3)适当运动:运动是加强机体新陈代谢、锻炼神经系统和肌肉的主要措施。运动一般在早、晚进行为宜。公猪在配种期要适度运动,非配种期和配种准备期要加强运动。合理的运动可以促进食欲、增强体质、避免肥胖、提高性欲和精液品质。夏天应在早晨和傍晚配种,冬天在中午进行为好。

运动不足会使公猪贪睡、肥胖、性欲低、四肢软弱且多肢蹄病,影响配种效果。种公猪除在运动场自由运动外,每天还应进行驱赶运动,上、下午各运动 1 次,每次行程 2 km。夏季可在早、晚凉爽时进行,冬季可在中午运动 1 次,每天至少保持 1~2 h 运动量,配种繁忙时可以酌情减少。一些没有运动条件的养猪场,种公猪运动不足,淘汰率增加,缩短了种用年限,一般只利用 2 年。

(4)刷拭和驱虫:猪体最好每天刷拭 1~2 次。热天结合淋浴冲洗,可保持皮肤清洁卫生,促进血液循环,防止皮肤病和外寄生虫病。公猪每年要驱虫 3 次,应定期体外杀虫。每天的刷拭也是饲养员调教公猪的机会,使种公猪温驯、听从管教,便于采精和辅助配种。要注意保护种公猪的肢蹄,对不良的蹄形应进行修蹄。蹄不正常会影响活动和配种。

(5)膘情适宜:根据体重变化,检查饲料是否适当,以便及时调整日粮。成年公猪体重应无太大变化,但需保持中上等膘情。

(6)检查精液品质:实行人工授精的公猪,每次采精都要检查精液品质。如果采用本交,每月也要检查 2 次,特别是后备公猪开始使用前和由非配种期转入配种期之前,都要检查精液品质,严防精液不良的公猪配种。对于精液品质差的公猪应及时淘汰。

(7)建立正常的管理制度:①建独立配种区;②保持适当的温度和湿度;③做好配种计划;④适时调整公猪。

(8)注意环境条件影响:种公猪适宜的温度为 18~25 ℃,且相对湿度应保持在 65% 左右。

冬季猪舍要防寒保温,以减少饲料消耗和疾病发生。在寒冷的冬季,应适当加垫干稻草,有条件的场可安装空调等供暖设备。

夏季高温对种公猪的影响尤为严重,轻者食欲下降、性欲降低,重者精液品质下降,甚至会中暑死亡,所以在夏季要做好防暑降温工作。防暑降温措施有湿帘、风扇通风、洒水、洗澡、遮阳等方法,各地可因地制宜进行操作。短暂的高温可导致长时间的不育。另外,刚配过种的公母猪严禁用凉水冲身。

(9)做好卫生防疫工作:应做好防疫工作,定期清理圈舍并为种公猪注射疫苗,定期驱虫。当种公猪患病时,还应适当推迟配种时间,以免影响其后代。

(10)防止公猪咬架:公猪好斗,偶尔相遇会咬架。公猪咬架时,应迅速放出发情母猪将公猪引走,或者用木板将公猪隔离开。防止公猪咬架的最有效方法是不让其相遇,如设立固定走道。

3. 种公猪的合理利用

种公猪的配种能力、精液品质和利用年限长短,不仅与饲养管理有关,而且取决于初配年龄和利用强度。

(1)初配年龄和体重:公猪性成熟较早,一般在 150 日龄,但此时身体尚在生长发育,不宜配种使用。初配一般安排在 270～300 日龄,要求体重达到成年体重的 70%～80%。过早配种,交配能力不好,精液质量差,母猪受胎率低,且对自身性器官发育产生不良影响,缩短使用寿命。若过迟配种,则延长非生产时间,增加成本,另外会造成公猪性情不安,影响正常发育,甚至造成恶癖。在生产中,一般小型早熟品种在 8～10 月龄、体重达 60～70 kg 时配种;大、中型品种宜在 10～12 月龄、体重达 90～120 kg 时配种。中型梅山猪一般在 12～14 月龄、体重达到100 kg以上才开始配种,浦东白猪在体重达 85～100 kg 开始配种。

(2)配种管理

① 配种比例:自然交配时公母比为 1∶(20～30);人工授精时,理论上可达1∶300,实际按 1∶100 配备。

② 配种时间:夏季宜早、晚进行,上午 7 时前、下午 18 时后;冬季宜上午 8～9时、下午 16～17 时。

③ 配种频率:初配公猪经调教后一般每周采精 1 次,12 月龄后每周可增加至2 次,成年后 2～3 次。即青年公猪每天配种 1 次,每周配 2～3 次;2 岁以上公猪生殖功能旺盛,每天配种 1 次,每周休息 1 d。在饲养管理水平较高的情况下,每天可配种 1～2 次,如日配 2 次应早、晚各配 1 次,连配 4～6 d 应休息 1 d;若配 1 次,宜在早饲后 1～2 h 进行。

枫泾猪的青年公猪每周采精 2～3 次。成年公猪每周采精 5 次,休息 2 d 为宜。过多采精会导致精液量减少、品质降低,影响受精率和产仔数,还会造成早衰而被迫淘汰。

④ 公猪利用年限：公猪繁殖停止期为 10～15 岁，一般使用 6～8 年，以 2～4 岁（青壮年）最佳。生产中种公猪的使用年限一般控制在 2～3 年。有条件的专业户和规模化猪场，可对公猪做精液品质检查，对不育或繁殖力低的个体及时淘汰，对老年公猪也要及时淘汰。一般种公猪的年淘汰率为 30%～40%。

夏天可能由于温度过高或平时使用过度而导致公猪无精或死精。对优秀的个体可以用丙酸睾丸酮进行治疗，如果多次治疗无效，必须淘汰。

（三）后备公猪饲养管理

在规模化养猪场内，每年公猪的淘汰率为 50%。因此，为确保公猪繁殖群生长处于均衡状态，要定期补充一定数量的后备公猪。为使后备公猪繁殖质量有所提高，需要加强饲养管理，创造良好的饲养环境。

1. 饲喂

饲喂后备公猪和商品猪有所区别。后备公猪要采取限制喂养，从而控制其摄取的营养水平、生长速度保持适宜，进而确保其各器官系统处于均衡生长发育的状态。因此，后备公猪要饲喂适口性良好的日粮，且体积不要过大，防止日后形成大腹肚。主要饲喂精料，配合少量的青料即可。在前期可适当提高后备公猪日粮的营养浓度，后期确保含消化能超过 13 MJ 和 14% 以上的蛋白质水平，同时要确保含有全面且均衡的营养物质，尤其是要注意补充适量的必需氨基酸、微量元素和维生素。根据具体情况，如季节、后备公猪的体况等随时调整日喂量，通常每日饲喂 1.5～2 kg 精料和 1 kg 的优质新鲜青料。

后备公猪应该饲喂公猪专用料，如果猪场内公猪数量很少也可用哺乳母猪料代替，但要注意饲料中应含有消化能 13.4～13.8 MJ 和蛋白质 16%～17%。在高温季节，可在日粮中添加适量的赖氨酸、维生素 C、维生素 E，从而使其抗应激能力增强，并提高精液质量。另外，还应注意供给后备公猪充足的清洁饮水。

2. 日常管理

（1）适时分群：后备公猪体重达 60 kg 之前，可按照体重大小进行分群饲养，一般每群为 4～6 头，如果密度过高，不仅会使生长发育速度受到影响，还会引起咬尾。体重超过 60 kg 之后，应单圈饲养。

（2）定期测量体长和体重：对于不同品种的后备公猪，在不同月龄具有相对应的体长和体重范围，因此每个月都需要进行测量。根据各个月龄体重的变化能够间接判断其生长发育的状况，从而及时对日粮营养水平和饲喂量进行调整，以符合生长与品种要求。

3. 饲养环境

后备公猪在 15 ℃左右达到最适状态,饲养环境至少要控制温度 15～20 ℃,相对湿度 60%～80%。这是由于公猪的睾丸温度在正常情况下要比体温低 2～3 ℃,如果因环境温度较高而导致睾丸的温度升高时,会引起生殖上皮发生变性,抑制雄性激素的合成,生精功能降低,损伤精子,且精液质量降低;如果当温度达到 30 ℃以上时,公猪的精液质量需要经过 6～8 周才能够恢复正常。因此,夏季后备公猪要加强防暑降温,必须确保舍内温度控制在 30 ℃以下。此外,后备公猪在冬季要注意加强防寒保暖。

舍内保持良好的通风换气,确保空气清新;必须及时对圈舍进行清扫,确保舍内卫生清洁。另外,还要定期进行消毒,保持无疫病。通常每月消毒 1 次即可,但如果是疫病高发阶段,则要注意随时进行消毒。消毒主要是将病原菌杀灭,从而切断疫病传播途径。此外,清扫出的尿液、粪便,通过充分腐熟能够作为有机肥使用。猪体要经常进行刷拭,并适时进行驱虫,避免寄生各种寄生虫。猪一定要调教在指定区域大小便。要适当运动,在配种前 1～2 个月每天至少强迫运动 1～2 h。

4. 调教与配种

(1) 调教目标:不同月龄的公猪每周调教采精次数见表 5 - 24。

表 5 - 24　公猪每周调教采精次数

公猪月龄	每周最多采精次数	公猪月龄	每周最多采精次数
<8	0	10～12	2
8～10	1	>12	2～3

(2) 影响公猪调教目标的因素:主要有以下几种。

① 年龄:睾丸重量和精液容量决定了公猪的繁殖力。公猪的睾丸会一直生长到 12 月龄,而精液产量则还需 6 个月才能达到最高水平,这就是为什么当公猪达 12 月龄以后,其产仔率和产仔数还会明显提高的原因所在。在成熟阶段,对公猪过度使用或使用不当都会降低其终生性能,因此 1 岁以上的公猪才可以参与配种。

② 体重和体况:公猪比母猪生长快,达到 8 月龄、80 kg 后才开始调教。此外,在保持繁殖性能方面,公猪的背膘厚并没有母猪那样重要,因此需要通过限制饲喂来控制公猪的体重和体况,以便延长使用年限。

③ 温度:后备公猪的最适温度为 18～20 ℃,30 ℃以上就会对公猪产生热应

激。后备公猪遭受热应激后会降低精液品质，并在 4～6 周后降低繁殖、配种性能，主要表现为返情率高和产仔数少。因此，在夏天要对公猪有效防暑降温，将圈舍温度控制在 30 ℃以内是十分重要的。

④ 光照：在后备公猪管理中，光照最容易被忽视。光照时间太长或太短都会降低公猪的繁殖、配种性能，适宜的光照时间为每天 10 h。通常将公猪饲喂于采光良好的圈舍即可满足其对光照的需要。

（3）调教方法：选择处于发情高峰、性情温和且体重接近的经产母猪对后备公猪进行调教，一般每周进行 1～2 次，每次持续 10～15 min 即可。注意每次训练时间不能过长，并多次练习采精。

（4）配种：当后备公猪大约 10 月龄、体重超过 120 kg 时才能够正式用于配种。初期每周进行 1～2 次；10～12 月龄每周进行 2～3 次；12 月龄之后每周进行 3～5 次。采取人工授精时，8～12 月龄每周采精 1 次，12 月龄之后每周进行 2 次。需要注意的是，要根据精子质量检查的结果适当调整使用频率。

（四）后备母猪饲养管理

在规模化养猪生产中，母猪的繁殖力是养猪生产水平高低和能否获得高效益的核心，但每年 25%～35% 的母猪因各种原因被淘汰（年龄、疾病、遗传缺陷等）。为了保证生产的均匀性和连续性，就要及时补充后备母猪。同时，猪场的疾病净化也要从后备母猪开始，控制好源头，最大限度地减少疾病传入基础母猪群，以提高母猪的利用率和生产性能。

从仔猪育成阶段结束到初次配种前为后备母猪的培育阶段，培育后备猪的任务是获得身体健康、结实、发育良好、具有品种典型特征和高度种用价值的种猪。为了使养殖场中猪群保持较高的生产水平，每年必须选留或培育出占种母猪群 30% 的后备母猪用于补充和更新年老体弱、繁殖性能差的种母猪，使种母猪群保持以青壮年母猪为主体的结构比例。

培育品质优良的后备母猪是养猪生产的基础工作。后备母猪的优劣决定着种母猪质量，影响养殖场较长时间的经济效益。

1. 后备母猪选留

后备母猪的选择应根据猪场繁育需要确定，培育前应该进行严格的挑选。后备母猪的选留重点在 3 个时期：第一是断奶前后；第二是 40 kg 的中猪时期；第三是配种前后。

（1）出生时窝选：后备母猪窝选时主要看其父母和同胞情况。要求父系生产成绩优良；母系繁殖性能稳定，同窝产仔数高，产活仔率高；同胞中公猪所占比重低。另外，个别出生体重过低、乳头数少的仔猪不留作种用。

（2）断奶时选留：仔猪一般在 30 日龄断奶，此时的选留主要是窝选。在出生窝选的基础上，从母性强、产仔数多、哺育率高、断奶窝重大且同窝仔猪生长发育整齐的窝中选留发育良好的个体。

（3）引种与选留：30～50 kg 的小母猪是选留后备猪的关键时期，本场选留或外面引种主要在此时进行。

① 生长发育：生长良好，体态丰满，线条流畅，被毛光滑，头颈清秀，肥瘦适度，且必须有一定的腹围，体格健壮，骨骼匀称，四肢及蹄部健壮结实，尤其后肢要强健有力，尾高且粗，行走平稳。

② 体型外貌：断奶称重后，严格按照品种的标准体型外貌选育，以保持品种的纯度。比如中型梅山猪选留：体型较大，毛呈浅黑色、较稀，皮肤微紫或浅黑，躯干和四肢的皮肤松弛，面部有深的皱纹，耳大下垂，胸深且窄，腹部下垂，腰线下凹，斜尻，大腿欠丰满，四脚有白毛，腿较短。

③ 第二性征：乳房发育良好，乳头 8～9 对、排列整齐匀称、疏密适中，无乳头缺陷。阴户发育良好，不能过小、过紧，应选择阴户较大而松弛、下垂的个体。

（4）6 月龄选留：后备母猪在 6 月龄时各组织器官有了相当程度的发育，其优缺点更加明显，此时根据体型外貌、生长发育、性成熟表现、背膘薄厚和体尺等性状进行严格选留，淘汰量比较大。

（5）配种前选留：配种前后对后备母猪做最后一次选留，淘汰那些性器官发育不良、有繁殖或其他疾病的个体，以及个别发情周期不规则、发情征状不明显的后备母猪。

（6）配种后选留：头胎母猪选留主要是在后备母猪选留基础上看其繁殖力的高低。对产仔数少的、产乳能力差的、断奶时窝仔少和发育不均匀的均应淘汰。

2. 后备母猪饲养

后备母猪一般在 4 月龄前可自由采食，4 月龄后最好采用限量或分餐饲喂，这样既可保证后备猪良好的生长发育，又可控制其体重的快速增长，保证各器官系统充分发育。在达到配种月龄（7～8 月龄）时，膘情控制在八成即可。

（1）合理配制日粮：按后备母猪不同的生长发育阶段合理地配制日粮。应注意日粮中能量和蛋白质水平，特别是矿物质、维生素的补充，在饲料或饮水中添加可溶性药物和电解多维素 5～6 d，以提高抗应激能力。消化能 12.76～13.18 MJ，粗蛋白 16.00% 以上，赖氨酸 0.70%～0.85%，钙 0.80%～0.95%，总磷 0.60%～

0.70%。推荐饲料配方：玉米 61%，麦麸 15%，鱼粉 1%，豆粕 19%，预混料 4%。在饲喂精饲料的同时，合理搭配适量的青粗饲料(如青菜、苜蓿等)，可增加配种后的排卵数。否则，容易导致后备猪过瘦、过肥、骨骼发育不充分等问题。

（2）合理饲养：后备母猪需采取前高后低的营养水平，后期的限制饲喂极为关键。通过适当的限制饲养既可保证后备母猪良好的生长发育，又可控制体重的高速度增长，防止过度肥胖，但应在配种前 2 周结束限量饲喂，以提高排卵数。后期限制饲养的较好办法是增喂优质的青粗饲料。从 50～60 kg 体重开始用后备母猪专用料，6 月龄以前自由采食，7 月龄适当限制，配种前半个月短期优饲。限饲时喂料量控制在 1.8 kg 以下，优饲时 2.0 kg 以上或自由采食。

3. 后备母猪管理

（1）及时分群：4 月龄对挑选出的后备母猪转入后备猪舍饲养，为了使后备猪生长发育均匀、整体一致，应按体重大小分成小群饲养，每圈 4～8 头。饲养密度要适当，一般每头猪 1.5～2.2 m²。

（2）加强运动：为了促进后备母猪筋骨发达、体质健壮、四肢灵活及防止过肥，应安排适度的运动，每天让后备母猪在运动场运动 10～30 min。

（3）调教：地方品种猪生性温顺，从小加强调教管理，比较容易建立人和猪的亲和关系。从仔猪开始，利用称重、喂食、扫圈的时机进行触摸和口令训练，使猪愿意接近人，便于将来配种、接产、哺乳等操作管理。训练定点排粪、躺卧，定时采食、运动等良好的生活规律，有利于猪的发育。

（4）保持舒适的环境：后备母猪的猪舍应温暖、干燥、清洁、卫生、空气新鲜。夏季做好防暑降温工作，冬季做好防寒保暖工作。

4. 后备母猪配种

梅山猪、浦东白猪等性成熟早，梅山猪小母猪 85 日龄可发情，浦东白猪小母猪 4 月龄可发情，梅山猪、浦东白猪 7 月龄即可配种。一般第一次发情不宜配种，因第一次发情配种受胎率低、产仔数少，第二次或第三次发情配种较为适宜。随着性成熟及发情次数增加，排卵数相应增加，不但受胎率提高，且产仔数增加。在一个情期内实行重复配种，可间隔 8～12 h 复配一次。

为保证后备母猪适时发情，可采用调圈、合圈、成年公猪刺激的方法刺激后备母猪。对于接近或接触公猪 3～4 周后仍未发情的后备母猪要采取强烈刺激，如将 3～5 头难配母猪集中到一个留有明显气味的公猪栏内，饥饿 24 h，互相打架或每天赶进 1 头公猪(有人看护)刺激母猪发情，必要时可用药物或激素刺激；若连续 3 个情期不发情则应淘汰。

在多数情况下,在体重 80 kg、240 日龄时初次配种是获得最佳繁殖性能和使用寿命的时机。初次配种时有足够脂肪贮存,以满足良好的哺乳和较短的断奶至发情间隔。很重要的一点是,后备母猪发情行为与经产母猪是不同的,发情期通常要短一些,且常常不是很明确。因此,后备母猪应在发情检查显示发情后立即输精,如果该后备母猪仍处于静立状态,24 h 后再进行输精。

5. 配种困难的原因与对策

(1) 原因:后备母猪配种困难的常见原因如下。

① 天气炎热:夏季气温高,如果猪场没有遮阳设施,严重超出母猪适宜温度范围(16～20 ℃),造成母猪内分泌紊乱,发情、排卵不正常。

② 膘情过肥:母猪长期饲喂全价配合饲料,喂量充足,如果没有青粗饲料搭配,营养过剩,在正常生长发育的同时,膘情过肥,卵巢周围沉积大量的脂肪,卵巢内部脂肪浸润,严重影响排卵和发情。

③ 运动量小:猪圈面积狭窄,如果没有充足的运动场地,吃饱了就躺卧,母猪运动量小,促使脂肪沉积,造成体质过度疏松,性欲低下,发情异常。

④ 初配困难:后备母猪初次配种时,发情期短,发情征兆不显著,不习惯公猪爬跨,这是造成配种困难的重要原因。

(2) 对策:对于配种困难的后备母猪可以采取以下对策。

① 控制舍温:夏秋季节,可在猪舍周围种树遮阳或搭凉棚,每日用凉水勤冲圈舍地面。当气温超过 34 ℃时,可直接向猪体喷水(不要直冲头部),或在猪舍一侧设小水池,让猪洗澡。

② 限制喂量:每日精料喂量控制在 1.5 kg 以下,适当补充粗饲料和青绿多汁饲料,改变母猪日粮结构,迫使母猪"掉膘"。

③ 加强母猪运动:每日上、下午各运动 1 次,每次不少于 1 h,可采取驱赶运动或放牧运动。这样,一方面可使母猪掉膘,另一方面可增强母猪体质,提高性活动能力,促使发情。

④ 后备母猪常用诱情措施:后备母猪在 180～200 日龄时进行换圈或合圈,然后每天让它们与 10 月龄以上、性欲旺盛的公猪鼻对鼻接触,此法还有助于使它们首次发情同步,有利于配种计划的实施,便于实行补饲。在后备母猪配种前至少 3 周与公猪接触还有助于减少后备母猪由于害怕公猪而出现非正常站立反应的发生。诱情时把公猪赶到母猪圈内,每圈的母猪数量最好为 6～8 头。诱情前公猪要先喂饱,同时确保母猪圈内地板不能太滑和潮湿、料槽和饮水器不会引起公母猪受伤。诱情公猪和后备母猪接触的时间应为 15 min,每天 2 次,间隔 8～10 h,如果同

圈内的母猪数量较多，那么与公猪接触的时间需要更长一些。在夏天，往往由于高温而使发情表现不明显，需增加公母猪接触的次数。

（五）空怀母猪饲养管理

空怀母猪的饲养目标：促使青年母猪早发情、多排卵、早配种，以达到多胎、高产的目的；对断奶母猪或未孕母猪，积极采取措施组织配种，可缩短空怀时间。

1. 空怀母猪饲养

空怀母猪主要是尽快恢复种用体况，要重视蛋白质和能量的供给量。

（1）蛋白质：不仅要考虑数量，还要注意品质。如蛋白质供应不足或品质不良，会影响卵子的正常发育，使排卵数减少，受胎率降低。

（2）能量水平：对后备猪的排卵数有一定的影响，配种前 20 d 内高能量水平可增加排卵数 0.7～2.2 个，而对经产母猪则可提高受胎率。空怀母猪饲料一般含消化能为 13.19 MJ 以上、蛋白质为 14% 以上。

另外，空怀母猪日粮中应供给大量的青绿多汁饲料，这类饲料富含蛋白质、维生素和矿物质，对排卵数、卵子质量和受精都有良好的影响，也利于空怀母猪迅速补充泌乳期矿物质的消耗，恢复母猪繁殖功能，以便及时发情配种。

（3）饲喂技术：空怀母猪日喂 3 次。饲料形态一般以湿拌料、稠粥料为好，有利于母猪采食。要注意，针对母猪个体情况酌情增减饲料喂量，母猪过于肥胖应适当减少喂量，以利减肥；母猪过于瘦弱则应适当增加喂量，以使其尽快恢复种用体况。

2. 空怀母猪管理

坚持每天认真做好空怀母猪的栏舍清扫及排水沟冲洗工作，定时对猪舍栏墙清洗和消毒尤为重要。空怀母猪需要一个干燥、清洁、冬暖夏凉以及具备阳光、新鲜空气等的环境。如饲养管理条件不良，将会影响发情排卵和配种受胎。母猪还应经常称重，依此进行饲料喂量的调整。

一般猪场的母猪舍要建有运动场，饲养过程中应尽量保证母猪每天有一定的运动量，增强体质，更好地发挥地方品种多胎、多产的高繁殖优势。

（1）创造适宜的环境：舒适的圈舍环境（温度、湿度、气流、饲养密度等）对提高种猪的生产有着十分重要的意义。低温造成能量消耗增加，高温则降低食欲。因此，冬季应注意防寒保温，夏季应注意防暑通风。空怀母猪适宜的温度为 15～18 ℃，相对湿度为 65%～75%。另外，圈舍要注意保持清洁卫生、干燥、空气流通、采光良好。空怀母猪通常采用单栏饲养，但有时为了节省圈舍而小群饲养。群饲时为防止互相争抢食物,造成瘦弱母猪因采食量不足而难以恢复体况,故应注意合理分群。实践发现,群饲空怀母猪可促进发情,一旦出现发情母猪后,可以诱导其他母猪发情,同时也便于管理人员发现发情母猪,做到及时配种。

(2)及时治疗疾病:如果空怀母猪体况不能及时恢复,也不能正常发情配种,很可能是疾病造成的。母猪泌乳期内物质消耗很多,往往会因营养物质失衡而造成食欲不振、消化不良等消化系统疾病及一些体内代谢病。有些母猪则可能因产仔而患有生殖系统疾病,如子宫细菌感染造成子宫炎等。因此,我们要认真检查和治疗空怀母猪的疾病,以使其能够正常发情配种。

(3)做好选择淘汰:母猪的空怀期也是进行选择淘汰的时期,选择标准主要是看母猪繁殖性能的高低、体质情况和年龄情况。首先应把那些产仔数明显减少、泌乳力明显降低、仔猪成活数很少的母猪淘汰掉。其次,把那些体质过于衰弱而无力恢复、年龄过于老化而繁殖性能较低的母猪淘汰掉,以免降低猪群的生产水平。

(4)及时观察母猪发情:哺乳母猪通常在仔猪断奶后5～7 d就会发情。饲养人员要认真观察,以便及时发现。在早饲前和晚饲后进行观察,每天2次。观察方法可以是有经验的饲养人员直接观察,也可以驱赶公猪到母猪圈试情。

母猪不发情应检查原因,并及时采取相应的措施。对于久不发情的母猪,可将公猪赶入母猪圈内追逐爬跨母猪,或将公母猪混养1周诱使母猪发情,也可给不发情的母猪注射孕马血清或绒毛膜促性腺激素。

(5)促进母猪发情:主要采用以下方法。

① 公猪诱导法:经常用试情公猪去追爬不发情的空怀母猪,通过公猪分泌的外激素和接触刺激,促使母猪发情排卵。

② 合群并圈:把不发情的空怀母猪合并到有发情母猪的圈内,通过爬跨刺激母猪发情。

③ 按摩乳房:每天早晨喂食后,用手掌进行表层按摩,每个乳房10 min。经过几天,待母猪有发情征状后,再每天表层和深层按摩乳房各5 min,配种当天深层按摩10 min。

④ 加强运动:对膘情好但不发情的母猪,进行驱赶运动可促进新陈代谢、改善膘情、接受日光照射、呼吸新鲜空气,进而促进发情、排卵。

⑤ 控制哺乳时间:对产仔少、泌乳能力差的母猪产的仔猪,待其吃完初乳后全部寄养给其他母猪哺乳,这样母猪可提前回乳,提早发情,增加年产窝数。

⑥ 利用激素催情:给不发情的母猪按每10 kg体重注射绒毛膜促性腺激素(HCG)100 IU或孕马血清(PMSG)1 mL,有促进发情、排卵的作用。

（6）发情鉴定：母猪开始发情时，兴奋性逐渐增加，走动、不安、食欲下降，外阴发红、微肿，并流出少量透明黏液。之后性欲旺盛，爬跨其他母猪或接受其他母猪爬跨，卵巢上有卵泡发育和排卵。当阴户红肿达高峰，流出白色、浓稠的带状黏液，用力按压母猪腰部，出现静立反应、两耳耸立、尾向上翘，即可配种。

（7）适时配种技术：配种工作是养猪场的一个重要生产环节，也是实现多产、高产的第一关。搞好配种工作，一方面要提高精液的数量和质量，另一方面要促使母猪正常发情和多排活力强的卵子。实施先进的配种技术，做到适时配种。大多数母猪能在哺乳期发情、配种、妊娠，不过实际生产中还是要根据母猪的年龄、体质和发情表现来确定适当的配种时间，一般在发情后 24～48 h 配种，或者在发情开始后第二天输精，隔8～12 h 再输精一次。

（六）妊娠母猪饲养管理

从配种受胎到分娩的这一过程叫妊娠。饲养妊娠母猪的基本任务是保证受精，胚胎与胎儿在母体内得到充分的生长发育，防止流产、死胎的发生，使妊娠母猪每窝都产出数量多、初生重、体质健壮和均匀整齐的仔猪，并使母猪有适度的膘情和良好的泌乳性能。

妊娠母猪的饲养很重要，母猪在妊娠过程中就要做好分娩后给仔猪哺乳的准备，哺乳期母猪从日粮中所获得的营养几乎全部用于泌乳来哺育仔猪。因此，一般来说，在分娩和哺乳期所失去的体重应等于在妊娠期间所得到的补充。如果不注意妊娠母猪的营养，导致母猪在分娩和哺乳期失重过多，不仅会影响下一个繁殖周期的发情受孕，而且会直接危及母猪的健康。合理供给全价营养饲料、减少应激、保证母猪在妊娠期有适度的膘情，可为哺乳期的泌乳打下良好的基础，初产母猪还要保证正常的生长发育。

1. 妊娠母猪代谢特点与体重变化

妊娠母猪新陈代谢旺盛，对饲料的利用率提高，蛋白质合成增强。在喂等量饲料的条件下，妊娠母猪比空怀母猪增重更多。妊娠中、后期，胎儿发育迅速，妊娠母猪合成代谢的效率降低（仅为 7％～13％），胎儿对能量的要求逐渐超过母猪。

后备母猪妊娠期的增重由 3 个部分组成：子宫及其内容物（胎衣、羊水和胎儿）的增长；母猪正常生长发育的增重；母猪本身营养物质的贮存。但妊娠母猪不是增重越多越好，而是要控制在一定程度。

胎儿的生长发育以及子宫和其他器官的发育，使母猪食欲增高、饲料的消化率和利用率增强，故在饲养上应尽量满足这一要求。

2. 妊娠期间胚胎和胎儿的生长发育

胚胎的生长发育特点是前期形成器官、后期增加体重,器官在 21 d 形成,胎儿体重的 60% 以上是在妊娠 90 d 以后增长的,胚胎的蛋白质、脂肪和水分含量增加,特别是矿物质含量增加较快。从受精卵开始到胎儿成熟,胚胎的生长发育经历以下 3 个关键时期。

第一个关键时期:妊娠 30 d 以前。为受精卵从受精部位移动、附植在子宫角不同部位并逐渐形成胎盘的时期。在胎盘未成形前,很容易受到环境条件影响。饲料营养不完善、饲料霉变、各种机械性刺激、高热病等均会影响胚胎生长发育或使胚胎早期死亡。这个时期胚胎发育和母猪体重增加较缓慢,不需要额外增加日粮的数量。第 9~13 d 为附植初期,胚胎处于游离状态,易受外界的机械刺激或饲料品质(如冰冻或霉烂等)的影响而引起流产;连续高温,母猪遭受热应激,也会导致胚胎死亡;大肠杆菌和白色葡萄球菌引起的子宫感染,也会导致胚胎死亡;妊娠母猪的日粮中能量过高,也会引起胚胎死亡。此期胚胎死亡率占胚胎总数的 20%~25%。妊娠后约第 3 周(第 21 d)为胚胎器官形成阶段,胚胎争夺胎盘分泌的营养物质,在竞争中强者存、弱者亡。此期胚胎的死亡占 10%~15%。

第二个关键时期:妊娠 60~70 d。胎儿发育较快,互相排挤,易造成位于子宫角中间部位的胎儿的营养供应不均,致使胎儿死亡或发育不良。粗暴对待母猪、大声吆喝、鞭笞、追赶、母猪间互相拥挤、咬架等都会影响子宫血液循环,增加胎儿死亡率。妊娠第 60~70 d,胎盘停止生长,而胎儿迅速生长,可能由于营养不足难以支持胎儿发育而致死。此期胚胎的死亡占 10%~15%。

第三个关键时期:妊娠 90 d 以后。胎儿生长发育增重特别迅速,母猪代谢的同化能力强,体重增加很快,所需营养物质显著增加,胎儿体积增加,子宫膨胀,消化器官受挤压,消化功能受到影响。此期减少青绿饲料的喂量,增加精料特别是蛋白质较多的饼类饲料,满足母猪体重与胎儿生长发育迅速增长的需要。

胚胎 2/3 的体重是在妊娠后期的 1/3 时间内生长的,即妊娠的最后一个月是胎儿生长发育的高峰期,故应增加饲料喂量,但应注意产前 1 周减料。在生产实践中,以 80 d(11~12 周)为界,分妊娠前期和妊娠后期。

3. 早期妊娠诊断

为了缩短母猪的繁殖周期、增加年产仔窝数,需要对配种后的母猪进行早期妊娠诊断。母猪妊娠后性情温驯、喜安静、贪睡、食量增加、容易上膘、皮毛光亮、阴户收缩。一般来说,母猪配种后经一个发情周期未表现发情,基本上认为母猪已妊娠。但配种后不再发情的母猪并不绝对肯定已妊娠,同时要注意个别母猪的"假发情"现象,即表现为发情征状不明显、持续时间短、不愿接近公猪、不接受爬跨等。

近十年来,代替经验判断的诸多类型妊娠诊断仪器相继问世,具有安全、省时、操作简便、准确率高的 B 超测定技术越来越多地应用到母猪早期妊娠诊断中,但至今仍缺乏有关使用 B 超进行母猪早期妊娠诊断的标准,对 B 超的具体使用方法缺乏统一规范,对该技术的推广应用产生了不利影响。2013 年,上海市动物疫病预防控制中心制定了"母猪早期妊娠诊断 B 型超声波法",具体内容如下。

(1) 诊断仪器的选用:B 超诊断仪器具有亮度、灰度、对比度、增益度等图像调节参数,以及多级扫描深度、扫描角度、动态范围和基本信息输入等功能。配备 2.5～7.5 MHz 扇形或凸阵探头。最大探测深度≥180 mm,盲区≤8 mm,横向几何精度≤20%,纵向几何精度≤10%。

(2) 检查准备:母猪处于定位栏内,不需要保定,侧卧或站立姿势。母猪不处于定位栏饲养时,使其靠近舍墙自然保定,待其安静时测定,记录待测母猪配种日期。用湿毛巾将母猪腹部擦拭干净,打开 B 超仪开关,待机器自检正常后,调节屏幕声像图参数到最佳状态,在 B 超仪探头部位涂抹耦合剂。

(3) 检查方法:首次检查最佳时间选择为母猪配种后第 24～28 d。对于疑似受孕和未受孕的母猪,须在母猪配种后第 31～35 d 期间再次检查,直至确诊。检查部位为母猪腹部后肋部内侧或倒数第 2～3 乳头基线之间至腹部 3 cm 处。首次探测时,探头朝向耻骨前缘骨盆腔入口方向,以 45°斜向对侧上方。随着母猪妊娠日龄的增长,胎囊位置稍微前移,探测部位相应前移。

检查时紧贴皮肤,调整 B 超仪灰度、对比度、增益度以及远场、近场等声像图质量信号强度,以获得最合适声像图。检查时,首先朝向母猪的泌尿生殖道进行滑动扫查或扇形扫查,探查到膀胱后,再向膀胱的上部或者侧部扫查,获得清晰的声像图时立即按下冻结按钮,冻结声像图。同一头猪平行诊断两次,疑似未孕母猪需要两侧探查。

(4) 结果判定:一般检查 2 次,具体判定如下。

① 母猪配种后第 24～28 d 检查。

妊娠阳性:在子宫切面看到有 1 个或数个大小不一、不规则圆形的胎囊暗区(见图 5 - 1 A1～A5),即判定为妊娠阳性。

疑似妊娠:若切面显示有暗区,但呈现褶皱、扁平(多为肠道)等非胎囊形状(见图 5 - 1 A6),即判定为疑似妊娠。

妊娠阴性:若切面未见胎囊暗区(见图 5 - 1 A7),即判定为妊娠阴性。

疑似妊娠和妊娠阴性母猪需要特别记录,留待配种后第 31～35 d 时复诊。

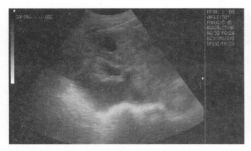

A1 母猪妊娠 24 d

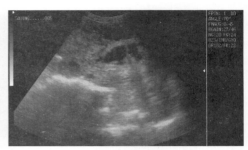

A2 母猪妊娠 25 d

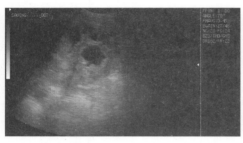

A3 母猪妊娠 26 d

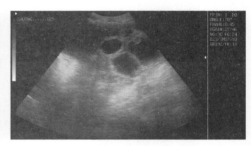

A4 母猪妊娠 27 d

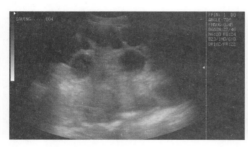

A5 母猪妊娠 28 d

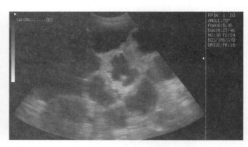

A6 母猪配种 26 d 疑似妊娠

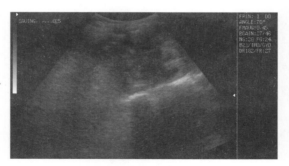

A7 母猪配种 25 d 疑似未妊娠

图 5-1 母猪配种 24～28 d 时 B 超声像图示例

② 母猪配种后第 31～35 d 检查。

妊娠阳性：妊娠母猪的 B 超仪声像图明显，不但可探查到胎囊，部分甚至可探查到胎囊的孕体（见图 5-2 B1～B5），即判定为妊娠阳性。

假孕症：此阶段未受孕且未返情的母猪，B 超仪第 31～35 d 的声像图均探查不到胚囊或者孕体，即判定为母猪假孕症（见图 5-2 B6）。

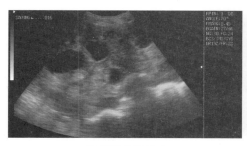
B1 母猪妊娠 31 d

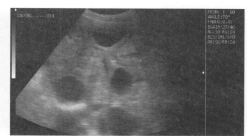
B2 母猪妊娠 32 d

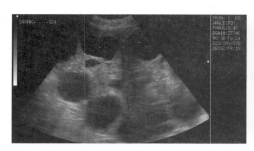
B3 母猪妊娠 33 d

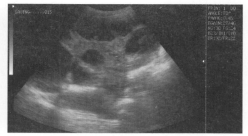
B4 母猪妊娠 34 d

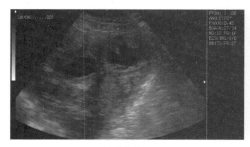
B5 母猪妊娠 35 d

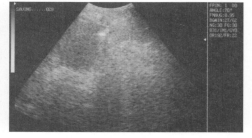
B6 母猪配种 35 d 未妊娠（假孕症）

图 5-2　母猪配种 31～35 d 时 B 超声像图示例

4. 妊娠母猪饲养

（1）妊娠母猪的营养需要及合理饲喂：保证饲料新鲜、营养平衡，不喂发霉、变质和有毒的饲料,供给清洁饮水。饲料种类也不宜经常变换。配种后 1 个月内母猪应适当减料(仅供正常量的 80%),防止采食过量,体内产热过多而引起胚胎死亡。妊娠后期(85 d 起)应加料 30%～50%,促进胎儿生长。随着妊娠天数的增加,妊娠母猪对营养物质的需要增多,特别是产前 20 多天需要量最多,其中以蛋白质、钙、磷的需要量最多。因此,在妊娠母猪的饲养上,一般把母猪妊娠期分为两个阶段,前 80～90 d 称为妊娠前期,后 20～30 d 称为妊娠后期,分别采取不同的饲养,既要保证母体健康,又要保证胎儿得到充分发育。但也可细分为 3 个阶段,妊娠前期为配种后 4 周内,妊娠中期为配种后 4 周至产前 4 周,妊娠后期为产前 4 周至产仔。

① 妊娠前期:该阶段胚胎发育缓慢,需要的营养不多,如精料喂得太多容易造成胚胎早期死亡。因此,一般采取空怀母猪的饲养标准。妊娠前期(配种后 4 周内),胚胎几乎不需额外的营养,此时若母猪采食量大,将会增加胚胎死亡,所以此阶段应限制采食,一般日饲喂量为 2.0 kg,但对体况特别差的断奶母猪可以多喂一些饲料。日粮营养水平:消化能 12.19～13.39 MJ,粗蛋白含量 14%～15%。

② 妊娠中期:这一阶段根据母猪体况限制饲喂量,日喂 1.8～2.2 kg,以保持母猪的膘情在 3.5～4.0 分。同时,日粮应适当提高粗纤维的水平,以增加饱感、防止便秘。要严防因日粮采食过多而导致母猪肥胖。日粮营养水平与前期相同。

③ 妊娠后期:仔猪初生重的 60%～70%都是在这一阶段快速生长的。因此,对产前 4 周的妊娠母猪应加强营养,促进胎儿快速生长,并为产乳做一些储备。一般在这一阶段可开始饲喂哺乳母猪料,日饲喂量为 2.5～3.0 kg,但在产前 5～7 d 要逐渐减量,特别是肥胖的母猪在产前 7 d 就要减料,直到产仔当天停喂饲料。日粮营养水平:消化能 13.81～15.07 MJ,粗蛋白 16%～17%,赖氨酸在 0.8%以上。优质青绿和青贮饲料特别适合于饲喂妊娠母猪,既有利于维持旺盛食欲,促进消化吸收和粪便排泄,又有利于提高产仔数和降低饲料成本,所以有条件的猪场每天可适当加喂青饲料。

妊娠后期尤其是产前 30 d 胎儿生长速度加快,母体的营养贮备难以满足胎儿的需求,因而要提高饲料营养水平,这对胎儿的发育、提高产仔的质量、增加母体内营养物质的贮备和产后泌乳需要都大有益处。妊娠后期母体子宫及其内容物体积增大,使腹腔压力增大,为了避免因采食而使子宫受到压迫,同时又要提高营养摄取量,应增加精料比例,减少饲料体积或少吃多餐,防止母猪过食而导致消化不良或便秘。每头每日喂以上营养水平的混合料 2.5～2.8 kg。

(2) 妊娠母猪饲养方式:在饲养过程中,因母猪的年龄、发育体况不同而采用不同的饲养方式。但无论采取何种饲养方式都必须看膘投料。妊娠母猪应有中等膘情,一般要求经产母猪产前应达到七八成膘情,初产母猪要有八成膘情。根据母猪的膘情和生理特点来确定喂料量。

① 抓两头带中间饲养法:适用于断奶后膘情较差的经产母猪和哺乳期长的母猪。在农村由于饲料营养水平低,加上地方品种母猪泌乳性能好、带仔多、母猪体况较差,故选用此法。在整个妊娠期形成"高—低—高"的营养水平。

② 步步高饲养法:适用于初配母猪。配种时母猪还在生长发育,营养需要量较大,所以整个妊娠期间的营养水平都要逐渐增加,到产前一个月达到高峰。其途径有提高饲料营养浓度和增加饲喂量两种,主要是以提高蛋白质和矿物质为主。

③ 前粗后精法:即前低后高法。此法适用于配种前膘情较好的经产母猪,通常为营养水平较好的提早断奶母猪。

④ "一贯式"饲养法:妊娠期,合成代谢能力增强、营养利用率提高,这些生理特征在保持饲料营养全面的同时,采取全程饲料供给"一贯式"的饲养方式。值得注意的是,在饲料配制时,营养不能过高,也不能过低。

(3) 妊娠母猪饲养应注意的问题:妊娠母猪的饲料必须保证质量,凡是发霉、变质、冰冻、带有毒性及强烈刺激性的饲料(如酒糟、棉籽饼)均不能用来饲喂妊娠母猪,否则容易引起流产。饲喂的时间、次数要有规律性,即定时定量,每日饲喂2～3次为宜。饲料不能频繁更换和突然改变,否则易引起消化机能的不适应。日粮必须要全面、多样化且适口性好,妊娠3个月后应该限制青粗饲料的供给量,否则容易因压迫胎儿而引起流产。

5. 妊娠母猪管理

通过健康管理、卫生管理、环境控制等管理措施,减少胚胎早期死亡数;坚持常规检查及时查出空怀母猪;通过营养调节使母猪群膘情符合标准;提高母猪分娩率、产仔数;初生仔猪健壮、均匀度好。

(1) 母猪妊娠早期管理:母猪妊娠早期(0～28 d)管理的主要目的是防止母猪妊娠早期胚胎死亡、提高胚胎的成活率。对妊娠0～7 d的母猪,采取限饲高能量饲料或减少饲喂量,有利于减少母猪体内肾上腺素分泌、提高体内孕酮水平并使母猪进入妊娠状态。反之,会增加体增热和降低体内孕酮水平,使受孕母猪性行为延长,推迟进入妊娠状态,对刚形成的结合子保护力下降,受精卵死亡率升高。妊娠母猪早期胚胎死亡率占整个妊娠期死亡率的80%,其中妊娠9～13 d的囊胚期和18～24 d的胚胎着床期为2个死亡高峰期,约占胚胎死亡数的50%。造成此阶段损失的原因,除先天性的遗传缺陷和泌乳期过多的体组织损失外,应激、营养、健康、环境、卫生等管理方面不到位都会导致胚胎早期死亡率升高。因此,母猪妊娠早期的饲养管理应得到与哺乳期相同的重视。

不良的环境卫生条件极易引起母猪妊娠早期胚胎死亡。保持环境干净且干燥、定期对栏舍进行清洗消毒等,是确保母猪健康的基本工作,也是母猪妊娠全程所必须做好的基础性工作。

热应激会引起妊娠母猪的健康状况不佳、采食量不够,并干扰妊娠母猪生殖激素的正常分泌。高温是造成妊娠母猪早期胚胎和后期胎儿死亡的重要原因,妊娠母猪机体散热功能减退、物理调节不能维持热应激平衡、体内蓄热等导致体温升高,同时使生殖道温度升高,不利于受精卵的附植和发育。因此,要采取及时、有效的降温措施,创造猪舍内适宜的环境温度(18～22 ℃),以减轻夏季热应激的影响。

消除或减少应激、保持猪舍内安静,可提高妊娠早期胚胎成活率。避免过冷或过热、环境突变、移动、惊吓、超大剂量疫苗免疫、极度限饲、饮水不够、栏舍卫生差且长期潮湿、氨浓度超标、公猪频繁刺激、环境噪声大、饲养人员频繁调换、饲养密度过大等应激源的产生。

(2)母猪妊娠中期管理:母猪妊娠中期(29～90 d)管理的重点是恢复和控制膘情。通过饲喂量的调节,把妊娠中期母猪群膘情调整为标准体况。

(3)母猪妊娠后期管理:母猪妊娠后期(91～110 d)管理的重点是防止妊娠后期母猪热应激,确保妊娠后期母猪食欲旺盛、体质健康,防止便秘;满足母猪妊娠后期胎儿营养需要,确保仔猪初生重达标。

胎儿70%以上的增重要依靠母猪妊娠后期的营养供给,仔猪初生重和均匀度也取决于这一时期的营养状况,同时也影响哺乳母猪的生长性能及下一胎的产仔数。母猪妊娠后期营养管理,要根据各猪场的设备和设施条件、母猪妊娠后期的膘情情况、不同季节气温情况、经产母猪与初产母猪的营养差异性等因素,确定母猪妊娠后期的投料标准,以免因胎儿过大造成难产,或因胎儿过小影响仔猪生产成绩。

(4)小群饲养和单栏饲养:小群饲养就是将配种期相近、体重大小和性情强弱相近的3～5头母猪放在一圈饲养。到妊娠后期每圈饲养2～3头。小群饲养的优点是妊娠母猪可以自由运动,食欲旺盛;缺点是如果分群不当,胆小的母猪吃食少,影响胎儿的生长发育。单栏饲养也称定位饲养,优点是采食量均匀;缺点是不能自由运动,肢蹄病较多。

(5)适当转群:为防止妊娠母猪流产,减少胚胎死亡,应按时转群。妊娠25 d进入保胎房,临产前1周进入产房,在转群时应做好母猪体表消毒工作,按时间顺序依次进入洁净、消毒好的栏位。在转群过程中防止母猪相互打斗、滑倒或其他机械损伤,保证母猪安全进入各自的栏舍。

(6) 耐心管理:对妊娠母猪态度要温和,不要打骂惊吓,还要经常触摸妊娠母猪的腹部,便于将来接产管理。每天都要观察母猪吃食、饮水、粪尿和精神状态,做到及时防病治病和定期驱虫。

(7) 注意观察:坚持每天观察妊娠母猪的健康状态,如精神、运动、姿势、粪便、吃料及排泄物和分泌物等;检查母猪是否返情(尤其是配种后 18～24 d 和 40～44 d),若返情应及时再配,防止空怀;对屡配不孕,且用药物处理无效者及时淘汰。

(8) 良好的环境条件:保持猪舍清洁卫生和栏舍干燥,注意防寒防暑,有良好的通风换气设备。保持猪舍安静,除喂料及清理卫生外,不应过多骚扰母猪休息。

6. 预产期的推算

母猪配种时要详细记录配种日期和与配公猪的品种及耳号。一旦认定母猪妊娠就要推算出预产期,便于饲养管理,做好接产准备。母猪的妊娠期为 110～120 d,平均为 114 d。推算母猪预产期均按 114 d 进行。

7. 减少胚胎死亡

(1) 胚胎死亡的原因:①配种时间不当,精子或卵子较弱,虽然能受精但受精卵的生活力低,容易早期死亡被母体吸收形成化胎。②高度近亲繁殖使胚胎生活力低,形成死胎或畸形。③母猪饲料营养不全,特别是缺乏蛋白质、维生素 A、维生素 D、维生素 E、钙和磷等,容易引起死胎。④饲喂发霉变质、有毒有害、有刺激性的饲料,冬季饲喂冰冻饲料等,容易引发流产。⑤母猪管理不当,受高温、鞭打、追赶等,母猪相互咬架或进出窄小的猪圈门时相互拥挤等,都可能造成母猪流产。⑥猪瘟、细小病毒、日本乙型脑炎、伪狂犬病、繁殖与呼吸综合征、布鲁菌病、螺旋体病等疾病也会引起妊娠母猪流产。

(2) 减少胚胎死亡措施:①尽量避免近亲繁殖和老年公、母猪交配,适时配种、重复配种。②搞好环境卫生与消毒、预防接种疫苗,防止传染病发生。③创造适宜环境条件:保持安静,谢绝参观,温度 16～22 ℃,相对湿度 70%～80%。④防止机械刺激和饲喂霉变、有毒的饲料,以免造成死胎和流产。⑤供给营养全价的饲料,前期注重质量,后期要求要有数量。

8. 分娩前后管理

(1) 临产征兆:行动不安,起卧不定,食欲减退,衔草做窝,乳房膨胀、具有光泽、能挤出奶水,频频排尿,阴门红肿、下垂,尾根两侧出现凹陷。有了这些征兆,一定要有人看管,做好接产准备工作。

(2) 接产:母猪分娩的持续时间为 0.5～6 h,平均约为 2.5 h,出生间隔平均为

15～20 min。产仔间隔越长,仔猪越弱,早期死亡的危险性越大。对于有难产史的母猪,要进行特别护理。

母猪分娩时一般不需要帮助,但出现烦躁、极度紧张、产仔间隔超过 45 min 等情况时,就要考虑人工助产。

接产技术:

① 临产前应让母猪躺下,用 0.1％的高锰酸钾溶液擦洗乳房及外阴部。

② 三擦一破:用手指将仔猪的口、鼻的黏液掏出并擦净,再用抹布将全身黏液擦净;撕破胎衣。

③ 断脐:先将脐带内的血液向仔猪腹部方向挤压,然后在距离腹部 4 cm 处用细线结扎,而后将外端用手拧断,断处用碘酒消毒。若断脐时流血过多,可用手指捏住断头,直到不出血为止。

④ 及时吃上初乳:仔猪出生后 10～20 min,应将其抓到母猪乳房处,协助其找到乳头并吸上乳汁,以得到营养物质和增强抗病力,同时又可加快母猪的产仔速度。

⑤ 保温:应将仔猪置于保温箱内(冬季尤为重要),箱内温度控制在 32～35 ℃。

⑥ 做好产仔记录:种猪场应在 24 h 之内进行个体称重,并剪耳号。种猪场在仔猪出生后要给每头猪进行编号,通常与称重同时进行。常见的编号方法有耳缺法、刺号法和耳标法。

(3)分娩前后的护理:临产前 5～7 d 应按日粮的 10％～20％减少精料,并调配容积较大且带轻泻性的饲料,可防止便秘。对体况差、乳少或无乳的,则应加强饲养,增喂动物性饲料或催乳药等。

分娩前 10～12 h 最好不再喂料,但应满足饮水,天冷水要加温。

第一天基本不喂,但要喂热麸皮盐水等,第二天视食欲逐步增加喂量,但不应喂得过饱,且饲料要易消化,1 周后恢复正常。日喂 3～4 次,喂量 6 kg 以上。在增料阶段,应注意母猪乳房的变化和仔猪粪便。若食欲下降,及时查找原因,尽快改善。方法:察看粪便,看是否便秘;察看外阴及乳房,看有无子宫炎、乳腺炎或其他疾病。对食欲不振的猪要对症治疗,并给予助消化的药品。

在分娩时和泌乳早期,饲喂抗生素能减少母猪子宫炎和分娩后短时间内有偶发缺乳症。

(七)哺乳母猪饲养管理

哺乳母猪除维持本身消耗外,每天还要产奶供小猪吮食,如饲养管理不当,营养物质供给不足,就会直接影响到母猪的泌乳量、仔猪成活率、仔猪断乳体重,以及断奶后母猪的正常发情和配种。因此,加强哺乳母猪的饲养管理是提高养猪经济效益的重要环节。

1. 哺乳母猪的泌乳规律

(1) 母乳成分:母乳可分为初乳与常乳。分娩 3 d 以内的乳为初乳,其为初生仔猪提供抗体,也有学者提出初乳还能提供其他因子而促进仔猪肠道的生长发育。初乳的干物质和蛋白质较常乳高,而乳脂、乳糖、灰分等较常乳低。

(2) 猪泌乳量:日泌乳量在整个泌乳期内均衡,如泌乳量从产后 4～5 d 开始上升,一般产后 3 周达到泌乳高峰,以后逐渐下降。整个泌乳期泌乳量可通过 20 日龄仔猪增重推算。20 日龄前仔猪每 1 kg 增重约需母乳 3 kg,一般地方猪种及杂种猪 20 d 泌乳量约占全期(60 d)泌乳量的 35%。20 d 泌乳量及全期泌乳量推算公式如下:

$$20\ d\ 泌乳量 = (20\ 日龄全窝仔猪重 - 全窝仔猪初生重) \times 3$$
$$全期泌乳量 = 20\ d\ 泌乳量 \div 35\%$$

(3) 影响泌乳量的因素:要饲养好哺乳母猪,先简要分析一下影响母猪泌乳量的有关因素。

① 品种:上海四大名猪的泌乳量较大。引进品种的泌乳量,大白猪较大,其次是长白猪,杜洛克、皮特兰较少。

② 胎次:一般来说第一胎和第六胎以上(特别是第八胎以上)泌乳量相对少一些,产仔少的母猪更差,以第三胎至第五胎为最好。

③ 季节:夏季产仔,哺乳母猪泌乳量最少。在高温季节,随着采食量下降,泌乳量减少。

④ 营养水平:必须保证足够的蛋白质、能量,尤其要保证赖氨酸充足,可促使母猪泌乳量增加。

⑤ 乳头位置:靠近胸部的前几对乳头泌乳量高于最后排乳头的泌乳量。

2. 哺乳母猪饲养

哺乳母猪一般靠消耗背膘来泌乳,在一定程度上会减轻一些体重,因此要通过饲养来控制体重的减轻程度,以防止发生繁殖问题。如果母猪在分娩后 7 d 不能很好地哺乳,就要检测日粮,特别注意钙和磷的水平。哺乳母猪要饲喂优质饲料,哺乳期饲料营养水平要高,饲料中用鱼粉、大豆磷脂等高质量原料,并注重适口性。

要使用哺乳母猪专用饲料,有条件时最好分为初产哺乳母猪饲料和经产哺乳母猪饲料。相对于经产母猪,初产母猪体格更小、采食量更少,如果带同样数量的哺乳仔猪,常出现身体消耗过度的现象,导致断奶后不能正常发情,所以对初产母猪应给予更优质的饲料和更优越的环境,以保证其断奶时有一个合格体况。对初产母猪,可采取增加优质饲料的办法,如在正常哺乳母猪饲料中另外增加2%的优质鱼粉等。哺乳母猪日粮要求适口性好、易消化、体积不宜过大,且要求新鲜、无霉、无毒等。哺乳母猪日粮中也应添加些麸皮、苜蓿草粉、甜菜渣等轻泻性饲料,以防便秘。有条件时可加喂一些优质青绿多汁饲料,也可在日粮中添加一定比例的油脂。

(1)哺乳母猪的营养需求:哺乳母猪全期应供给质量较好的饲料,自由采食或不限量喂养,设法使母猪最大程度地增加采食量。营养水平和饲喂量不仅要比空怀母猪高,而且比妊娠母猪也要高。哺乳母猪断奶失重以不超过产后体重的12%～15%为宜。

保证哺乳期内母猪的能量需求就能为母猪正常生理功能提供保证,确保生产活动的正常进行。若是饲料不能为母猪提供充足的能量,猪体自身就会分解脂肪以供能量需求,使得母猪脂肪大量流失,体重降低。因此,为保证母猪体重不减少,可以在饲料中加入不高于5%的脂肪类饲料。添加脂肪类饲料时一定要适量,过多的脂肪饲料会导致脂肪在猪体器官周围沉积,不利于繁殖。同时,饲料中脂肪过高也难以保存,易出现脂肪酸败,影响饲料的整体质量。日粮消化能不宜低于14.02 MJ,粗蛋白质不宜低于17%,且最好包括少量的动物性饲料,如鱼粉等。蛋白质含量应充足,氨基酸应平衡,这样有利于猪体吸收利用蛋白质。赖氨酸是影响母猪泌乳的第一大限制性因素。若是饲料中缺少氨基酸,就会出现猪体自行分解肌肉组织,以供泌乳所需,直接导致体重下降、体质变差。

母猪每日随乳汁排出钙12～16 g、磷9～10 g,加上母猪本身正常新陈代谢需要的钙、磷,所以,哺乳母猪的饲料中应含有0.9%～1%的钙、0.7%～0.8%的磷。

仔猪所需的维生素也皆来自母体,因此,对于母猪维生素的需求更是不可忽视。维生素饲料对促进母猪泌乳和仔猪发育是十分有利的,如维生素D可以促进猪体对磷、钙的吸收,维生素E可以提高猪体的免疫力,仔猪缺乏维生素可能导致成活率降低。

(2)哺乳母猪的饲喂

① 日采食量:饲喂哺乳料,并根据阶段、仔猪数量及母猪膘情合理安排饲喂量。原则是前后少,中间多。体重130～150 kg的母猪,在无青饲料时,泌乳盛期每日每头应喂给全价配合饲料不低于4 kg,并根据哺乳仔猪数量适当增减日喂量。

在产仔当天应当给予稀料或停料,母猪产后 8～10 h 可喂一些加盐的温水,或只喂麸皮汤,补充体液消耗。2～3 d 后喂量逐渐增加,5～7 d 后按标准喂。若产后饲喂过多,造成消化不良,影响泌乳,会造成仔猪死亡。少喂多餐:每天饲喂 3～4 次,每次间隔时间要均匀,尤其是产后几天,母猪体质较弱,消化力不强,有条件的场可加喂一些优质青绿饲料,使母猪乳汁充足。

分娩前后:妊娠母猪分娩前 5～7 d 转入分娩舍,逐渐更换为哺乳母猪饲料,日喂量 2 kg,日喂 2 次;分娩前 1～2 d 可减料 30%～50%,如果母猪膘情较差,则不减料;分娩当天不喂料,只饮水,最好给 2～3 次食盐麦麸汤(麦麸 200 g、食盐 25 g、水 2 kg);分娩后第 2 d,日喂量 1 kg,日喂 2 次;第 3 d 起每日增加喂量 0.5 kg,到产后 1 周时日喂量达到 4 kg。切忌分娩后 3 d 内过量饲喂,否则会因母猪消化不良而引起厌食,进而导致泌乳减少。产后第一周的饲料中可按 0.5% 的比例添加小苏打、益生素等。

泌乳高峰期:分娩后 1 周恢复到正常喂量,日喂量以每天 2 kg 饲料为基础,每增加 1 头仔猪增加 0.5 kg 饲料。日喂 3～4 次(可以在夜间加喂 1 次)。原则是尽可能增加母猪采食量,直到 25～30 d 泌乳高峰后或断奶前。

断奶前后:断奶前 3～5 d,可以适当减少喂量,日喂量减少 0.25～0.5 kg。断奶当天可不喂料,第 2 d 日喂量 2 kg,以提前控制泌乳,使其顺利干乳。从第 3 d 开始至配种当天,则要增加日喂量至 3～4 kg,日喂 2～3 次。

② 饲喂方式:哺乳母猪最好喂湿拌料,或在饲槽中先加干料,再放入 2 倍的水,可大大提高饲料的适口性。高温季节最好选择早晚较凉爽时饲喂。日粮结构要保持相对稳定,不要频繁变动,不喂发霉变质和有毒饲料,以免导致母猪中毒和仔猪腹泻等。

③ 供水:母猪需水量很大,每采食 1 kg 饲料需供水 2～5 L,泌乳高峰期每天采食量达 5～7 kg,需水达 15～25 L。因此,分娩舍内要设置流速 1 L/min 的自动饮水器和储水设备并注意检查,保证母猪和仔猪随时都能饮用到清洁的饮水。

3. 哺乳母猪管理

哺乳母猪最好实行高床限位饲养。产后应强迫母猪站立运动,站立吃料,恢复体况。对于产仔少、膘情差、哺乳能力差、早产的母猪,将母猪早断奶、仔猪并窝饲养。平时细心管理,注意观察母猪精神、食欲和粪便,以及仔猪生长发育变化等,如有异常及时查明原因,调整饲养管理措施等。

要注意保持环境安静、温暖、干燥、干净和空气新鲜,特别是有正在分娩母猪时要保持产房绝对安静。冬季应注意防寒保温,防止贼风侵袭,在夏季应注意防暑降温,防止母猪中暑和采食量降低,舍温保持在22~25℃。分娩舍每周喷雾消毒1~2次,断奶后彻底清理、冲洗、喷雾消毒,有条件的还可进行熏蒸消毒和火焰消毒。粪便要随时清扫,保持猪舍清洁、干燥和良好的通风,如果栏圈肮脏、潮湿会影响仔猪的生长发育,严重的会患病死亡。

要特别注意保护母猪的乳房和乳头,母猪乳腺发育与仔猪的吸吮有很大关系,特别是初产母猪,尽量使每个乳头均能充分利用,以免影响未被利用的乳头以后的泌乳量。分娩当天,挤压母猪的每个乳头,要能从每个乳头中挤出一点奶水,达到疏通泌乳孔的目的;分娩后每天可进行乳房按摩或热敷,促进泌乳;采取人工辅助的方法,使母猪养成两侧躺卧的习惯,并给仔猪固定乳头,以免影响以后乳房的发育;产栏要平坦,产床要去掉突出尖物,以免刮伤或刮掉乳头,使母猪拒绝哺乳。

母猪分娩后饮水量逐渐增加,只有保证充足清洁的饮水,才能有正常的泌乳量。故应在产房内设置乳头式自动饮水器(流速1 L/min)和储水设备,保证母猪随时都能饮水。

对产程较长或难产的母猪进行消炎保健,严格按照相关免疫程序对母猪和仔猪进行免疫接种工作。

4. 哺乳母猪异常情况处理

(1)乳腺炎:一种是乳房肿胀、体温上升、乳汁停止分泌的疾病,多出现于分娩之后。由于精料过多,缺乏青绿饲料引起便秘、难产、发高烧等疾病,引起乳腺炎;另一种是部分乳腺肿胀。由于哺乳期仔猪中途死亡,个别乳头没有仔猪吮乳,或母猪断奶过急使个别乳房肿胀、乳头损伤、细菌侵入而引起乳腺炎。治疗时可用手或湿布按摩乳房,将残存乳汁挤出,每天挤4~5次,2~3 d乳房出现皱褶,逐渐上缩。如乳房已变硬,挤出的乳汁呈脓状,可注射抗生素或磺胺类药物进行治疗。

(2)产褥热:母猪产后感染,体温上升到41℃,全身痉挛,停止泌乳。该病多发生在炎热季节。为预防此病的发生,产前要减少饲料喂量,分娩前几天喂轻泻性饲料以减轻母猪消化道负担。若发生了,应及时治疗。

(3)产后乳少或无乳:最常见的有以下4种情况。母猪妊娠期间饲养管理不善,特别是妊娠后期饲养水平太低,母猪消瘦,乳腺发育不良;母猪年老体弱,食欲不振,消化不良,营养不足;母猪妊娠期间喂给大量碳水化合物饲料,而蛋白质、维生素和矿物质供给不足;母猪过胖,内分泌失调;母猪体质差,产圈未消毒,分娩时容易发生产道和子宫感染。故必须搞好母猪的饲养管理,及时淘汰老龄母猪,做好产圈消毒和接产护理。

催乳技术：喂给催乳饲料，如豆浆、麸皮汤、小米粥、小鱼汤等；多喂优质青草等；喂党参、当归等中草药催乳。

（八）哺乳仔猪饲养管理

哺乳仔猪是指从出生至断奶前的仔猪。仔猪出生后生存环境发生了根本的变化，要根据此阶段仔猪的生理特点制定合理的饲养管理方案。

1. 哺乳仔猪饲养

（1）保证初乳摄入：初乳对初生仔猪十分重要，除了能够提供丰富的营养物质外，还能使仔猪获得免疫抗体，增强适应能力。初乳中蛋白质含量高，且含有轻泻作用的镁盐，能促进胎便的排出。初乳酸度较高，可弥补初生仔猪消化道不发达和消化腺功能不完善的缺陷，还有利于仔猪消化道活动。因此，使仔猪尽快吃足初乳，最迟不超过 2 h。若进行乳前免疫，至少要在新生仔猪出生 1 h 后吃到初乳。

（2）哺乳仔猪补料：要养好哺乳仔猪，除了让仔猪吃足初乳外，还要注意抓好补料关，以提高断奶重。

① 补铁：铁是合成血红蛋白的原料，缺铁导致仔猪血红蛋白含量下降。正常仔猪 100 mL 血液中含 8～12 g 血红蛋白，铁的含量也比较高，而遗憾的是母乳的含铁量极低，仔猪初生时体内铁的贮存大致为 50 mg，远远不能满足合成血红蛋白的需要。日本养猪专家在 20 世纪 70 年代初期就已提出初生仔猪先天性缺铁的科学论断。我国畜牧科技工作者是在 20 世纪 80 年代后期才普遍达成共识。初生仔猪体内铁的贮存量很少，约 50 mg（个体间变异很大），每天需要约 7 mg 铁。母乳中含铁量很少，仔猪每天从母乳中最多可获得 1 mg 铁。因此，仔猪体内贮存的铁很快就会耗尽，如得不到补充，早者 3～4 日龄，晚者 8～9 日龄便可出现缺铁性红细胞贫血症（血红蛋白水平降低，并伴有皮肤和黏膜苍白，被毛粗乱，轻度腹泻，生长停滞，严重者死亡）。

补铁方法：常用的有以下 3 种。

口服铁铜合剂补饲法：3 日龄起补饲。把 2.5 g 硫酸亚铁和 1 g 硫酸铜溶于 1 000 mL 水中配制而成合剂。可滴于母猪乳头上令其吸食，也可用奶瓶直接滴喂。每天 1～2 次，每头每天约 10 mL。

肌内注射补铁：市售的有英国产的血多素、加拿大产的富血来，以及我国广西产的牲血素、上海产的右旋糖苷铁等。一般于 3～4 日龄注射 100～150 mg，2 周龄时再注射一次。如右旋糖酐铁，3.3 mL/头，颈侧肌内分点注射，3 日龄注射 1～2 mL，7 日龄再注射 2 mL。

舔剂法：生后 5 d 补饲骨粉、食盐、炭末、红土，拌上铁铜合剂，自由采食。

② 补铜：与体内正常的造血作用和神经细胞、骨骼、结缔组织及毛发的正常发育有关。缺乏铜同样会发生贫血，但在通常情况下不易缺乏。在生产中，高剂量铜作为生长促进剂使用。

使用高铜要注意的问题：补饲不能过量，过量会引起中毒。生长猪对铜的需要量仅为 4～6 mg/kg，高铜添加不得超过 250 mg/kg，一般添加量 125～250 mg/kg。

日粮中的锌、铁与铜有拮抗作用。所用铜的形态，一般认为以硫酸铜最好，其他的铜盐也可。不同化合物效果不同，主要与其溶解度不同有关。

③ 补硒：缺硒仔猪可能发生缺硒性下痢、肝脏坏死和白肌病。仔猪宜于生后 3 d 内注射 0.1% 的亚硒酸钠与维生素 E 合剂，每头 0.5 mL。10 日龄补第二针。

④ 补水：哺乳仔猪生长迅速，代谢旺盛；猪乳的含脂率高；所需水量较大，2～3 日龄补水，水中可添加 0.8% 盐酸或抗生素或电解质、多维素，水要经常更换，保持新鲜、卫生。在 1 周龄、体重 1.3～2.6 kg 时，每天补水 500 mL；在 2 周龄、体重 2.6～4.1 kg 时，每天补水 600 mL；在 3 周龄、体重 4.1～5.8 kg 时，每天补水 700 mL；在 4 周龄、体重 5.8～7.7 kg 时，每天补水 800 mL；在 5 周龄、体重 7.7～9.8 kg 时，每天补水 1 000 mL。建议装置乳猪专用饮水器（乳头式）任其自由饮用。最初应调教其饮水。

⑤ 补料：仔猪的生长速度非常快，产后 2～3 周母乳基本上能满足仔猪生长发育需要，但受到饲料营养、胎次、带仔数等因素制约，要看具体情况而定。母猪泌乳受生理激素变化而变化，不可能无限制泌乳，更不可能无限制通过饲料等条件增加泌乳量。在产仔 3 周后，母猪受雌激素影响，泌乳激素逐步下降，泌乳量也逐步下降，然后仔猪生长却直线上升，母乳营养与仔猪生长的矛盾越来越大，依靠母乳不再能满足仔猪生长需要，必须以饲料营养逐步取代母乳营养。此期必须做到：一是训练仔猪由引食到旺食的补料阶段逐步过渡到以饲料营养取代母乳营养；二是饲料营养成分不仅要与母乳营养相类似，而且还要根据仔猪生长需要在某些营养成分方面优于母猪，两者都做得很好，仔猪的消化道功能得到锻炼、营养得到满足、消化道的免疫系统就会很好适应环境。

补料是非常细致的工作，饲养员一定要耐心，要按顺序进行，不能急于求成。过去认为开始补料时间越早越好，有 3 d、5 d 的。现代科学研究表明，枫泾猪出生 7～10 d 引食为宜，刚开始时不要指望一下子能吃很多，其实仔猪只会舔，咀嚼还不会。开始只是好奇，在光线好、仔猪走动的地方撒上 10 g 颗粒料，仔猪在闻到香味，舔到甜味时会慢慢开始吃，以后逐步放在固定的料槽内给仔猪吃。乳猪料内加一定比例的乳清粉、白糖及香料是非常必要的。养殖户在采购乳猪料时,切忌为了一点便宜,从设备、技术都不成熟的简易饲料加工厂购买。

在第3～4周能吃到每天600 g料时可以断奶了。有的养殖户不根据实际情况,盲目提早断奶,如到21 d即断,但是仔猪以吃奶为主仅吃少量料,这样断奶势必影响仔猪生长。

仔猪的补料可分为调教期、适应期和旺盛期。

调教期:从开始训练仔猪认料到仔猪能认料,一般需要1周(7～15日龄)。这时仔猪的消化器官处于强烈生长发育阶段,消化功能不完善,母乳基本上能满足仔猪的营养需要,但仔猪开始长牙,四处活动、啃咬异物。因此,训练时每天数次把仔猪赶入放有香甜可口的干粉料、炒熟炒香的颗粒料的补料间内,让其自由采食。此外,根据仔猪具有好奇、模仿和争食的特性,采取母带崽、大带小的办法,让仔猪跟随母猪或已能吃料的仔猪学吃料,也较易奏效。

适应期:从仔猪认料到能正式吃料的过程为适应期,一般约需10 d(15～30日龄)。补料的目的在于供给部分营养物质并使仔猪能适应植物性饲料,为旺食期奠定基础。由于仔猪对母乳还有很大的依赖性,故训练先让仔猪吃料,然后再吃奶。饲料应尽量香甜可口,保证营养的全价性,每天适当增加饲喂次数或自由采食。

旺食期:从仔猪正式吃料到断奶的一段时间。这阶段仔猪能大量采食和消化植物性饲料。

3. 哺乳仔猪管理

(1)做好接产护理:母猪产仔时饲养员必须在场,按常规对仔猪进行合理护理;清洗母猪乳头,然后挤掉母猪最初几滴初乳后再让仔猪吃乳。

仔猪生后6 h,通常脐带会自动脱落,弱仔需要的时间会长些。如果仔猪脐带流血,要在脐带距身体2.5 cm处系上带子以便止血。另外,也可采取断脐措施,通常留下8～9 cm并系紧,涂2%的碘酒消毒。

(2)加强保温:仔猪调节体温的能力差、怕冷。糖原和脂肪等能源储备有限,一般在24 h之内就要消耗殆尽,对低血糖极其敏感。仔猪的适宜温度因日龄长短而异,生后1～3日龄为30～32 ℃,4～7日龄为28～30 ℃,15～30日龄为22～25 ℃,2～3月龄为22 ℃。同时,要求温度稳定,最忌忽高忽低和骤然变化。

太湖流域的梅山猪等因为品种特性,易得喘气病,所以更加要重视防寒保暖工作,减少喘气病的发生,具体保温措施有以下几点。

① 设保温设施:在产栏一角设置仔猪保温箱,有木制、水泥制和玻璃钢制等多

种。大小：长 100 cm、高 60 cm、宽 60 cm,箱的上盖有 1/3~1/2 为活动的,人可随时观察仔猪,在箱的一侧靠地面处留一个高 30 cm、宽 20 cm 的小门,供仔猪自由出入。热源：红外线灯 150~250 W,离地 40~50 cm;白炽灯 60~100 W;安置保温板,温度控制在 36~38 ℃。

② 产房大环境的防寒保温：保持产房清洁、卫生、干燥,防贼风,加铺垫草,屋架下铺塑料布等,使产房环境温度最好保持在 22~23 ℃(哺乳母猪最适合的温度)。

③ 避免寒冷季节产仔：可采用 3~5 月份及 9~10 月份季节产仔制。

(3) 固定乳头：仔猪天生有固定乳头吮乳的习惯,开始几次吸食某个乳头,一经认定就不肯改变。为使全窝仔猪生长发育均匀、健壮,提高成活率,应在仔猪生后 2~3 d 进行人工辅助固定乳头。固定乳头以自选为主,人工控制为辅。据科研人员测试,从胸前乳头依次往后躯排列,前面的乳头泌乳力强,越往后泌乳力越弱,但母猪的乳头内有 2~3 条乳腺(不像奶牛的乳房内有乳池,可贮存大量乳汁),必须经过外界刺激(乳猪的吮吸过程中拱就是刺激方式)引起大脑中枢兴奋反射,脑下垂体后叶产生泌乳素才有乳汁。因此,个体大、力量强的仔猪固定在后躯乳头,体质差、个体小的仔猪应固定在前躯乳头,这样做可以保证仔猪发育均匀、整齐,也可保证母猪乳房健康发育,有利于下一胎哺乳。

(4) 防止挤压

① 发生挤压的原因：初生仔猪体质较弱、行动迟缓,对复杂的环境不适应,容易被母猪压踩致伤甚至死亡。母猪产后疲劳,或因母猪肢蹄有病疼痛,起卧不方便,也有个别母猪母性差,不会哺育仔猪造成压踩仔猪。产房环境不良、管理不善造成压踩仔猪。

② 防止挤压的措施：设母猪限位架(栏)或产床,从而限制母猪大范围的运动和躺卧方式,以防运动或起卧不当压死仔猪。限位栏长为 2.0~2.2 m,宽为 60~65 cm,高为 90~100 cm。设置保育箱,使仔猪有专用的活动空间。保持环境安静,避免惊动母猪。加强管理产房,要有人看管,夜间要值班,一旦发现仔猪被压,立即哄起母猪,救出仔猪。

(5) 寄养：在母猪产仔过多或无力哺乳自己所生的部分或全部仔猪时,应将这些仔猪移给其他母猪喂养。梅山猪母性好,对于寄养仔猪较能接受。枫泾猪产仔过多是常见的,超过了哺育能力,必须寄养。被带奶的母猪的产期建议改在 3 d 之内,如能吃到被带奶母猪初乳就更好了。为消除带奶母猪与被带奶仔猪之间不同气味,可用来苏儿等有强烈气味消毒药(低浓度)喷在双方身上(在带奶母猪自己的仔猪身上也应喷），在放奶时，先放被带仔猪，待母猪安定放奶时，再放自己的仔猪。增加弱小仔猪吃奶次数。

① 仔猪寄养的原则

"下寄"原则：即出生早的往出生晚的窝中寄出，寄大不寄小。

"一致"原则：寄出的猪要与带养猪中仔猪个体重、大小基本一致，两窝产期接近，最好不超过 3 d，且寄养仔猪要吃上初乳。

"适当"原则：带养母猪所带仔猪头数要适当，要选择泌乳量高、性情温顺、哺育性能强的母猪负担寄养任务。

② 寄养的技术要点

混圈和味：寄养时，把寄入的仔猪用带养母猪的胎衣、羊水或垫草擦涂一下；用带养母猪的乳汁喷涂寄养仔猪；也可用少量的酒精喷在带养母猪鼻端和仔猪身上，使它不能通过气味来分辨寄入仔猪。

饿奶、胀奶：把寄养仔猪和原有仔猪放在一起，延后喂奶，使两窝仔猪气味相近，此时母猪的乳房已膨胀，仔猪也感饥饿，再放出哺乳，寄养仔猪和带养母猪较易相互接受。

（6）去势：建议小公猪在断奶前阉割，以减少应激反应。去势时间早，应激小、易操作、容易恢复，一般适宜的时间为 10～20 日龄。

（九）断奶仔猪饲养管理

从断奶至 70 日龄的仔猪称断奶仔猪，也称保育猪。断奶对仔猪是一个应激，表现为：一是营养改变，饲料由吃温热的液体母乳变成吃固体的生干饲料；二是生活方式改变，由依靠母猪到独立生存；三是生活环境的改变，由产房转移到保育舍，并伴随着重新组群；四是最容易受病原微生物的感染而患病。总之，断奶引起仔猪的应激反应，会影响仔猪正常的生长发育并造成疾病。因此，必须加强断奶仔猪的饲养管理，以减轻断奶应激带来的损失，尽快恢复生长。

1. 做好断奶工作

（1）断奶日龄：采用 30～35 日龄断奶比较合适。

（2）断奶方法

① 一次断奶法：一般规模猪场采用此方法，即当仔猪达到预定断奶日龄时，将母猪隔出，仔猪留原圈饲养。此法由于断奶突然，易因食物及环境突然改变而引起仔猪消化不良，又易使母猪乳房胀痛，烦躁不安，或发生乳腺炎，对母猪和仔猪均不利。应用此方法断奶较简便，注意加强对母猪和仔猪的护理，断奶前 3 d 要减少母

猪精料和青料量,以减少乳汁分泌。

②分批断奶法:在母猪断奶前7 d先从窝中取走一部分个体大的仔猪,剩下的个体小的仔猪数日后再行断奶,以便仔猪获得更多的母乳,增加断奶体重。缺点是断奶时间长,不利母猪再发情配种。一般农户养猪可以采取此法断奶。

③逐渐断奶法:在断奶前4~6 d开始控制哺乳次数,第1 d让仔猪哺乳4~5次,以后逐渐减少哺乳次数,使母猪和仔猪都有一个适应过程,最后到断奶日期再把母猪隔离出去。此方法可避免母猪和仔猪遭受突然断奶的刺激,对母、仔均有好处。缺点是管理较麻烦,增加工作量。

2. 断奶仔猪饲养

仔猪断奶后其环境尤其是温度要维持原状,逐步调整,即前面所讲平衡过渡。饲料营养在2周之内逐步调整。乳猪料由多到少,生长猪料由少到多,适当添加抗生素(以硫酸黏杆菌素较为理想)。同窝猪中一有"落脚猪"应及时移出,单独开小灶。仔猪饮水必须敞开,采用乳头式饮水器为好,若出现咬尾、咬耳,被咬部位立即涂上碘酒或其他消炎、消毒药。

(1)过渡期饲养:包括以下3种方式。

①饲料类型过渡:刚断奶仔猪1~2周不能立即换用小猪料,可用乳猪料在原栏饲养几天后再转往保育舍。转料需有一个过程,一般在1周内转完,并采取逐步更换的方法(每天20%的替换率)。在转料过程中,一旦发现异常情况,须立即停止转料,直到好转后才继续换料。转料过程中注意提供洁净的饮水和电解质。

②饲喂方法过渡:在断奶后2~3 d要适当控制给料量,不要让仔猪吃得过饱,每天可多次投料(4~5次,加喂夜餐,日喂量为原来的70%),以防止消化不良而下痢。日粮组成以低蛋白质水平饲料为好(控制在19%以内),能有效地防止或减少腹泻,但要慎重,因这种饲料会影响长速。饲料中增加一些预防性的药物。注意饲料适口性,以颗粒或粗粉料为好。保证充足的饮水,断奶仔猪栏内应安装自动饮水器,保证随时供给仔猪清洁饮水。

③生活环境过渡:即不调离原圈、不混群并窝的"原圈培育法"。断奶时把母猪从产栏调出,仔猪留原圈饲养。饲养一段时间(7~15 d),待采食及粪便正常后再进行转圈。集约化养猪场采取全进全出的生产方式,仔猪断奶立即转入仔猪培育舍,猪转走后立即清扫消毒,再转入待产母猪。断奶仔猪转群时一般采取"原窝培育",即将原窝仔猪转入培育舍在同一栏内饲养。不要在断奶同时把几窝仔猪混群饲养,避免仔猪受断奶、咬架和环境变化等多重刺激。

（2）饲养方式：包括网床饲养和微生物发酵床饲养。

① 网床饲养：利用网床饲养断奶仔猪，仔猪离开地面，减少冬季地面传导散热的损失，提高饲养温度，在网床一侧地面增铺电热地暖，很好地解决了冬季防寒保暖问题。粪尿、污水能随时通过漏缝网格漏到网下，减少了仔猪接触污染的机会，床面清洁卫生、干燥，能有效地遏制仔猪腹泻病的发生和传播。采用网床养育保育猪，提高仔猪的生长速度、个体均匀度和饲料转化率，减少疾病的发生。仔猪网床培育笼通常采用钢筋结构，离地面约 35 cm，底部可用钢筋，部分面积可放置木板，便于仔猪休息。饲养密度一般为每头仔猪 $0.3\sim0.4$ m²。浦东白猪传统饲养与网上饲养试验见表 5-25。

表 5-25　浦东白猪传统饲养与网上饲养试验

试验猪	饲养方式	头数	35 日龄断奶重（kg）
母猪	传统地面	79	7.10
	高床饲养	70	8.00
公猪	传统地面	70	7.40
	高床饲养	61	9.00

② 微生物发酵床饲养：应用微生物发酵床生态养猪技术饲养保育猪，不需要对猪粪进行清扫，也不会形成大量的冲圈污水，没有任何废弃物、排泄物排出养猪场，基本上实现了污染物"零排放"标准。应用发酵床养猪能提高猪的生长速度，试验表明，在发酵床上饲养的生猪比在普通猪舍饲养的对照组的生猪具有明显的生长优势，平均日增重可提高 30% 以上。发酵床养猪能显著节约用水、用电，降低成本。有试验表明，采用生物发酵床技术的规模养猪场一般可以节省饲料 10%。另外，通过发酵菌对粪、尿的分解，既减轻了环保压力，又减少了粪污处理费用；垫料床养猪还可节约 80% 的水；多方面节省饲养成本，提高养殖效益。应用微生物发酵床饲养保育猪的关键：做好发酵床的床体维护，确保稳定发酵；做好猪舍的通风，保持良好的猪舍环境；严格控制饲养密度，一般每头猪占地 $0.8\sim1.0$ m²。

3. 断奶仔猪管理

（1）合理分群并窝：断奶仔猪转群时一般采取原窝培育，即将原窝仔猪（剔除个别发育不良个体）转入培育舍在同一栏内饲养。如果原窝仔猪过多或过少时，需要重新分群，可按其体重大小、强弱等进行并群分栏。将窝中的弱小仔猪合并分成小群进行单独饲养。合群仔猪会有争斗位次现象，可进行适当看管，防止咬伤。

（2）创造良好的圈舍环境

① 温度：保育舍内温度应控制在 22～25 ℃范围内，在刚断奶时温度要提高2～3 ℃。要做好冬季防寒保暖和夏季的防暑降温工作。

② 湿度：保育舍湿度过大会增加寒冷和炎热对猪的不良影响，潮湿有利于病原微生物的孳生繁殖，会引起仔猪多种疾病。保育舍适宜的相对湿度应控制在65%～75%。

③ 饮水：安装自动饮水器，保证供给清洁饮水。断奶仔猪采食大量干饲料，常会感到口渴，如供水不足会影响仔猪正常生长发育，还会因饮用污水造成下痢等疾病。

④ 清洁卫生：猪舍内外要经常清扫，定期消毒，杀灭病菌，防止传染病。仔猪出圈后，若是网床饲养，则可用高压水泵冲洗消毒，3 d 后再进另一批猪；若是发酵床饲养，则可将垫料堆积，使其充分发酵，5～7 d 后再铺平，可进猪。

⑤ 保持空气新鲜：对圈舍内粪、尿等有机物及时清除处理，减少氨气、硫化氢等有害气体的产生，控制通风换气量，排除舍内污浊的空气，保持舍内空气新鲜。

（3）调教管理：新断奶转群的仔猪吃食、卧位、饮水、排泄区尚未形成固定位置，要加强调教训练，使其形成理想的睡卧和排泄区。这样既可保持栏内卫生，又便于清扫。

训练方法：排泄区的粪便暂不清扫，诱导仔猪来排泄。其他区的粪便及时清除干净。当仔猪活动时，对不到指定地点排泄的仔猪用小棍哄赶并加以训斥；当仔猪睡卧时，可定时哄赶到固定区排泄，经过 1 周的训练，可建立起定点睡卧和排泄的条件反射。

（4）防止咬耳、咬尾：保育猪受企图继续吮乳、饲料营养不合理、饲养环境不良等因素影响会发生咬耳、咬尾现象。此外，"序列行为"和"争斗行为"也会引起。

预防措施：消除使猪不适的因素；注意及时调整日粮结构，使之全价；为仔猪设立玩具，分散注意力；断尾；慎用或不用有应激综合征的猪。

（5）预防注射疫苗及驱虫：仔猪阶段免疫获得成功有几个非常重要的先决条件，即有良好的母源抗体（即母猪本身必须具备主要传染病的免疫程序及效果）、仔猪的健康质量、仔猪的营养状况、仔猪所在环境卫生是否优越。疫苗类型不是说在任何环境条件下对仔猪实际免疫效果都会有很好效果，更不能完全寄托在免疫上。在仔猪阶段至生长猪阶段，直接免疫的疫苗有以下几种。

① 猪瘟兔化弱毒疫苗，20～30 日龄首免，55～65 日龄二免。与丹毒、肺疫同免。

② 受相关疫病威胁地区：(a)细小病毒疫苗,乳猪 0.5 mL,断乳猪 1 mL；(b)伪狂犬病疫苗,仔猪 1.5 mL；(c)传染性萎缩性鼻炎苗,1 周龄 0.2 mL,4 周龄 0.5 mL,8 周龄 0.5 mL；(d)链球菌苗,断乳猪 1 mL,自繁自养场可以不用,因为使用效果不太确切；(e)传染性胃肠炎苗,仔猪 0.5 mL,10～15 kg 猪 1 mL。

③ 仔猪的黄白痢病应采用四联药(K88K99P987F41)在母猪临产前一天皮下注射 2 mL。保育猪进栏后按免疫程序做好猪瘟、三联、口蹄疫、猪蓝耳病、猪链球菌病的免疫接种工作；7～10 d 进行体内、外驱虫。

(6) 饲养效果观察

① 观察饲槽中剩料情况：若在第二餐投料时食槽中还留有一点饲料,但量不多,说明饲喂量适中；若槽中舔得干干净净,有湿唾液现象,则饲喂量过少,要增喂；若明显过多剩料,喂料量适当减少。

② 观察仔猪动态：喂料前簇拥至食槽前,叫声不断,应多喂；过 5～6 min 料已吃干净,仍在槽前抬头张望,可再加一些饲料；有部分仔猪在喂料前虽走至食槽前,但叫声少而弱,这时少喂些饲料。

③ 观察粪便色泽和软硬程度：初生仔猪的粪便为黄褐色筒状,采食后变为黑色粒状、成串。断奶后 3 d,粪便变细,颜色变黑,这是正常；若粪便变软,色泽正常,喂料不加不减；若粪便呈黄色,粪内有饲料细粒,说明喂量过剩,应减至上餐 80%,下餐增至原喂量；若粪便呈糊状,淡灰色,并有零星粪便呈黄色,内有饲料细粒,这是全窝下痢症状,要停喂一餐,第二餐也只能喂第一餐定量 50%,第三餐要根据粪便状况而定。

(十) 商品肉猪饲养管理

从保育阶段结束,即 70～75 日龄到上市阶段的猪都称为肉猪。该阶段是绝对增重速度最快的时期,也是养猪经营者获得最终经济效益的重要时期。为此,要充分了解肉猪增重和体组织变化规律,了解影响肉猪增重的遗传、营养、饲养管理、环境和最佳屠宰体重等,采用现代饲养技术提高日增重、饲料转化率、胴体瘦肉率,进行快速高效肥育,以达到降低生产成本、提高经济效益和适应市场需求的目的。

梅山猪商品肉猪的饲养管理主要是指以梅山猪为母本、外来猪种为父本的二元、三元杂交商品猪。梅山猪杂交优势明显,与瘦肉型公猪杂交后胴体瘦肉率较高、生长速度快、抗病力强,其二元杂交母猪基本保持梅山猪的高产特性,产仔达到 14 头,生产的三元杂交商品猪瘦肉率可达到 56% 以上。

1. 商品肉猪的生长发育规律

仔猪断乳前经过 10 d 饲喂适应期,生长速度非常快。

(1)体重增长:用梅山猪、枫泾猪等地方猪种生产的二元、三元杂交瘦肉型良种猪可以获得的最大生长速度为:体重 5~10 kg 阶段的日增重 400 g,10~20 kg 阶段为 700 g,20~100 kg 阶段达 1 000 g 以上。

(2)体组织的增长规律:瘦肉型猪种体组织的增长顺序和强度是骨骼＜皮＜肌肉＜脂肪,而地方猪种是骨骼＜肌肉＜皮＜脂肪,说明脂肪是发育最晚的组织,脂肪一般有 2/3 储存于皮下。枫泾猪脂肪沉积于皮下的能力非常强,瘦肉率仅仅为 39%~43%。在现代化养猪条件下,瘦肉型猪生长更快。

(3)猪体的化学组成:随着猪体组织及体重的生长,猪体的化学成分也呈现规律性的变化,即随着年龄和体重的增长,水分、蛋白质和矿物质等含量下降。蛋白质和矿物质含量在体重 45 kg 以后趋于稳定;脂肪则迅速增长,积累于腹腔内形成板油、网油。同时,随着脂肪量的增加,饱和脂肪酸的含量也增加,而不饱和脂肪酸含量逐渐减少,同时腿部肌肉逐步丰满。枫泾猪生长缓慢,饲料利用率较瘦肉型猪低得多,后腿比例也低。

2. 商品肉猪饲养品种选择

(1)选好苗猪品种:不同品种或品系之间进行杂交,利用杂种优势是提高生长育肥猪生产力的有效措施。经研究表明,在梅山猪的杂交利用中,效果较好的杂交组合有"杜梅"及"长梅",这样的组合既有梅山猪对粗纤维的高消化率,又能保持瘦肉型猪种对能量和蛋白质的高利用率、提高肉质。

(2)选择体质强大的个体:肋骨开张、胸深大、管围粗和骨骼粗成正比,这样的猪饲料利用效率高,且胸深的猪背膘薄而瘦肉多。另外,初生重和断奶重越大的仔猪,肥育越快,饲料利用率越高,因此必须重视妊娠母猪的饲养管理和仔猪的培育。

(3)选择健康无病的个体:两眼明亮有神,被毛光滑、有光泽,站立平稳,呼吸均匀,反应灵敏,行动灵活,摇头摆尾或尾巴上卷,叫声清亮,鼻镜湿润,随群出入;粪软,尿清,排便姿势正常;主动采食。

20 世纪 90 年代上海养猪业几乎被瘦肉型猪全覆盖,部分饲养杂交一代母猪的农户也在数年后消失。到了 21 世纪初,商品育肥猪特别是规模化猪场已经是百分之百了。瘦肉型猪尽管生长速度相当快,饲养不到 6 个月可以出栏,但是也暴露了瘦肉型猪肉质比地方品种猪差的不足之处,广大消费者喜欢吃黑毛猪的要求应运而生。例如,以前,枫泾猪保种场纯繁产出后只留母的,有目的地选留较少公猪,绝大多数出生后就被遗弃，如今除个别"落脚猪"外都留作育肥用。

3. 商品肉猪饲养

（1）适宜的日粮营养水平：饲养水平是指猪一昼夜采食的营养物质总量，采食的总量越多，则饲养水平越高。对猪肥育效果影响最大的是能量和蛋白质水平，但在兼顾肥育性能和胴体组成的变化时，能量水平必须适度。为了防止胴体过肥，在育肥后期要实行限制饲养。

① 能量水平：在日粮蛋白质、氨基酸水平一定的情况下，一定限度内，能量采食越多则增重越快、饲料利用率越高、沉积脂肪越多、胴体瘦肉率越低。故在兼顾肥育性能和胴体组成的变化时，能量水平必须适度，但不同品种、类型、性别的猪都有自己的最宜能量水平。为了防止胴体过肥，在育肥后期要实行限制饲养。

② 蛋白质和必需氨基酸水平：日粮粗蛋白含量，前期（20～55 kg）为 16％～17％，后期（55～90 kg）为 14％～16％，同时要注意氨基酸含量。猪需要 10 种必需氨基酸，缺乏任何一种都会影响增重，尤其缺乏赖氨酸、蛋氨酸和色氨酸的影响更为突出。当赖氨酸占粗蛋白 6％～8％时，日粮蛋白质的生物学价值最高。能蛋比方面，20～60 kg 时为 23∶1；60～100 kg 时为 25∶1。

③ 矿物质水平：钙、磷比例为 1.5∶1，食盐 0.25％～0.5％。

④ 粗纤维水平：猪为单胃动物，对粗纤维的利用效率低，一定条件下，适当提高可降低能量摄入、提高瘦肉率。但以梅山猪为母本的二元或三元杂交的商品肉猪，可适当提高日粮粗纤维比例，有条件的常喂青绿饲料，有利于提高肉质风味。

（2）饲喂技术

① "吊架子"育肥法：也叫"阶段育肥法"。是在较低营养水平和不良的饲料条件下所采用的一种肉猪肥育方法。此法将整个过程分为小猪、架子猪和催肥 3 个阶段进行饲养。目前使用较少。方法：小猪阶段饲喂较多的精料，日粮能量和蛋白质水平相对较高；架子猪阶段利用猪骨骼发育较快的特点，让其长成骨架，采用低能量和低蛋白质的日粮进行限制饲养（吊架子），一般以青粗饲料为主饲养 4～5 个月；在催肥阶段利用肥猪易于沉积脂肪的特点，增大日粮中精料比例，提高能量和蛋白质的供给水平，快速育肥。这种育肥方式可通过"吊架子"来充分利用当地青粗饲料等自然资源，降低生长育肥猪的饲养成本，但它拖长了饲养期，生长效率低，已不适应现代集约化养猪生产的要求。

② "一条龙"育肥法：也叫"直线育肥法"。按照猪在各个生长发育阶段的特点，采用不同的营养水平和饲喂技术，在整个生长育肥期间能量水平始终较高，且逐阶段上升，蛋白质水平也较高。以这种方式饲养的猪增重快、饲料转化率高。这

种方法是现代集约化养猪生产普遍采用的方式。

③"前高后低"的饲养方式：在育肥猪体重 60 kg 以前按"一条龙"饲养方式，采用高能量、高蛋白质日粮；在育肥猪体重达 60 kg 后，适当降低日粮能量和蛋白质水平，限制其每天采食的能量总量。

传统的习惯是"吊架子"育肥，采取"抓两头、带中间"的方式。实现规模化养猪后，不再采用这一方式。全期实行半高的饲养方式，缩短了饲养期，减少维持量消耗，节约了饲料。

不过枫泾猪等地方品种多属于脂肪型猪种，后期沉积脂肪比重大，建议 15～60 kg 期间可以参照直线饲养方式，60 kg 后降低能量而不降低粗蛋白，同时适当限料。值得注意的是，枫泾猪历来有吃湿料的习惯，缺点是营养消耗多，总量不能满足，更不能实行自动喂料。现代养猪一律喂干粉料，优点是能满足营养需要，可以自动化流水式投料；缺点是粉尘太多。在冬季门窗密封的猪舍内，饲料粉尘严重影响呼吸。枫泾猪易感呼吸道病，如喘气病（支原体病）容易爆发，一旦全群出现感染，会影响生长发育，降低饲料报酬，增加兽药成本，甚至出现死亡。建议枫泾猪等地方品种育肥猪不要与瘦肉型猪同猪舍，在冬季有必要采用半干半湿混合料，虽然增加饲养人员劳动强度，但是最大程度防止了飞扬的颗粒，也有效避免了饲料浪费。

（3）饲喂方式：一般分为自由采食和限量饲喂两种。限量饲喂又主要有两种方法，一是对营养平衡的日粮在数量上予以控制，即每次饲喂自由采食量的 70%～80%，或减少饲喂次数；二是降低日粮的能量浓度，把纤维含量高的粗饲料配合到日粮中去，以限制其对养分特别是能量的采食量。

若要得到较高日增重，以自由采食为好；若只追求瘦肉多和脂肪少，则以限量饲喂为好。如果既要求增重快，又要求胴体瘦肉多，则以两种方法结合为好，即在育肥前期采取自由采食，让猪充分生长发育；在育肥后期（55～60 kg 后）采取限量饲喂，限制脂肪过多沉积。

（4）饲料调制：合理调制可改善饲料适口性、提高饲料转化率，还可降低或消除有毒有害物质的危害。

① 粉碎粒径要求：30 kg 以下幼猪的饲料颗粒直径以 0.5～1.0 mm 为宜，30 kg 以上猪以 1.5～2.5 mm 为宜。配合饲料一般宜生喂，各种青绿多汁饲料也不宜煮熟。

② 饲喂形态：颗粒料优于干粉料。

（5）饲喂时间：从猪的食欲与时间的关系来看，猪的食欲以傍晚最盛，早晨次之,午间最弱,这种现象在夏季更趋明显。所以,对生长育肥猪可日喂 3 次,且早晨、午间、傍晚 3 次饲喂时的饲料量分别占日喂量的 35％、25％和 40％。试验表明,在 20～90 kg 期间,日喂 3 次与日喂 2 次比较,前者并不能提高日增重和饲料转化率。因此,许多集约化猪场采取每天饲喂 2 次的方法是可行的。

4. 商品肉猪管理

(1) 合理分群:生长育肥猪一般采取群饲方法。分群时,除考虑性别外,应把来源、体重、体质、性情和采食习性等方面相近的猪合群饲养(最好是同窝出生),可以避免体重、月龄、体质、性情差异引起大欺小、强欺弱的争斗。根据猪的生物学特性,可采取"留弱不留强,拆多不拆少,夜并昼不并"的办法分群,并加强新合群猪的管理、调教工作,如在猪体上喷洒少量来苏尔药液或酒精,使每头猪气味一致,避免或减少咬斗的发生。同时,可用吊挂铁链等小玩物来吸引猪的注意力,以减少争斗。分群后要保持猪群相对稳定,除对个别患病、体重差别太大、体质过弱的个体进行适当调整外,不要任意变动猪群。每群头数应根据猪的年龄、设备、圈养密度和饲喂方式等因素而定。

(2) 调教:在猪新合群或调入新圈时,要及时加以调教。重点要抓好两项工作:一是防止强夺弱食。为保证每头猪都能吃到、吃饱,应备有足够的饲槽,对霸槽争食的猪要勤赶、勤教。二是训练猪养成"三角定位"的习惯。使猪采食、睡觉、排泄地点固定在圈内三处,形成条件反射,以保持圈舍清洁、干燥,有利于猪生长。具体方法:猪调入新圈前,要预先把圈舍打扫干净,在猪躺卧处铺上垫草,食槽内放入饲料,并在指定排便地点堆放少量粪便、泼点水。把猪调入新圈后,若有个别猪不在指定地点排便时,要及时将其粪便铲到指定地点,并守候看管。经过 1 周训练,就会使猪养成"三角定位"习惯。

(3) 创造适宜的环境条件:见表 5 - 26。

① 温度和湿度:适宜环境温度为 16～23 ℃,前期为 20～23 ℃,后期为 16～20 ℃。相对湿度以 50％～70％为宜。气温过低、过高都影响肉猪增重和饲料利用率。因此,夏季要做好防暑降温。大量资料表明,24 ℃以上,采食量会减少;超过30 ℃时,猪卧地、喘气、采食量减少、增重缓慢,对氨的沉积有不良影响;在超过 35 ℃条件下,如果长时间通风不足,饮水不足会引起中暑而死亡,必须打开门窗,利用风扇排气,有条件的配备喷雾水装置,下午 3～4 点钟不定期喷雾水降温,特别炎热极端气温下可以用水龙头浇猪身上降温。冬季上海地区规模养猪场不会过于低温,主要关好门窗,防止贼风就行。在晴朗天气要在中午打开门窗通风,同时可降低呼吸道疾病的发生。冬季猪圈地面阴冷,刚断乳进入育肥猪圈的仔猪要优先保暖,必

要时加热或铺干燥、干净的稻草。

② 圈养密度和圈舍卫生：圈养密度一般以每头猪所占面积来表示。15～60 kg 时为 0.6～1.0 m²/头，60 kg 以上时为 1.0～1.2 m²/头，每圈 10～20 头为宜。猪舍要清洁干燥、空气新鲜、定期消毒。

③ 合理通风：换气以 0.1～0.2 m/s 为宜，最大不要超过 0.25 m/s。在高温环境下，增大气流；在寒冷季节要降低气流速度，更要防止"贼风"。猪舍内由于粪尿、剩下饲料残渣和垫草的发酵腐败，经常分解出氨气、硫化氢等有害气体，猪群呼吸时排出大量水雾、二氧化碳、硫化氢气体，就会造成猪舍潮湿、污浊，以致严重影响食欲，引起呼吸道疾病、消化道疾病、眼疾。要装排风设备及时通风，二氧化碳不能超过 0.2%，氨不能超过 0.02 mg/L，硫化氨不能超过 0.015 mg/L。

④ 光照：育肥猪舍内的光照可暗些，只要便于猪采食和饲养管理工作即可，使猪得到充分休息。

⑤ 噪声：噪声强度以不超过 85 dB 为宜。

表 5－26　饲养环境要求

类别	体重 (kg)	环境温度 (℃)	水量 (kg/d)	饮水器 高度(cm)	每栏数量 (头)	单体食槽 宽度(cm)	食槽空间 饲养数(头)
哺乳仔猪	1～5	28～30	/	30	/	/	/
小保育仔猪	5～15	25～28	0.5	30	15～20	20	5
大保育仔猪	15～25	22～25	1.0	45	15～20	25	5
待售种猪	25～50	18～22	2.4	55	15～20	30	5
育肥猪	50～80	18	4～8	60	20～30	30	5
后备种猪	50～80	16～18	8～14	60	4～8	35	4
生产母猪	110～150	16～18	8～16	70	4～8	35	
哺乳母猪	/	/	16～22	70	4～8	35	
公猪	150～250	16～18	8～16	70	1	35	/

（4）适时屠宰

① 影响屠宰活重的主要因素：(a)生长育肥猪生物学特性的影响：适宜屠宰活重受到日增重、饲料转化率、屠宰率、瘦肉率等生物学因素的制约。(b)消费者对胴体的要求。(c)销售价格的影响：生产者经济效益(利润)的影响，如考虑饲料、仔猪成本、屠宰率和胴体价格。(d)肥育类型、品种、经济条件和肥育方式。

② 适宜屠宰活重：上市体重直接关系到肉猪育肥期的日增重、料重比和生产成本，以及消费者对肥瘦的需求。在 20 世纪 60 年代，30 kg 体重就可以上市屠宰

了,都是不得已而为之的资源极大浪费。90年代以收购体重等级定价,一般在85～90 kg体重上市最为合适。后来有的到120～130 kg甚至150 kg才出售。从育肥猪生长规律分析,在体重110 kg后,采食量继续增加,日增重反而下降,饲料报酬下降。随着体重增加营养维持消耗量也增加,脂肪沉积量增多,而脂肪所需的能量是同等瘦肉的3.5倍,饲养成本相应增加。为此,育肥猪长到7～8月龄、体重达到65～70 kg时就可以出栏,二元杂交品种一般以90～100 kg出栏为宜。

(5)供给清洁而充足的饮水:必须供给猪充足的清洁饮水,符合卫生标准。如果饮水不足,会引起食欲减退、采食量减少,使猪的生长速度减慢,严重者引起疾病。猪的饮水量随生理状态、环境温度、体重、饲料性质和采食量等而变化,一般在春秋季节其正常饮水量应为采食饲料风干重的4倍或体重的16%,夏季约为采食饲料风干重的5倍或体重的23%,冬季则为采食饲料风干重的2～3倍或体重的10%。猪饮水一般以安装自动饮水器较好,或在圈内单独设一水槽经常保持充足而清洁的饮水,让猪自由饮用。饲养员要随时检查水流是否畅通,一旦有损坏立即修理。

(6)去势、防疫和驱虫

① 去势:农村多在仔猪35日龄、体重5～7 kg时进行去势,集约化猪场大多提倡仔猪7～10日龄去势,其优点是易保定操作、应激小、手术时流血少、术后恢复快。

② 防疫:制定合理的免疫程序,认真做好预防接种工作。应每头接种,避免遗漏。从外地引入的猪应隔离观察,并及时免疫接种。在集约化养猪生产中,仔猪在育成期前(70日龄以前)各种传染病疫苗均进行了接种,转入生长育肥猪后到出栏前不需要再进行接种,但应根据地方传染病流行情况及时采血监测,防止发生意外传染病。

③ 驱虫:主要有蛔虫、姜片吸虫、疥螨和虱子等,通常在90日龄时进行第一次驱虫,必要时在135日龄时再进行第二次驱虫。驱除蛔虫常用驱虫净,每千克体重用20 mg,拌入饲料中一次喂服。驱除疥螨和虱常用敌百虫,配制成1.5%～2.0%的溶液喷洒体表,每天1次,连续3次。近年来,采用1%伊维菌素注射液对猪进行皮下注射,使用剂量为每千克体重400 μg,对驱除猪体内、外寄生虫有良好效果。

五、主要疾病

20世纪50年代至70年代初期,由于饲料营养、饲养环境、管理措施无法满足猪的生存要求,猪病经常暴发,死亡率很高。70年代中期以后饲料营养条件普遍改善,疫苗质量有了提高,免疫程序进一步科学化,对疫病防控能力显著提高,主要烈性传染病已经被消灭。下面介绍上海四大名猪的主要疾病及防治措施。

(一) 猪支原体肺炎

猪支原体肺炎,也称猪喘气病、猪地方性流行性肺炎,是猪的一种接触性慢性呼吸道传染病。本病广泛分布于世界各地,发病率高,死亡率低,临床主要表现为咳嗽、气喘、生长迟缓和饲料转化率低。

1. 病原

病原为猪肺炎支原体,主要寄居在气管、支气管和细支气管的纤毛上。由于缺乏细胞壁,菌体呈多形性,常见为球形、环形及点状,可通过0.2 μm的滤膜。该菌培养时生长缓慢且培养要求非常苛刻,除需特殊培养基及成分外,pH、环境温度和湿度等均会影响其生长。固体培养基上菌落很小,通常为圆形,中间凸起,表面常为颗粒状,较老的菌落产生稍为凹陷的中心,呈油煎蛋状。该菌对外界环境抵抗力不强,60 ℃几分钟即可杀死。

2. 流行特点

带菌猪是本病的主要传染源。本病自然感染仅发生于猪,各种年龄段的猪均能感染,但以架子猪和育肥猪最为多见。仔猪容易造成早期感染并出现明显的临床症状,而成年猪则多呈隐性感染。本病无明显的季节性,冬春季多发,新疫区和土种猪易暴发性流行,而老疫区多为慢性经过。呼吸道是本病的主要传播途径,且易与繁殖与呼吸综合征病毒、多杀性巴氏杆菌、链球菌、支气管败血波氏杆菌、副猪嗜血杆菌等混合感染。饲养管理和卫生条件是影响本病发生和发展的主要因素,尤以饲料质量、猪舍条件(拥挤、阴暗潮湿、寒冷、通风不良)和环境突变等影响较大。

3. 临床症状

临床症状主要变现为咳嗽和气喘。根据病程经过,可分为急性、慢性和隐性3种类型。

(1) 急性型:较少见。主要出现在新疫区和土种猪,症状明显、发病率高、传播快,呈暴发性发生。可持续3个月,然后转为慢性型。

(2) 慢性型:很常见。小猪多在3～10周龄时出现,潜伏期为10～16 d。本型的特征是慢性干咳和明显气喘,且反复发作,体温和食欲变化不大,生长发育迟缓。

(3) 隐性型:病猪没有明显症状,有时发生轻咳,全身状况良好,生长发育几乎正常。

4. 病理变化

病变总是出现在肺脏心叶、尖叶和膈叶前缘,可见紫红色或灰色肉变区,呈对称性胰样病变,与正常肺组织界限明显。气管中通常有卡他性分泌物,肺部淋巴结和膈淋巴结明显肿大。在急性病例,可见肺严重水肿和充血以及支气管内有带泡沫的渗出物。当继发感染时,常见胸膜炎和心包炎。肺泡隔明显增宽,肺泡腔中有大量脱落的肺泡上皮和大量巨噬细胞、嗜中性粒细胞和淋巴细胞。

5. 诊断

根据流行病学特点,结合临床症状及剖检变化可初步诊断。X 线检查有重要的诊断价值,实验室检测抗体常用 ELISA 方法或微粒凝集试验,检测病原可采用PCR 试验。在鉴别诊断上,应与猪流行性感冒、猪肺疫、猪放线杆菌胸膜肺炎等区别。确诊需进行细菌的分离鉴定。

6. 防治

(1) 加强管理:早期诊断,早期隔离,及时消除传染源,逐步建立健康猪群;无病猪场坚持自繁自养,对新引进猪应隔离观察;加强饲养卫生管理,避免各种应激反应的发生。

(2) 药物治疗:关键是早期用药。常用泰妙菌素(饮水,45～60 mg/L,连用5 d)、泰乐菌素(拌料,100 g/1 000 kg,连用 5～7 d)和替米考星(拌料,200～400 g/1 000 kg,连用 15 d),四环素类、大环内酯类及一部分氟喹诺酮类药物也有效果。

(3) 疫苗免疫:我国已制成两种弱毒菌苗,主要为胸腔注射,约在 60 d 以后才能产生坚强的免疫力;灭活疫苗主要为进口疫苗,包括英特威、辉瑞等公司生产的灭活疫苗已在国内使用,可以肌肉注射,使用方便,而且效果也较好。

(二) 猪疥螨病

猪疥螨病俗称疥癣、癞,是一种由疥螨科、疥螨属的猪疥螨寄生于猪皮肤内而引起的一种接触传染的慢性寄生虫病,以皮肤巨痒为特征。

1. 病原

猪疥螨寄生于体表真皮层,其发育史属不完全变态,一生包括卵、幼螨、若螨和成螨 4 个阶段,一般在 2～3 周内即可完成其全部发育过程。

虫卵椭圆形,两端钝圆,透明,灰白色,大小 150 μm×100 μm,内含卵胚或已含幼虫。成虫体呈龟形,微黄白色,背部隆起,腹部扁平,暗灰色,头、胸、腹融为一体。前端有蹄铁形的咀嚼式口器,背部有小棘和刚毛,腹面有 4 对足,前 2 对伸向前方,后 2 对较不发达,伸向后方。

2. 流行特点

各种年龄、品种的猪均可感染,多发于 5 月龄以下的猪。该病主要为直接接触传染,也有间接接触传染的。秋冬季节,特别是阴雨天气,该病蔓延最快。春夏时节,皮肤光照充足、干燥,不利于疥螨的发育。

猪舍阴暗潮湿、通风不良、卫生条件差、咬架殴斗及碰撞摩擦引起的皮肤损伤等都是诱发和传播该病的适宜条件。猪舍阴暗、潮湿、环境卫生差及营养不良等均可促进本病的发生和发展。

3. 临床症状

猪从头部、眼周、颊部和耳根发病开始,常起自头部,特别是耳朵、眼、鼻周围出现小痂皮,随后蔓延至整个体表、尾部和四肢,出现红斑、丘疹、黑色痂皮,并引起迟发型和速发型过敏反应,造成强烈痒感。病猪常在墙壁、猪栏、圈槽等处摩擦病变部位,造成局部脱毛。感染严重时,造成出血、化脓感染则形成脓灶,结缔组织增生和皮肤增厚,造成猪皮肤的损坏,容易引起金色葡萄球菌综合感染,造成猪发生湿疹性渗出性皮炎,患部迅速向周围扩展到全身,并具有高度传染性,最终造成猪体质严重下降,衰竭而死亡。

4. 诊断

根据皮肤瘙痒、擦痒、局部被毛脱落、渗出液和血液结成痂皮等症状,结合实验室检查即可确诊。在临床诊断中应注意与湿疹、猪皮肤真菌病、猪虱、秃毛癣等病鉴别。

5. 防治

(1)搞好猪舍及用具的卫生,猪舍应干燥、通风,并定期消毒。猪舍要宽敞,饲养密度合适。经常注意猪群有无瘙痒、脱毛现象,做到发现及时、隔离饲养、查明原因,并采取相应措施。

(2)在外地引进猪时,应了解该地区有没有该病存在,引入后应观察,确定无该病后方可入群饲养。

(3)加强对环境的杀虫,可用 1∶300 的杀灭菊酯溶液或 2% 敌百虫溶液,彻底消毒猪舍、地面、墙壁、屋面、周围环境、栏舍周围杂草和用具,以彻底消灭散落的虫体。同时注意对粪便和排泄物等采用堆积高温发酵的方法杀灭虫体。治疗方法如下:

① 敌百虫 1 份,加液体石蜡 4 份,混合后擦患部。

② 用 2% 的敌百虫水溶液洗擦患部。

③ 伊维菌素或阿维菌素,每千克体重 0.3 g,一次皮下注射;或用 0.25% 单甲咪,每周 2 次,喷淋猪舍。

④ 250 mg/kg 螨净水乳液间隔 7～10 d 喷淋 2 次。

⑤ 硫磺 100 g、明矾 50 g,混合研磨、过筛后加棉籽油 500 ml,搅浑后涂抹患部。

⑥ 对疥螨和金色葡萄球菌混合感染猪的治疗:除按照上述①＋②的方法同时治疗外,同时还要配合使用利巴韦林、青霉素类的药物粉剂,与 2% 的水剂敌百虫混合均匀后,进行全身外表患处的涂抹,每天涂抹 1～2 次,连续使用 5～7 d。

(三) 流行性乙型脑炎

流行性乙型脑炎,又称为日本乙型脑炎。本病是由日本乙型脑炎病毒引起的一种人畜共患传染病,母猪表现为流产死胎,公猪发生睾丸炎。由于本病疫区范围较大,又是人畜共患,危害严重,被世界卫生组织(WHO)认为是需要重点控制的传染病。

1. 病原

乙型脑炎病毒属于黄病毒科、黄病毒属。病毒在碱性和酸性条件下活性迅速下降,常用消毒药有良好的灭活作用。

2. 流行病学

猪、马、牛、羊等大多数家畜均易感,多种动物都可自然感染本病。猪是乙型脑炎病毒的贮存宿主和传染源。蚊虫是本病的重要传播媒介,因此本病流行的季节与蚊虫的繁殖和活动有很大的关系。每年天气炎热的 7～9 月份发生最多,随着天气转凉,蚊虫减少,发病也减少。本病发病形式具有高度散发的特点,但局部地区的大流行也时有发生。

3. 临床症状

不同日龄猪均可感染,往往急性发病,高热,持续 10 d 左右。

(1) 妊娠母猪:妊娠母猪感染主要发生突发性流产或早产,流产胎儿有死胎、木乃伊胎或弱胎,但多为弱胎,胎儿从拇指大到正常大小不等。流产后,母猪很快体温和食欲恢复正常,不影响以后的配种。

(2) 公猪:常发生睾丸炎,多为单侧性肿大,多数能在 2～3 d 后恢复正常。偶尔出现睾丸萎缩、变硬,失去配种能力。

(3) 新生仔猪和育肥猪:持续高热,食欲减退,嗜睡,喜卧,口渴,粪便干球状、表面带白色黏液,尿黄,有的后肢关节肿胀、跛行。新生仔猪脑炎,仔猪生后几天常发生痉挛、死亡。

4. 病理变化

流产母猪子宫内膜水肿、黏膜糜烂出血。死胎大小不一,黑褐色,干硬,较大的死胎头肿大,脑液化,脑内水肿,脑膜出血,皮下水肿,腹水增多,液体稀薄、不凝固。

5. 诊断

根据本病发生有明显的季节性及母猪发生流产,产出死胎、木乃伊,公猪睾丸一侧性肿大等临床症状可做出初步诊断。确诊必须进行实验室诊断。检测抗体常用 ELISA 试验、乳胶凝集试验,检测抗原常用细胞中和试验、病毒分离及病毒基因检测。近年来,许多快速和敏感的 RT-PCR 和实时 RT-PCR 方法被尝试用于乙型脑炎病毒感染的分子生物学诊断。

本病易与布鲁菌病混淆,但布鲁菌病无明显季节性,体温不高。流产的主要是死胎,很少木乃伊化,而且没有非化脓性脑炎变化;公猪有睾丸肿,但多为两侧性,且是化脓性炎症,副睾也肿。另外,还可有关节炎、淋巴结脓肿等症状。

6. 防治

可从以下 3 个方面着手。

(1)对畜群用乙脑疫苗免疫接种,一般在每年蚊虫出现前一个月内完成,南方3月底4月初、北方4月底5月初前进行免疫。目前常用的疫苗为弱毒疫苗,注射次数为:第一年以 2 周的间隔注射 2 次,以后每年注射 1 次。接种疫苗不但可以预防乙脑的流行,还可以降低猪群的带毒率,也为控制人群中乙脑的流行发挥作用。

(2)消灭传播媒介,做好灭蚊工作和添置猪舍防蚊设备。三带喙库蚊的成虫能够越冬,而越冬后其活动时间较其他蚊类晚,主要产卵和滋生地是水田或积聚浅水的地方,此时蚊虫数量少,滋生范围小,较容易控制和消灭。要注意消灭蚊虫幼虫滋生地,疏通沟渠,填平洼地,排除积水。选用有效杀虫剂,如马拉硫磷、倍硫磷、双硫磷等,定期或黄昏时在猪圈内喷洒。

(3)做好非疫区猪群的管理,在流行期防止蚊虫叮咬。

(四)猪传染性胃肠炎

猪传染性胃肠炎是由猪传染性胃肠炎病毒(TGEV)引起的,主要以 2 周龄以内的仔猪发生呕吐、严重腹泻和脱水为特征的一种高度接触性传染病。世界动物卫生组织(OIE)把本病列为法定报告的动物疫病,2008 年农业部新修订的《一、二、三类动物疫病病种名录》将其列为二类动物疫病。

1. 病原

猪传染性胃肠炎病毒属冠状病毒科、冠状病毒属。本病毒目前只发现一个血清型,3 种抗原。该病毒对消毒剂非常敏感,尤其是碘制剂、季铵盐类消毒剂和过氧化物消毒剂。

2. 流行病学

所有的猪均有易感性,但 10 日龄以内的仔猪发病最严重,5 周龄以上的猪死亡率较低,成年猪几乎没有死亡,但感染猪生长缓慢、饲料报酬率降低。病猪和带毒猪从粪便、乳汁、鼻分泌物、呕吐物、呼出的气体中排毒,污染饲料、饮水、空气、土壤、用具等。主要传染途径是食入被污染的饲料,经消化道传染,也可以通过空气经呼吸道传染。

本病具有明显的季节性,每年 12 月至次年的 4 月为发病高峰,夏季很少发病。新疫区几乎所有的猪都发病,10 日龄以内的猪死亡率很高,几乎达 100%,但断乳猪、育肥猪和成年猪预后良好。在老疫区,由于母猪大多具有抗体,所以哺乳仔猪 10 日龄以内发病率和死亡率均很低,甚至不会发病,而仔猪断奶后成为易感猪。

3. 临床症状

潜伏期很短,为 15~18 h,有的可延长 2~3 d。传播迅速,数日内可蔓延整个猪场。

仔猪的典型症状是短暂的呕吐和水样腹泻,粪便呈黄色、绿色或白色,常含有未消化的凝乳块,气味恶臭。病猪极度口渴,严重脱水,体重迅速减轻。日龄越小,病程越短,发病越严重。10 日龄内的乳猪发病后多于 2~7 d 死亡。随着日龄的增长,病死率逐渐降低。痊愈仔猪生长发育不良。

育成猪和成年猪的症状较轻,食欲不振,个别猪有呕吐。主要是发生水样腹泻,呈喷射状,排泄物灰色或褐色。体重迅速减轻。

成年母猪泌乳减少或停止,病程 1 周左右,腹泻停止而康复,极少死亡。

哺乳仔猪的临床症状与"黄、白痢"相似,地方流行性的传染性胃肠炎主要发生于断奶猪,而且易与大肠杆菌、球虫、轮状病毒感染相混淆。

4. 病理变化

具有特征性的病理变化主要见于小肠。整个小肠肠管扩张,内容物稀薄,呈黄色、泡沫状。肠壁弛缓,缺乏弹性,变薄有透明感,肠黏膜绒毛严重萎缩。肠系膜充血,淋巴结肿胀。25% 病例胃底黏膜潮红充血,并有黏液覆盖;50% 病例见有小点状或斑状出血,胃内容物呈鲜黄色并混有大量乳白色凝乳块(或絮状小片),较大猪(14 日龄以上的猪)约 10％病例可见有溃疡灶,靠近幽门区可见有较大的坏死区。

5. 诊断

根据流行病学、临床症状和病理变化可做出初步诊断,确诊要进行实验室诊断。电子显微镜检测、病毒分离鉴定、血清学诊断、分子生物学检测等方法可用于本病的诊断。目前实验室检测抗体常用 ELISA 试验;检测抗原常用荧光抗体试验、RT-PCR 及荧光 RT-PCR 试验。

猪呼吸道冠状病毒(PRCV)是 TGEV 的缺失变异毒株,导致 TGE 的诊断,特别是血清学诊断变得复杂化。基于单克隆抗体的 ELISA 方法可以从 TGEV 阳性中区分 PRCV 的感染。

注意与仔猪黄、白痢、仔猪副伤寒、仔猪低血糖症、猪流行性腹泻及猪轮状病毒感染等疾病区别。

6. 防治

本病没有特效药物治疗,发病后要及时补水和补盐,给大量的口服补液盐,防止脱水。用抗生素防止继发感染可减少死亡率。口服或注射抗生素和磺胺药,如庆大霉素、黄连素、恩诺沙星、环丙沙星、SMZ 等。

猪场发生猪传染性胃肠炎时应立即隔离病猪,并用 2％～3％烧碱对猪舍、运动场、用具、车辆等进行全面消毒。

预防本病可在入冬前(10～11 月份)给母猪接种猪传染性胃肠炎弱毒疫苗,通过初乳可使仔猪获得被动免疫。妊娠母猪产前 20～30 d 接种疫苗,对 3 日龄哺乳仔猪的保护率达 95％以上。

(五) 猪传染性胸膜肺炎

猪传染性胸膜肺炎是由胸膜肺炎放线杆菌(APP)引起的猪呼吸系统的一种严重的接触性传染病。本病以急性出血性胸膜肺炎和慢性纤维素性坏死性胸膜肺炎为特征。目前分布在全世界所有养猪国家,给工业化养猪业造成巨大的经济损失,该病是国际公认危害现代养猪业的重要传染病之一。

1. 病原

本病的病原为胸膜肺炎放线杆菌,为革兰阴性小球杆菌,并具有多型性,菌体表面有荚膜。在巧克力培养基上为乳白色、圆形、隆起的菌落;胸膜肺炎放线杆菌生长需 V 因子,在绵羊血琼脂平板上可产生稳定的 β 溶血,金黄色葡萄球菌可增强其溶血圈(CAMP 试验阳性)。根据其荚膜多糖及 LPS 的抗原性差异,目前将本菌分为 15 个血清型,其中 1 型和 5 型又分为 1a 与 1b 及 5a 与 5b 两亚型。根据其对辅酶 I(NAD)的依赖性,又分为生物 I 型和 II 型。

本菌抵抗力不强,对常用消毒剂敏感,60 ℃ 5～20 min 即可杀死。对结晶紫、杆菌肽、林可霉素、壮观霉素有一定抵抗力,故从污染病料分离本菌时,可在培养基中添加上述物质。

2. 流行特点

猪是本菌高度专一性的宿主,寄生在猪肺坏死灶内或扁桃体,较少在鼻腔。慢性感染猪或康复猪为带菌者。各种年龄的猪均易感,其中 6 周龄至 6 月龄的猪较多发,但以 3 月龄仔猪最为易感。经空气或猪与猪直接接触传染。应激可促使发病。在集约化猪场的猪群往往呈跳跃式急性暴发,死亡率高。表现为典型的胸膜肺炎。从鼻孔流出的血性分泌物带菌,因受黏液蛋白的保护,可在环境中存活数天。

本病具有明显的季节性,一般多发生于春季和秋季。饲养环境突然改变、密集饲养、通风不良、气候突变及长途运输等诱因可引起本病发生,因此又称为"运输病"。

3. 临床症状

本病根据病程经过可分为最急性型、急性型、亚急性型和慢性型。

(1) 最急性型:突然发病,体温 41.5 ℃以上,精神沉郁,食欲不振。有明显的呼吸症状,从口鼻流出泡沫样淡血色的分泌物,死亡多发生在发病 24～36 h,个别猪死前见不到症状。病死率高达 80%～100%。

(2) 急性型:体温 41.5 ℃以上,拒食,呼吸困难,有的张嘴呼吸,咳嗽,由于饲养管理及气候条件的影响,病程长短不定,可能转为亚急性或慢性型。

(3) 亚急性和慢性型:此期很少发热或体温正常,有不同程度的一过性或间歇性咳嗽,生长迟缓。慢性感染猪群中,如果和其他呼吸道病疾病混合感染,可使症状加重。

首次暴发本病,可见到妊娠母猪流产,个别猪可发生关节炎、心内膜炎和不同部位的脓肿。

4. 病理变化

病变主要在呼吸道,肺炎病变大多为双侧性。

(1) 最急性型:以广泛性纤维素性出血性胸膜肺炎病变为主要特征。肺脏呈暗红色,气肿,严重充血或出血。肺病变组织质脆、气肿,切面流出大量的血色泡沫状液体。胸腔中也有大量血色液体。

（2）急性型：肺脏肿胀，呈暗红色，常见到明显的纤维素性出血性胸膜肺炎变化。心肌表面也有大量纤维素性渗出。胸腔中有血色液体。气管和支气管充满泡沫样血色黏液性分泌物。

（3）亚急性和慢性型：最常见在膈叶上有大小不同的坏死结节。坏死结节有的在肺内部，有的突出于肺表面。肺与胸膜粘连。心内膜有出血点，心肌表面有纤维素渗出。

5. 诊断

本病发生突然、传播迅速，常伴有高热和严重的呼吸困难。死后剖检见肺脏和胸腔有特征性的纤维素性、坏死性、出血性胸膜肺炎病变，可初步诊断。确诊需进行细菌学检查。

6. 防治

（1）搞好猪舍的日常环境卫生，加强饲养管理，减少各种应激。

（2）对无本病的猪场，在引进猪前应进行隔离检疫，防止引进阳性猪。坚持抗体检测，淘汰阳性猪，建立净化猪群。

（3）用从当地分离的菌株制备灭活苗，对母猪进行免疫接种能有效控制胸膜肺炎的发生。

（4）饲料中拌泰妙菌素、强力霉素、氟甲砜霉素或北里霉素，连续用药 5～7 d，有较好的疗效。有条件的最好做药敏试验，选择敏感药物进行治疗。抗生素的治疗尽管在临床上取得一定成功，但并不能在猪群中消灭感染。

（六）猪大肠杆菌病

由于猪的生长期和病原菌的血清型的差异，猪大肠杆菌病可分为仔猪黄痢、仔猪白痢和猪水肿病 3 种。

致病性大肠杆菌是革兰阴性无芽胞的、中等大小的直杆菌。本菌主要由菌体（O）抗原、鞭毛（H）抗原和荚膜（K）抗原组成。已确定的大肠杆菌 O 抗原有 174 种（用阿拉伯数字 1～181 表示，其中除去了 31、47、67、72、93、94、122），K 抗原有 80 种，H 抗原有 53 种（用阿拉伯数字 1～56 表示，其中 13、22、50 未定义）。大肠杆菌是人和动物肠道的常驻菌，大多数无致病性。致病性大肠杆菌，特别是引起仔猪消化道疾病的大肠杆菌大多能产生毒素，如 K_{88}、K_{99} 等。大肠杆菌抵抗力中等，常用的消毒药在数分钟内即可将其杀死。在潮湿、阴暗的环境中最多存活 1 个月，在寒冷干燥的环境中存活较久。不同地区分离的大肠杆菌菌株对抗菌药物的敏感性差异较大，且易产生耐药性。

1. 仔猪黄痢

仔猪黄痢是出生后几小时到 1 周龄仔猪的一种急性、高度致死性肠道传染病，以剧烈腹泻、排出黄色水样粪便、迅速脱水而死亡为特征。

（1）病原：本病的病原体主要是产肠毒素性大肠杆菌（ETEC）。目前已知引起仔猪黄痢的病原菌，其致病性血清型至少有 O_8、O_9、O_{45}、O_{60}、O_{64}、O_{101}、O_{115}、O_{138}、O_{139}、O_{140}、O_{147}、O_{149}、O_{157} 等多种。这些菌株一般都具有荚膜抗原 K_{88}、K_{99}、987P 等黏附素抗原。来自猪的 K_{88} 菌株都能产生不耐热肠毒素（LT），有的还能产生耐热肠毒素（ST），但 K_{99} 或 987P 菌株虽能产生 ST，但一般不产生 LT。

（2）流行特点：本病一年四季均可发生，常发生于出生后 1 周以内，以 $1\sim3$ d 最常见，7 d 以上很少发生。同窝仔猪发病率 90% 以上，死亡率很高，甚至全窝死亡。传染源是带菌母猪，主要经消化道感染。病原菌随粪便污染母猪皮肤及乳头，仔猪通过吮乳或到处乱舔而感染。下痢的仔猪由粪便排出大量细菌，污染外界环境，通过水、饲料和用具感染其他母猪，又构成新的传染源，导致猪场疫情经久不断。本病在猪场内一次流行之后，一般经久不断，只是发病率和死亡率有所下降。

（3）临床症状：仔猪出生时体况正常，出生 12 h 后，一窝仔猪相继发病，拉黄色、混有气泡或糊状粪便，其中含有小的凝乳块，肛门松弛，肛门周围和尾根部均有粪便，很快消瘦，因脱水而死亡。

（4）病理变化：尸体脱水严重，胃膨胀，胃内充满酸臭的凝乳块。肠道膨胀，肠内有大量黄色液状内容物及气体。肠黏膜呈急性卡他性炎症变化，其中以十二指肠最严重，空肠、回肠病变较轻，肠系膜淋巴结充血、肿大，切面多汁。

（5）诊断：根据发病特点、临床症状和病变可做出初步诊断。确诊须进行细菌学检查。由小肠内容物和粪便中分离出致病性大肠杆菌，用血清学方法鉴定出致病性病原菌的血清型，证实能产生肠毒素即可确诊。肠毒素的测定方法很多：乳鼠灌胃试验是目前测定 ST 的唯一方法；基因探针法很敏感，但价格贵，不易推广。临床上应注意与仔猪红痢、猪痢疾、猪传染性胃肠炎、猪流行性腹泻、猪轮状病毒感染等鉴别。

（6）防治

① 加强对母猪的饲养管理，合理调配饲料，增强妊娠母猪的体质和哺乳期的均衡成乳。尽量减少各种应激因素。

② 抓好仔猪初生、补料和断奶时期的饲养管理。辅助初生仔猪吃足初乳，加

强保温、防冻、防压,给 3 日龄的仔猪注射补铁针,同时注射亚硒酸钠。断奶时期应尽量做到饲养条件、饲料和管理逐步过渡,先减食,再恢复全天日粮。

③ 健全产房和妊娠母猪产前、产后的兽医卫生消毒制度,认真解决猪舍排污问题,搞好猪舍内外环境卫生。

④ 妊娠猪产前注射大肠杆菌基因工程苗,效果明显。

⑤ 应通过药敏试验选择敏感药物,治疗时应全窝给药。

2. 仔猪白痢

仔猪白痢是指 10～30 日龄仔猪多发的一种急性肠道传染病,以排腥臭的灰白色黏稠稀粪为特征。本病的发病率高,但死亡率较低。

(1)病原:本病的病原体主要是致病性大肠杆菌。现已证明,从病猪分离的大肠杆菌许多菌株的血清型与引起仔猪黄痢和水肿病的大肠杆菌的血清型基本一致。在不同菌株中较常见的是 O_8、O_{78}、O_{101} 和 K_{88} 血清型,有些地区 K_{99} 血清型也较多。但这些菌株在实验室感染时其毒力和致病力也有很大的差异。因此有学者认为仔猪白痢的原发性病原不一定都是大肠杆菌。

(2)流行特点:本病一年四季均可发生,常发生于 10～30 日龄仔猪,以 10～20 日龄最常见,1 月龄以上仔猪很少发病。发病率约为 50％,病死率低。一窝仔猪中发病常有先后,此愈彼发,拖延时间较长。同窝仔猪有的发病多,有的发病少或不发病,症状轻重不一。本病发生常与各种应激因素有关,如气候反常,阴雨潮湿,环境污染,母猪奶量过多、过少或乳脂过高,饲料质量差,缺乏维生素和微量元素等都可促进本病的发生或增加本病的严重性。

(3)临床症状:病猪突然发生腹泻,排出糊状、浆状的粪便,灰白色或黄白色,气味腥臭。病猪体温和食欲无明显变化,病猪逐渐消瘦,病程 3～7 d,多数能自行康复。

(4)病理变化:尸体苍白,消瘦。剖检见肠内容物为糊状或油膏状,呈乳白色或灰白色,肠黏膜有卡他性炎症,有多量黏液性分泌物。肠壁菲薄、灰白色、透明,肠黏膜易剥离,肠系膜淋巴结轻度肿胀。有的肾有出血斑,肾皮质广泛性出血,可能是由肠毒血症引起肾小球毛细血管弥漫性血管内凝血导致。

(5)诊断:可根据临床上主要发生于 10～30 日龄的乳猪,病猪以胃肠道变化为主征,普遍排出灰白色稀粪,死亡率低等特点;结合病理剖检以消化吸收障碍明显,而炎性反应及其他器官病变轻微的特征,即可做出初步诊断。确诊需细菌学检查,其方法是由小肠内容物中分离大肠杆菌,用血清学方法进行鉴定,如为常见的病原性血清型即可确诊。本病应与猪传染性胃肠炎、猪流行性腹泻、猪痢疾、仔猪红痢等疾病互鉴别。

（6）防治：改善饲养管理，提高母猪健康水平。预防接种，可用 K_{88} ac-LTB 双价工程菌苗，于妊娠母猪预产期前 55～25 d 进行免疫；也可于仔猪出生后立即内服乳康生或促菌生来预防本病。另外，母猪分娩前后，其产房应严格消毒，防止病菌污染；及时让初生乳猪吮吸初乳，可有效地预防本病的发生。发病时，通过药敏试验选择敏感药物治疗，治疗时，应全窝给药。

3. 猪水肿病

猪水肿病是由致病性大肠杆菌引起的断奶仔猪的一种急性、散发性肠毒血症。其特征为突然发病、共济失调、剖检胃壁和肠黏膜可见显著水肿。

（1）病原：本病的病原体主要为产志贺毒素大肠杆菌，也称产志贺样毒素大肠杆菌或产 vero 毒素大肠杆菌。其常见的血清型各地分离到的并不完全相同，常见的有 O_2、O_8、O_{138}、O_{139}、O_{141} 等，但主要的血清型是 O_{138}：H_{14}、O_{139}：H_1、O_{141}：H_4。另外，还有一些血清型如 O_{86}、O_{106}、O_{119} 等也可引起本病。

（2）流行特点：本病主要发生于断奶仔猪，体格健壮、生长快的仔猪最常见。春秋季最常见，一般只限于个别猪群，不广泛传播。本病发病率不高，但病死率高（90％以上），常出现内毒素中毒的休克症状而迅速死亡。

集约化饲养、气温变化、饲养条件改变、免疫状态和其他感染因素的存在等可诱发本病。

（3）临床症状：急性病例常未见任何症状即猝死，有的病程仅为数小时。体温无明显变化。病猪行走时四肢无力，共济失调，或转圈或倒地四肢划动。发病1～2 d 眼睑肿胀。有些病猪没有水肿变化；有的腹部臌气，肛门突出。

（4）病理变化：特征性病变是胃壁水肿常见于大弯和贲门部及胃底黏膜，胃底黏膜下有厚层的透明层，有时为带血的胶冻样水肿物浸润，胃内常充盈食物，胃黏膜潮红，有时胃底部弥漫性出血，胆囊水肿。小肠和结肠襻的肠黏膜呈透明的胶冻样水肿，充满于肠襻间隙，盲肠水肿，有时整个肠道严重出血。心包、胸腹腔有淡黄色积液。肾包膜增厚，水肿，纵切面皮质贫血。临床有神经症状的猪小脑水肿。

（5）诊断：根据发病猪的日龄、临床症状及病理变化一般可做出诊断，确诊须取肠内容物和肠系膜淋巴结进行细菌培养。

（6）防治

① 哺乳仔猪应及时进行补料，断奶后切忌饲料突然改变，防止饲料单一，应增加一些含维生素丰富的饲料。同栏仔猪一头发病，整栏治疗，在饲料中添加亚硒酸钠-维生素 E 粉剂。

② 在缺硒地区或长时间缺硒地区的饲料,要注意添加硒和维生素 E。

③ 应使用敏感抗生素和磺胺类药物,并辅以对症治疗。

(七) 猪蛔虫病

猪蛔虫病是由猪蛔虫寄生于猪小肠引起的一种线虫病,可造成仔猪发育不良,增重率可下降 30％;严重的生长发育停滞,形成"僵猪",甚至造成死亡。本病感染普遍,分布广泛,严重影响养猪业的发展。

1. 病原

病原体为蛔虫科的猪蛔虫,是猪小肠中最大的一种线虫。虫卵分受精卵和未受精卵。受精卵:短椭圆形,壳厚,外有一层凹凸不平的蛋白膜(有时脱落);内含一个圆形的卵细胞,细胞两端与壳之间的空隙呈新月形。未受精卵:较不规则,比受精卵狭长;壳与蛋白膜(有时脱落)较薄;内含反光性较强的卵黄颗粒,呈油滴状。

2. 流行特点

猪蛔虫病流行甚广,仔猪蛔虫病尤其多见。主要原因:蛔虫生活史简单,不需要中间宿主;繁殖力强,产卵数多;卵对各种外界因素的抵抗力强。猪蛔虫病的流行与饲养管理和环境卫生关系密切。在饲养管理不良、卫生条件恶劣和猪只过于拥挤的猪场,如营养缺乏,特别是饲料中缺少维生素和必需矿物质的情况下,3～5月龄的仔猪最容易大批地感染蛔虫,病状也较严重,且常发生死亡。猪感染蛔虫主要是由于采食了被感染性虫卵污染的饮水和饲料。母猪的乳房容易被虫卵污染,使仔猪在吸乳时受到感染。

3. 临床症状

猪蛔虫的临床表现随猪年龄的大小、体质的强弱、感染强度和蛔虫所处的发育阶段而有所不同。一般以 3～6 月龄猪比较严重,成年猪往往有较强的免疫力,能忍受一定数量的虫体侵害,而不呈现明显的症状,但成为本病的传染源。幼虫移行至肺,表现咳嗽,体温 40 ℃,呼吸加快,食欲减少,咳后有咀嚼和吞咽动作。严重时呼吸困难,心跳加快,呕吐,流涎,精神沉郁,多喜躺卧,不愿走动,经 1～2 周好转或虚弱而死。

成虫大量在肠道寄生时,患猪表现营养不良、消瘦、被毛粗乱、食欲时好时坏、有异嗜、生长缓慢、结膜苍白。严重时拉稀,体温升高。如虫体数多而又绞缠可形成肠阻塞,患猪有腹痛表现,排粪停止,甚至因肠破裂而死亡;如虫体钻入胆管,则表现食欲废绝、下痢、黄疸、疝痛,四肢乱蹬,体温先升高后下降,卧地不起,有时有一过性皮疹。

4. 病理变化

蛔虫的致病作用可分为成虫阶段和幼虫移行阶段：

（1）幼虫移行阶段：由于移行造成对各器官的损害，主要对肝和肺的损害。幼虫在肝中滞留，造成肝脏小点出血和肝细胞浑浊、肿胀、变性和坏死，形成云雾状的蛔虫斑。幼虫由肺毛细血管进入肺泡时，小血管破裂，肺脏出血和水肿，严重者伴发肺炎。

（2）成虫寄生阶段：主要有以下几种。

① 夺取营养，使宿主营养不平衡，发育不良，生长受阻，严重者可导致死亡。

② 机械性刺激和阻塞，可导致肠破裂、穿孔，并继发腹膜炎而死亡。

③ 宿主吸收虫体分泌的毒物和代谢产物，引起过敏，出现痉挛、兴奋和麻痹等症状。

④ 蛔虫错误移行，进入胆管和胰管，出现腹痛、呕吐、黄疸等症状。

5. 诊断

临床表现为咳嗽、呕吐、磨牙、疝痛、消瘦、贫血、黄疸等可考虑猪蛔虫病，同时进行粪便检查虫卵，如 1 g 粪便中虫卵数达 1 000 个时，可确诊。在临床上应注意与支气管炎、钙磷缺乏症、猪肺丝虫病、钩头虫病等鉴别。

6. 防治

（1）预防性定期驱虫：在规模化猪场，首先要对全群猪驱虫；以后公猪每年驱虫 2 次；母猪产前 1～2 周驱虫 1 次；仔猪转入新圈时驱虫 1 次；新引进的猪需驱虫后再和其他猪并群。产房和猪舍在进猪前应彻底清洗和消毒。母猪转入产房前要用肥皂清洗全身。对 2～6 月龄的猪，在断奶后驱虫 1 次，以后隔 1.5～2 个月再进行 1～2 次预防性驱虫。在散养的育肥猪场，对断奶仔猪驱虫 1 次，4～6 周后再驱 1 次虫。在广大农村散养的猪群，建议在 3 月龄和 5 月龄各驱虫 1 次。驱虫时应首选阿维菌素类药物。

（2）保持饮水和饲料清洁：尽量做好猪场各项饲养管理和卫生防疫工作。

（3）保持猪舍和运动场清洁：猪舍通风，采光良好，避免阴暗、潮湿和拥挤，定期消毒。每年春末或秋初深翻一次猪圈、运动场及周围的土地，或刮去一层表土，并用石灰消毒。周围有排水沟的应防积水。

（4）猪粪和垫草无害化处理：清除圈后，要运到距猪舍远的场所堆积发酵或挖坑沤肥。已有报道，猪蛔虫幼虫可引起人的内脏幼虫移行症，因此杀灭虫卵对公共卫生也具有重要意义。

（5）消除传播媒介：彻底做好灭鼠、灭蚊蝇工作，防止这些传播媒介携带虫卵污染饲料、饮水及其他用具、设施，以减少感染的机会。

（6）驱虫治疗：可采用以下方法。

① 敌百虫：每千克体重 0.1 g，喂服总量不超过 7 g，或将水溶液均匀混入饲料内让猪采食。

② 左咪唑：每千克体重 6～8 mg，口服或配成 5% 溶液肌注或皮下注射。

③ 驱蛔灵：每千克体重 0.3 g，口服。

④ 丙硫咪唑：每千克体重 20 mg，口服。也可用噻咪唑，每千克体重 15～20 mg，口服。

⑤ 伊维菌素：每千克体重 0.3 mg，皮下注射或口服。

（八）猪链球菌病

猪链球菌病是链球菌属中多种链球菌引起猪疫病的总称。临床上主要表现为淋巴结脓肿、脑膜炎、心内膜炎、关节炎以及败血症等，其中以败血症的危害最大，在某些特定诱因作用下，发病猪群的死亡率可以达到 80%。其中，猪链球菌是世界范围内引致猪链球菌病最主要的病原，该菌可引起猪脑膜炎以及败血症等，人通过特定的传播途径亦可感染该菌。近年来，猪链球菌病在我国广泛流行，特别是猪链球菌 2 型、马链球菌兽疫亚种感染，严重影响着我国的养殖业，造成了很大的经济损失。我国 2008 年新修订的《一、二、三类动物疫病病种名录》将猪链球菌病列为二类动物疫病。

1. 病原

链球菌在分类上属于厚壁菌门、链球菌科、链球菌属。目前链球菌属共有 50 多个种，兽医学及医学上比较常见的有 10 余种，引起猪链球菌病的主要为猪链球菌、马链球菌兽疫亚种、马链球菌类马亚种、类猪链球菌、停乳链球菌类马亚种等。

2. 流行特点

不同日龄的猪均易感，但断奶前后的仔猪多发。本病一年四季均可发生，以 5～11 月份发病较多，常为地方性流行。病猪和带菌猪是主要的传染源，经呼吸道和消化道感染。

3. 临床症状

一般表现为以下几种类型。

（1）急性败血型：5～11 月份多发。最急性型不出现症状即死亡。急性型体温升高至 41～43 ℃，食欲废绝，震颤，耳、颈下、腹部出现紫斑，如不及时治疗，死亡率很高。此类型多发生于架子猪、育肥猪和妊娠母猪，是危害最严重的类型。

(2)脑膜脑炎型：多见哺乳仔猪和断奶后小猪，除体温升高、拒食外，主要表现为神经症状。有的磨牙、发出尖叫或抽搐，共济失调，作圆圈运动或盲目行走，有的突然倒地，口吐白沫，四肢出现划水样动作，最后衰竭或麻痹死亡。

(3)心内膜炎型：本型多发于仔猪。呼吸困难、皮肤苍白或体表发绀，很快死亡。往往与脑膜炎型并发。

(4)关节炎型：通常出现于1～3日龄的幼猪，仔猪也可发生。表现为跛行和关节肿大，不能站立，体温升高，被毛粗乱，由于抢不上奶而逐渐消瘦。

(5)化脓性淋巴结炎型：颌下淋巴结化脓性炎症为常见，咽、耳下、颈部等淋巴结也可发生。受害淋巴结首先出现小脓肿，逐渐肿胀，触诊硬固、热痛，影响采食。病程3～5周，一般不引起死亡。

此外，链球菌也可经呼吸道感染，引起肺炎或胸膜肺炎；或经生殖道感染，引起母猪不孕和流产。

4. 病理变化

全身皮肤发绀，血凝不良；少数猪耳朵末梢发绀、坏死。全身淋巴结肿大、充血或出血。脑膜充血、出血，有积液。肺充血或出血。心包积液，心内膜与心外膜出血，有时呈纤维素性心包炎，心室瓣膜可见菜花样赘生物。脾肿大、出血，边缘可见出血性梗死。肾充血、出血。关节囊内有黄色胶冻样液体或纤维素性脓性物质。有的胆囊水肿。

5. 诊断

本病症状和病变较复杂，易与急性猪丹毒、急性猪瘟、副猪嗜血杆菌病等相混淆，因此确诊要进行实验室诊断。

(1)镜检：病猪的肝、脾、肺、血液、淋巴结、脑、关节囊液、腹、胸腔积液等均可作涂片，染色镜检，如发现单个、成双或短链的革兰阳性球菌，即可确诊。

(2)分离培养：取上述病料接种于血平板，37 ℃培养24～48 h，可见 β 或 α 溶血的细小菌落，取单个的纯菌落进行生化试验和生长特性鉴定。选取菌落抹片、染色、镜检亦见上述相同细菌。可以用乳胶凝集、玻片凝集、PCR 试验鉴定其血清型。

6. 防治

(1)加强环境卫生，保持舍内外清洁、干燥，并做好定期消毒。防止外伤，减少感染。

(2)病猪用阿莫西林、氨苄青霉素治疗，必要时进行药敏试验，选用敏感抗生素治疗。

（3）根据疫病的流行情况，免疫预防可选用灭活疫苗，常用猪链球菌 2 型＋马链球菌兽疫亚种或马链球菌兽疫亚种弱毒冻干苗注射。

（九）猪繁殖与呼吸综合征

猪繁殖与呼吸综合征（PRRS）（又名猪蓝耳病）是由猪繁殖与呼吸综合征病毒（PRRSV）引起的，以母猪繁殖障碍、早产、流产、死胎、木乃伊胎及仔猪呼吸综合征为特征的高度接触性传染病。按临床表现的不同，猪蓝耳病可分为经典猪蓝耳病和高致病性猪蓝耳病。高致病性猪蓝耳病以高度接触性传播、全身出血、肺部实变和母猪繁殖障碍为特征，仔猪、育肥猪和成年猪均可发病和死亡，其中仔猪发病率可达 100％、死亡率可达 50％以上，母猪流产率可达 30％以上。世界动物卫生组织（OIE）将本病列为法定报告的动物疫病，我国 2008 年新修订的《一、二、三类动物疫病病种名录》将高致病性猪蓝耳病列为一类动物疫病，将经典猪蓝耳病列为二类动物疫病。

1. 病原

PRRSV 归属于动脉炎病毒属，病毒基因组有 8 个开发阅读框。其中高致病性蓝耳病的病原特征是病毒非结构蛋白 Nsp2 基因区域出现 29＋1 个氨基酸的不连续缺失。PRRSV 可分为两个型，即美洲型（以 ATCC VR2332 为代表）和欧洲型（以 Lelystad virus，LV 为代表），我国主要为美洲型，但 2006 年以来我国陆续分离到欧洲型毒株。近年来，随着病毒不断变异，美洲型和欧洲型 PRRSV 又出现了多种亚型，其遗传特征和毒力有着明显差异，据此可将 PRRSV 分为以下亚型：

（1）美洲型 PRRSV（NA-PRRSV）：主要包括 4 个亚型，分别为 NA1、NA2、NA3 和 NA4。

其中 NVDC-JXA1 为代表的 NA4 亚型引起的发病率和死亡率极高，逐步成为我国猪蓝耳病流行的主要毒株。

（2）欧洲型 PRRSV（EU-PRRSV）：主要包括 3 个亚型，分别为 EU1、EU2、EU3 和 EU4。

EU-PRRSV 3 个亚型毒力差异较小，毒力较强的 Lena 株，可引起厌食、高热，并引起仔猪死亡，6 周龄仔猪实验攻毒的致死率为 40％。

猪繁殖与呼吸综合征病毒对乙醚、氯仿等脂溶性物质敏感。病毒在低温下能保持其稳定的感染性，但不耐热，56 ℃45 min 或 37 ℃48 h，病毒将彻底灭活。当 pH 低于 5 或高于 7 时，病毒感染力可减少 90％以上。对常用的化学消毒剂的抵抗力不强,常用季铵盐类、戊二醛等消毒药。

2. 流行病学

猪是本病的唯一易感动物,不分大小、性别均易感,但以妊娠母猪和1月龄内的仔猪最易感,并出现典型的临床症状。主要是通过接触感染、空气传播和精液传播。本病无季节性,一年四季均可发生。饲养管理不善、防疫消毒制度不健全、饲养密度过大等是本病的诱因。

3. 临床症状

PRRSV分离株的毒力差别很大,经典毒株引起的临床表现为病猪厌食、精神沉郁、低烧,母猪流产、早产、死胎、木乃伊胎和仔猪出生后出现咳嗽、喘、呼吸困难等呼吸系统症状。育肥猪、公猪偶有发病,除表现上述呼吸系统症状外,公猪还可表现性欲缺乏和不同程度的精液质量降低,呈地方性流行。

高致病性猪蓝耳病感染后,病猪体温明显升高,可达41 ℃以上;食欲不振、厌食甚至废绝、精神沉郁、喜卧;皮肤发红,部分猪濒死期末梢皮肤发红、发紫(耳部蓝紫);眼结膜炎、眼睑水肿;咳嗽、气喘等呼吸道症状;有的病猪表现后躯无力、共济失调等神经症状;仔猪、育肥猪和成年猪均可发病、死亡,仔猪发病率可达100%、死亡率可达50%以上,母猪流产率可达30%以上。

猪群感染PRRSV后,对其他病原引起的疾病易感染性增加,常导致发生混合感染或者继发感染,使病情更为严重,确诊难度加大。

(1)繁殖母猪:母猪感染本病后反复出现食欲不振、高热(40~41 ℃)、嗜睡、精神沉郁、呼吸加速、呈腹式呼吸,偶可见呕吐和结膜炎。少数母猪(1%~5%)耳朵、乳头、外阴、腹部、尾部和腿发绀,以耳尖最为常见,这就是"蓝耳病"的来源。有5%~35%的妊娠晚期发生流产、早产(妊娠107~113 d)。此外可出现死胎、弱仔和木乃伊胎。这种产仔情况往往持续数周。每窝产死胎数差别很大,有的窝次无死胎,有的窝次可高达80%~100%。有些病例直到4~5个月后才能恢复正常。少数母猪皮下出现一过性血斑,有的母猪出现肢麻痹性中枢神经症状。此外,还可出现乳汁减少,分娩困难,继发膀胱炎和重发情等。

(2)仔猪:以2~28日龄仔猪感染后症状最为明显,死亡率高,可达80%,临床症状与日龄有关。早产的仔猪出生当时或几天内死亡。大多数新生仔猪出现呼吸困难(腹式呼吸),肌肉震颤,后肢麻痹,共济失调,打喷嚏,嗜睡,精神沉郁,食欲不振。有的仔猪,耳朵和躯体末端皮肤发绀。哺乳仔猪发病率为11%,最高达54%。除上述症状外,吮乳困难,断乳前死亡率可增加到30%~50%,甚至可达到100%。存活下来的仔猪体质衰弱、腹泻,对刺激敏感或呆滞,遭受再次感染概率增加。人工哺喂的仔猪则很少死亡,但常出现继发感染,并产生与呼吸和肠道疾病相关的临床症状。

(3)公猪:表现为咳嗽,喷嚏,精神沉郁,食欲不振,嗜睡,呼吸急促和运动障碍。有性欲,但精子质量下降,射精量少。少数公猪耳朵变色,继发膀胱炎和白细胞数减少。

(4)育肥猪:发病率低,仅为2%,有时达10%。感染初期出现轻微的呼吸道症状,而后病情加重,除咳嗽、气喘外,普遍出现高热、腹泻、肺炎,还可出现耳部、腹部、尾部和腿发绀,眼肿胀,结膜炎,血小板减少,排血便,两腿外展等症状。

4. 病理变化

发病或死亡猪肺脏呈暗红色,呈间质性肺炎或胸膜肺炎变化,质地稍坚实,有时气管、支气管内有大量泡沫状黏液。全身淋巴结肿胀、充血,尤其是颌下淋巴结、肠系膜淋巴结和腹股沟淋巴结高度肿大。脾脏肿大,出血。有时后肢关节肿胀,关节液增多,肾肿大,出血。组织病理学变化显示,死亡猪肺脏呈现典型的间质性肺炎变化,肺泡间隔增宽,间质表现为浸润性和增生性炎症反应,小血管、毛细血管充血,部分肺泡呈代偿性扩张;脾脏、淋巴结以急性出血、坏死为特征,血管内皮细胞肿胀、坏死,小血管极度扩张、变脆或变薄,有时血管壁变形或不完整,血细胞渗透到组织间隙。淋巴细胞呈现大面积坏死。

对发病猪扁桃体、脾脏、淋巴结、脑等组织免疫组化染色,均有阳性信号呈现,病毒主要分布在淋巴细胞、巨噬细胞、神经元细胞的胞浆内。

5. 诊断

根据妊娠母猪后期发生流产,新生仔猪死亡率高,而其他猪临床表现温和,以及间质性局灶性肺炎变化。或参照荷兰制订的三项诊断指标,即死产至少20%以上,流产母猪至少为80%以上,断乳仔猪的死亡率至少为26%以上。取其中两项作为诊断依据,可作出初步诊断。

但确诊则有赖于病毒的分离鉴定及血清学检查。

(1)病毒分离鉴定:可采集流产死胎、新生仔猪肺、脾等病料,接种MARC145等敏感细胞系;也可采用RT-PCR法检测PRRS病毒。

(2)血清学方法:可采用酶联免疫吸附试验(ELISA)、间接荧光抗体试验(IFA)、血清中和试验(SN)、免疫过氧化物酶单层细胞试验(IPMA)等方法检测。

6. 防治

空气、精液、飞禽对本病的传播有一定的意义。猪群一旦感染将长期带毒。应切实搞好环境卫生,禁止野鸟和鼠类进入猪场,购进种猪时注意检疫。加强防范措施,如严禁从外面引进种猪和公猪的精液,加强血清学监测。

国际上对 PRRSV 的免疫策略存在争论,焦点主要集中在两点:一是是否允许使用疫苗。一些 PRRSV 阴性国家和地区,如澳大利亚、新西兰等,禁止使用疫苗。而瑞典和智利等曾经感染 PRRSV 的国家,也主张采用加强饲养管理等方式控制 PRRSV,禁止使用疫苗。二是选择何种疫苗进行免疫。多数 PRRSV 阳性国家允许使用 PRRS 活疫苗,使用国家不断增加,如 2000 年美国分别有 37% 和 4.3% 的猪场在其能繁母猪和断奶仔猪中使用 PRRS 弱毒疫苗,已超过了灭活疫苗的使用比例(13.2% 和 0.5%)。但也有少数国家禁止使用活疫苗,只允许使用灭活疫苗,如英国。自 20 世纪 90 年代勃林格殷格翰公司成功开发出首个商品化的 PRRS 疫苗,截至目前,商品化的 PRRS 灭活疫苗和活疫苗已达数十种,其范围基本覆盖所有 PRRSV 亚型。临床应用效果证明 PRRS 疫苗可有效降低 PRRSV 的发病和流行。因此,PRRSV 阳性猪场使用疫苗的比例呈上升的趋势。

发病猪可用抗菌药控制继发感染,配合支持疗法能提高成活率。

(十) 猪流行性腹泻

猪流行性腹泻是由猪流行性腹泻病毒(PEDV)引起的以腹泻、呕吐、脱水和对哺乳仔猪高致死率为主要特征的一种高度接触性肠道传染病。2010 年 4 月以来,韩国、泰国以及我国规模猪场哺乳仔猪陆续发生由猪流行性腹泻病毒导致的严重腹泻,发病率 60%~80%,死亡率可达 30%~90%,不仅给养殖场户造成巨大的经济损失,而且也极大地影响了上市肥猪的供给量,成为推动猪价飞涨的因素。

1. 病原

猪流行性腹泻病毒属于冠状病毒科、冠状病毒属。本病毒与猪传染性胃肠炎病毒没有共同的抗原性。病毒对外界环境和消毒药抵抗力不强,对乙醚、氯仿等敏感,一般消毒药都可将其杀灭。

2. 流行病学

病猪是本病的主要传染源,病猪排泄的粪便散播病毒,污染饲料、饮水和环境,健康猪经口接种了含 PEDV 的粪便即可发生自然感染,粪-口途径可能是传播的主要方式。病毒随粪便排出,污染周围环境和饲养用具,散播传染。各年龄的猪均可感染,仔猪和育成猪的发病率通常为 100%,成年母猪为 15%~90%。病毒传入猪群的途径主要是通过运输病猪或者被污染的饲料、车辆,以及被病毒污染的靴、鞋或其他携带病毒的污染物。本病多发生在寒冷季节,但也可发生于夏季。

3. 临床症状

临床表现与典型的猪传染性胃肠炎十分相似。

哺乳仔猪发病症状明显，体温正常或稍偏高，表现呕吐、腹泻、脱水、运动僵硬等症状。呕吐多发生于哺乳和吃食之后。呕吐、腹泻的同时患猪伴有精神沉郁、厌食、消瘦及衰竭。症状的轻重与年龄大小有关，年龄越小，症状越重，1周龄以内的哺乳仔猪感染常于腹泻后 2～4 d 因脱水死亡，病死率约 50%。

断奶猪、育成猪发病率很高，几乎达 100%，但症状较轻，表现精神沉郁，有时食欲不佳、腹泻，可持续 4～7 d，逐渐恢复正常。

成年猪仅发生呕吐和厌食。

4. 病理变化

尸体消瘦脱水，皮下干燥，胃内有多量黄白色的乳凝块，小肠病变具有特征性，通常肠管膨满、扩张、充满大量黄色液体，肠壁变薄，肠系膜充血，肠系膜淋巴结水肿。

5. 诊断

本病的流行病学、临床症状、病理变化基本上与猪传染性胃肠炎相似，只是传播速度较慢和哺乳仔猪病死率稍低，据此可做出临床综合诊断。确诊是比较困难的，主要依靠实验室诊断。常用酶联免疫吸附试验（ELISA）、荧光抗体试验、人工感染试验、PCR 等方法。

6. 防治

本病无特效药治疗，通常应用对症疗法，可以减少仔猪死亡率，促进康复。发病后要及时补水和补盐，给大量的口服补液盐，防止脱水，用抗生素防止继发感染可减少死亡率。

发病后应立即封锁，严格消毒猪舍、用具、通道等。

预防本病可在入冬前（10～11 月份）给母猪接种 TGE-PED 二联灭活疫苗，妊娠母猪于产前 20～30 d 接种 4 mL，通过初乳可使仔猪获得被动免疫。

（十一）猪沙门菌病

猪沙门菌病是由沙门菌属细菌引起的一种传染病。急性型表现为败血症，亚急性和慢性型以顽固性腹泻和回肠、大肠发生弥漫性、坏死性肠炎为特征。

1. 病原

猪沙门菌病的病原主要有猪霍乱沙门菌和猪伤寒沙门菌。沙门菌为革兰阴性、兼性厌氧、有运动性的无芽孢杆菌。本菌对化学消毒剂的抵抗力不强，常用的消毒药均能将其杀死。

2. 流行特点

本病常发生于 6 月龄以下的猪,1~4 月龄的猪发病最多,一般呈散发性。病猪和带菌猪是主要的传染源,经被污染的水源、饲料通过消化道传播。本病一年四季均可发生,但在多雨潮湿季节发病较多。

3. 临床症状

猪沙门菌病的临床症状为败血症和小肠结肠炎。

(1) 败血症型:多见于断奶前后的仔猪,食欲下降或丧失,精神不振,体温升高至 41~42 ℃,耳和四肢末端皮肤发绀,病死率高,可能伴有呼吸困难或黄疸,一般病初不见有腹泻,直到发病 3~4 d 后才出现水样、黄色粪便。

(2) 小肠结肠炎型:病初即为水样、黄色腹泻,并可迅速传播至整个猪舍;在接下来数周内可能反复腹泻,造成感染猪发烧、食欲下降、脱水和逐渐消瘦,但死亡率很低。

4. 病理变化

(1) 败血症型:各内脏器官具有一般败血症的共同变化。全身淋巴结肿大,出血。心内外膜、喉头、肾、膀胱黏膜、肠浆膜均散在出血点或出血斑。肝脏淤血,散见白色坏死点。脾脏肿大,被膜有散在小点状出血,边缘有出血性梗死。盲肠和结肠严重出血。

(2) 小肠结肠炎型:主要表现为盲肠、结肠坏死性炎症,肠壁增厚,表面附一层糠麸样伪膜,有的形成圆形或椭圆形溃疡,严重者肠系膜淋巴结、肝门淋巴结、腹股沟淋巴结等明显肿大、出血,髓样增生,有时形成灰黄色坏死灶或干酪样坏死。肝脏呈不同程度淤血和变性,有许多针尖至粟粒大坏死点。胆囊充盈、肿胀。脾脏肿大,被膜有散在小点状出血和坏死。肺心叶、尖叶和膈叶前下缘常发生卡它性肺炎。肾有灰白色坏死灶。慢性型的猪,有的关节肿胀,关节内有淡黄色积液。

5. 诊断

小肠结肠炎型病例,根据症状、病史和特征病变可做出初步诊断,败血症型极易与败血型猪瘟混淆,确诊需通过细菌分离鉴定。

常规的实验室鉴定:①革兰阴性无芽孢杆菌;②三糖铁琼脂上呈上红下黄,典型反应的底部呈黑色;③伊红美兰琼脂平板上为无色菌落,确诊需结合血清型鉴定。

6. 防治

(1) 加强管理:保持环境、饲料和饮水的清洁,消除发病诱因。

(2) 预防:在断奶前后(1 个月以上),可给仔猪口服仔猪副伤寒弱毒冻干疫苗,或在本病流行地区,定期给仔猪接种来预防本病的发生。可添加敏感抗生素(如环丙沙星)进行预防,但效果不确实,且易增强细菌的耐药性。

(3) 治疗:发现本病时,立即进行隔离消毒。治疗应根据药敏试验选择敏感药物,常用喹诺酮类药物(如恩诺沙星、环丙沙星、诺氟沙星等)、氨基糖苷类(如卡那霉素、庆大霉素、新霉素等)及头孢菌素类(如头孢噻呋、头孢氨苄等)。

(十二) 猪丹毒

猪丹毒是由猪红斑丹毒丝菌引起的一种急性、热性传染病。主要表现为急性败血症、亚急性疹块、慢性多发性关节炎和心内膜炎等。

1. 病原

猪红斑丹毒丝菌,是一种革兰染色阳性、纤细、平直或稍弯的小杆菌。在心内膜疣状物上,多呈长丝状,在病料的组织触片中多单在、成对或成丛排列。在普通培养基上生长欠佳,在血平板或加血清的肉汤中生长旺盛,明胶培养基穿刺呈“试管刷状”生长。目前共有 25 个血清型和 1a、1b 及 2a、2b 亚型。分型是依据菌体可溶性的耐热肽聚糖的抗原性。大多数菌株为 1 型和 2 型(相当于以前的 A 型和 B 型),从急性败血症分离的菌株多为 1a 型,从亚急性及慢性病病例分离的则多为 2 型。

本菌对腐败和干燥环境有较强的抵抗力。在饮水中可存活 5 d,在污水中可存活 15 d,在深埋的尸体中可存活 9 个月。在病死猪熏制的火腿中 3 个月后仍可在深部分离出活菌。对热和直射光较敏感,70 ℃经 5～15 min 可完全杀死。对常用消毒剂抵抗力不强,0.5% 甲醛数十分钟可杀死。用 10% 生石灰乳或 0.1% 过氧乙酸涂刷墙壁和喷洒猪圈是目前较好的消毒方法。本菌可耐 0.2% 的苯酚,对青霉素很敏感。

2. 流行特点

病猪和带菌猪是本病的主要传染源。通过病猪、带菌猪及其他带菌动物的排泄物和分泌物排出菌体并污染饲料、饮水、土壤等,经消化道传染给易感猪;亦可通过损伤的皮肤及蚊、蝇等节肢动物传播。本病主要发生于 3～12 月龄的猪,随年龄的增长而易感性降低;一年四季均可发生,以炎热多雨季节为盛;常为散发性或地方流行性传染,偶有爆发性流行。

3. 临床症状

(1) 最急性型:无任何临床表现,突然死亡,病程多不超过 1 d。

(2) 急性型:又称败血型。发烧,体温 42 ℃以上。眼结膜充血,皮肤潮红,在耳、腹、腿内侧出现大小和形状不等红斑,指压暂时褪色。

（3）亚急性型：特征是在皮肤上出现菱形、方形或圆形的疹块。

（4）慢性型：多由亚急性型转变而来。在临床上表现为心内膜炎、多发性关节炎和皮肤坏死等,单独发生或并发。关节炎型的病猪关节肿胀,腿僵硬,疼痛,行动困难。皮肤坏死型的病猪常表现为在背、耳、肩等处病变皮肤变黑色,干硬,似皮革状。

4. 病理变化

败血型猪丹毒主要以急性败血症的全身变化和体表皮肤出现红斑为特征。全身淋巴结肿胀,切面多汁,呈浆液性出血性炎症;心内外膜点状出血;肺脏淤血,水肿;气管充满黏液;肝脏肿大,质脆;脾脏显著肿大,呈樱红色,脾切面出现白髓周围"红晕"现象;肾脏肿大,呈红色,俗称大红肾;胃底部和幽门部黏膜严重出血。

关节炎经常与心内膜炎同时出现,常见关节肿大,内有大量的渗出物,关节面粗糙。发生心内膜炎时,一般在二尖瓣有数量不等的灰白色血栓性增生物,呈菜花样。

5. 诊断

最为可靠的方法是进行细菌分离鉴定。急性型应采取肾、脾为病料,亚急性型在生前采取疹块部的渗出液,慢性型采取心内膜组织和患病关节液,制成涂片后,革兰染色镜检,如见有革兰阳性的细长小杆菌,在排除李氏杆菌的情况下,即可确诊。细菌培养将病料接种于鲜血琼脂培养基或肉汤中,37 ℃恒温培养 24 h,然后进行生化鉴定及血清学试验。

急性猪丹毒应注意与猪瘟、猪肺疫、猪败血链球菌病、猪副伤寒等的鉴别。

6. 防治

（1）每年定期预防接种猪丹毒疫苗。我国有多家兽医生物制品厂可提供商品疫苗如猪瘟、猪丹毒、猪肺疫三联活疫苗。

（2）治疗常用青霉素,无效时可用四环素,肌肉注射,一日两次,但要注意在临床上恢复正常后仍要继续用药 1～2 次,以免复发。卡那霉素、新霉素和磺胺类药基本无效。

（3）经常保持用具、场圈的清洁卫生,定期用消毒剂（10％石灰乳等）消毒。猪群中发现猪丹毒猪时,应立即隔离治疗。

（十三）猪瘟

猪瘟是由猪瘟病毒引起的一种急性、热性传染病,各种年龄的猪均可发病,一年四季流行,传染性极强,发病率和死亡率均高。猪瘟的发生具有毁灭性,严重地威胁养猪业的发展。本病自 1833 年在美国俄亥俄州发现以来,流行世界各地,给养猪业造成了不同程度的经济损失。至今猪瘟仍是威胁养猪业最严重的一种传染病。近年来温和型和繁殖障碍型猪瘟增多,临床症状与病理变化不典型,发病率与死亡率显著降低,病程明显延长,必须依赖实验室诊断才能确诊。世界动物卫生组织(OIE)将本病列为法定报告的动物疫病,2008 年农业部新修订的《一、二、三类动物疫病病种名录》将其列为一类动物疫病。

1. 病原

猪瘟病毒属黄病毒科,瘟病毒属,猪瘟病毒只有一种血清型,但毒株有高毒力、低毒力、无毒力之分。我国流行毒株的基因类型仍然以基因 2.1 亚群为主。

猪瘟病毒不耐热,56 ℃ 60 min 可灭活,对环境的抵抗力不强,但存活的时间取决于含毒的介质。60 ℃作用 10 min 使其完全丧失致病力,而脱纤血中病毒在 68 ℃ 30 min 尚不能灭活。含毒的猪肉和猪肉制品几个月后仍有传染性,有重要的流行病学意义。在猪粪便中 CSFV 于 20 ℃可存活 2 周,4 ℃可存活 6 周以上。乙醚、氯仿和去氧胆酸盐等脂溶剂可很快使病毒失活,丧失感染性。2%氢氧化钠仍是最合适的消毒药。

2. 流行特点

(1)流行范围广:全国范围内均有猪瘟流行,重要原因是在缺乏有效的运输与市场检疫情况下猪只的频繁交易和流动。

(2)散发流行:近年猪瘟在我国呈散发流行趋势,疫点显著减少,主要是因为大规模免疫接种,猪群均有一定程度的免疫保护率。当前猪瘟发病无季节性,发病与否取决于猪群的免疫状态与饲养管理水平,且流行规模较小,强度较轻。

(3)发病年龄小,成年猪带毒现象严重:目前猪瘟多发生于新生仔猪,且发病日龄日趋偏小,发病多见于 3 月龄以下,特别是断奶前后和出生 10 日龄以内的仔猪。而成年猪(育肥猪、种猪)很少出现发病症状,但存在严重带毒现象,还能引起水平传播和垂直传播并造成恶性循环。

(4)非典型症状和繁殖障碍型猪瘟增多:临床上猪瘟病毒持续性感染(亚临床感染)和隐性感染增多,妊娠母猪带毒综合征(繁殖障碍型猪瘟)病例突出,初生仔猪的先天感染比较普遍,这种类型的感染种猪往往外表健康,所以是引起猪瘟流行最危险的传染源,应当及时坚决淘汰。

(5)免疫失败现象严重:免疫注射的猪群免疫力低下的现象普遍存在。母猪持续感染和仔猪胎盘感染是目前引起免疫失败的重要原因。由这种母猪产下的仔猪多为先天免疫耐受猪,这种情况常常导致猪瘟在猪场形成恶性循环,即猪瘟亚临床感染→胎盘感染→母猪繁殖障碍→仔猪带毒→后备母猪→亚临床感染,使得带毒猪在临床中带毒率为 3％～33％。

3. 临床症状

典型猪瘟潜伏期短的 2 d,一般为 5～10 d,最长达 21 d。按发病经过可分最急性型、急性型、亚急性型和慢性型。前两型又称败血型。目前又出现温和型和繁殖障碍型猪瘟。

(1) 最急性型:突然发病,高热达 41 ℃左右,可视黏膜和皮肤有针尖大的密集出血点,病程 1～3 天,死亡率达 100％。少见,多发于新疫区或未经免疫的猪群。

(2) 急性型:病猪精神沉郁,减食或厌食,伏卧,嗜睡,常堆睡一起。体温达41 ℃以上,稽留不退,死前降至常温以下。初期眼结膜潮红,后期苍白,眼角处初期有多量黏液,后期转为脓性分泌物,呈褐色,粘住两眼。有的病猪初期可出现腹泻,或便秘和腹泻交替。在外阴部、腹下、四肢内侧等薄皮部有出血点或出血斑,病程长的出血斑互相融合,形成较大的出血性坏死区。在公猪包皮内常积有尿液,排尿时流出异臭、混浊、有沉淀物的尿液。

(3) 亚急性型:病程长,可达 21～30 d。症状与急性型相似,皮肤有明显的出血点,耳、腹下、四肢、会阴等处可见陈旧性出血点,或新旧交替出血点,病猪行走摇晃,后躯无力,站立困难,以死亡转归。

(4) 慢性型:病程长达 1 个月以上,体温时高时低。病猪食欲不佳,精神沉郁,消瘦,贫血,便秘与腹泻交替,皮肤有陈旧性出血斑或坏死痂。注射退热药和抗菌药后,食欲好转,停药后又不吃食。

(5) 温和型:是由低毒力的猪瘟病毒引起的,病情发展慢,发病率和病死率均低。体温升高达 40 ℃。皮肤常有出血点,但腹下多见瘀血,往往无猪瘟典型症状。大猪和成年猪都能耐过。

(6) 繁殖障碍型:造成仔猪死亡,妊娠母猪感染时可分别导致流产、产木乃伊胎或死胎,生后的猪衰弱并打颤,新生猪残废,或出生后很健康,但在几天内忽然死亡。

4. 病理变化

(1) 最急性型:浆膜、黏膜和肾脏中仅有极少数的点状出血,淋巴结轻度肿胀、潮红或出血。

(2) 急性型:呈败血症变化。耳根、颈、腹、腹股沟部、四肢内侧的皮肤出血,初为明显的小出血点,病程稍久,出血点可相互融合,形成较大的斑块,呈紫红色。特征性病变出现在淋巴结、脾脏和肾脏等处。

淋巴结呈明显肿胀,外观颜色从深红色到紫红色,切面呈红白相间的大理石样,特别是颌下、咽背、腹股沟、支气管、肠系膜等处的淋巴结较明显。

脾脏不肿胀,边缘常可见到紫黑色突起,即出血性梗死,有时很多的梗死灶连接成带状,一个脾出现几个或十几个梗死灶,检出率为30%~40%。

肾脏色较淡,呈土黄色,表面点状出血非常普遍,量少时出血点散在,多时则布满整个肾脏表面,出血点颜色较暗。切面肾皮质和髓质均有点状和绒状出血,肾乳头、肾盂常见有严重出血。

喉和会厌软骨黏膜,常有出血点,扁桃体常见有出血或坏死。肺有出血点或出血斑。心外膜、心内膜弥漫性出血。肝出血。胃浆膜出血,胃底部黏膜可见出血溃疡灶。肠浆膜出血,大肠和直肠黏膜随病程进度发展为淋巴滤泡溃疡,也常见有大量出血点,小肠和大肠孤立和集合淋巴滤泡肿胀。膀胱黏膜,特别是膀胱颈部有散在出血点,严重时弥漫性出血,形成很多"血肿"。

(3)亚急性型:败血性变化轻微,一般多发生在肾脏和淋巴结,皮肤和其他器官较为少见。可见耳根、股内侧有出血性坏死样病灶,断奶仔猪的胸壁肋骨和肋软骨结合处的骨合线明显增宽。

(4)慢性型:主要特征性病变为回盲瓣有纽扣状溃疡。断奶仔猪肋骨末端与软骨交界部位发生钙化,呈黄色骨合线。

(5)繁殖障碍型:母猪具有高水平抗体,不发病,但子宫内胎儿却因猪瘟野毒感染而发病或死亡,致使母猪流产、产死胎、木乃伊胎、畸形胎或产出弱小、颤抖的弱仔,多数仔猪可见到水肿、腹腔积水、皮肤和肾脏点状出血。

5. 诊断

猪瘟的病变多种多样,易与其他传染病混合感染,特别是非典型猪瘟的出现,给诊断增加了许多困难。诊断时要根据流行病学、临床症状及病理变化做出初诊,确诊要进行实验室综合诊断。实验室检验有血液学检查、病毒学诊断、酶联免疫吸附试验、猪接种试验、兔体相互免疫试验、免疫荧光试验、间接血凝试验等。检测抗体常用酶联免疫吸附试验(ELISA)和间接血凝试验(IHA),受检血清样品抗体(IHA)值$\geq 2^5$判为免疫抗体合格,在仔猪免疫前应该监测仔猪的母源抗体,母源抗体(IHA)值$\leq 2^5$时,应及时注射疫苗;检测抗原常用酶联免疫吸附试验和免疫荧光试验,受检样品为血清、全血和组织样品,检测结果为阳性的,表明近期遭受过猪瘟病毒感染。

应注意与猪弓形虫病和猪沙门菌病的区别。猪弓形虫病胸腔、腹腔积液,脾肿胀,肺水肿,肝有灰白色坏死灶;猪沙门菌病脾肿胀,肝密布坏死灶,可通过细菌分离培养来确诊。新生仔猪发病极易与猪伪狂犬病、猪蓝耳病混淆,三者在临床上症状相似,必须通过实验室进行鉴别诊断。

6. 防治

本病至今无有效治疗方法,主要采取预防为主的综合性防疫措施。

我国应用猪瘟兔化弱毒苗来预防和控制猪瘟,已经取得较大的成果,猪瘟大面积流行已得到控制。但目前在兽医临床实践中发现,猪瘟仍是威胁养猪业最严重的传染病。猪瘟流行毒株与疫苗株 HCLV 和经典强毒沙门菌之间的同源性分别为 74.2%～83.2%和 75.8%～83.2%,与前几年结果一致,检测结果证实现有的疫苗株仍然能够预防流行毒株的攻击。

目前国内对猪瘟的免疫程序没有统一的标准,要根据本地区、本猪场的传统和现状制定出科学、合理、行之有效的免疫程序。现推荐猪瘟的免疫程序,供参考。猪场要加强猪瘟疫苗免疫效果的监测与评价,适时调整免疫程序。

(1)种猪的免疫程序:种公猪为每年春秋两次防疫;种母猪为跟胎免疫,产前 25～30 d 及产后 25～30 d 各免疫一次。

(2)仔猪的免疫程序:按日龄进行。

25～60 日龄程序:即 25～30 日龄首免,55～60 日龄二免。

0～70 日龄程序:即乳前首免,70 日龄二免。

0～35～70 日龄程序:即乳前首免,35 日龄二免,70 日龄三免。

(3)后备种猪:按仔猪程序,至 8 月龄(即配种前)加免一次后,然后按种猪程序进行。

第六章

科研成果与开发利用

一、科研成果

（一）梅山猪

1962年以来，上海市嘉定县种畜场在抢救、保护19头原种梅山猪的基础上，开始进行本品种选育、提纯与扩群，逐步形成三级繁育体系，经过多年努力，种猪数量、质量同步提高。50年来，业界对梅山猪的生殖生理机制、多产性能、胴体特性和基因定位、主效基因检测及杂交利用等做了广泛研究，发表了大量有价值的论文，很多研究成果已在生产实践中得到应用。

1. 梅山猪生殖生理研究

梅山猪性成熟早、产仔多、繁殖性能优良等特性与梅山猪的生殖生理有着密切的联系。为了探索其高产仔特性的生理功能，掌握其发情排卵规律以指导生产，畜牧科技人员开展了两项研究：一是发情、排卵规律及受精率的观察，测定内容为不同年龄梅山猪排卵数、受精率和发情期内排卵及卵子运行情况、卵裂情况；二是生殖器官发育和组织学观察，并与苏白母猪按不同日龄进行解剖测定比较。测定内容为卵巢、输卵管、子宫角、子宫体、子宫颈、阴道前庭等性器官的长度、重量、体积、形态等。此外，取4种日龄的梅山猪和苏白猪的卵巢，做组织学切片，观察卵泡发育情况。数据采用两种方法：①均数差异显著性测定；②器官生长强度采用相对增长系数。所得第一手数据翔实可靠，不仅为梅山猪母猪的适配年龄和配种时间提供依据，而且第一次通过科学测定诠释了梅山猪的高繁殖性的生殖生理机能。

2. 梅山猪泌乳力和乳汁成分测定

梅山猪高产、多仔的优良性能与其泌乳力、乳汁成分等因素有关。经测定,梅山猪全期泌乳量为 505.4 kg,泌乳高峰出现于产后的第 25～30 d,该阶段日泌乳量达 10 974.2 g。之后泌乳量逐渐下降,以 40～45 d 期间下降更明显,所以 30 d 以后对仔猪补料尤为重要。

泌乳力对仔猪前期的生长发育有一定影响,在日粮水平 55.58 MJ 的情况下,二胎母猪泌乳量、乳汁蛋白质、能量水平以及氨基酸含量上均高于其他地方品种,在 20 日龄仔猪每千克增量效果上也同样反映出来,梅山猪 20 日龄时每千克增量耗乳为 3.97 kg,而枫泾猪则需 4.78 kg。

3. 开展猪的染色体核型分析

在 1984 年,上海市农业科学院畜牧兽医研究所、上海农学院科研人员对嘉定县种畜场所饲养的中型梅山猪进行了染色体核型分析研究。结果表明,梅山猪第三对染色体上的 Ag—NOR 显示率高于国外家猪,可能对梅山猪与太湖猪类群之间血缘关系及品种的鉴别有所帮助,也可为今后探索用生物工程改良梅山猪的研究积累基本资料。

4. 梅山猪选育成果

1980 年 1 月 4 日上海市嘉定县科委会同上海市嘉定县畜牧局召开梅山猪选育成果鉴定会,听取了上海市嘉定县种畜场 1962～1979 年梅山猪选育工作汇报,查询了有关资料,一致认为根据 1972 年全国猪种协作会议制定的规划,梅山猪作为全国九大猪种的选育指标如期完成并通过鉴定。

(1) 生长发育:公猪成年体重 175 kg,母猪成年体重 150 kg。

(2) 繁殖性能:产仔数 14 头,初生重 3.85 kg,断奶窝重 160 kg,断奶头数 13 头,断奶仔重 12.31 kg。

(3) 肥育性能:8 月龄 85 kg,料重比 4.5∶1。

(4) 经过选育梅山猪体型外貌、生产性能逐渐趋向一致,体质结构亦有所改进。

实践证明,应用遗传学理论、采用继代选育,在保持梅山猪繁殖性能的前提下,加快生长速度。随着种质提纯,进一步发挥杂种优势,取得一定的效果。

5. 梅山猪主要经济性状遗传规律的研究

在 1980～1982 年,盛桂龙、张云台、阚耀良等开展了梅山猪的性状遗传规律和高繁殖力特性的研究,通过测定梅山猪主要经济性状的遗传力和遗传相关等遗传参数,系统地分析、了解和掌握其遗传规律以及性状间的相互关系,以不断改进选育方法,调整梅山猪选育方案。其研究成果主要有以下几点。

（1）证实梅山猪经过有计划的选育其主要经济性状有了一定改进和提高,产仔数、产活仔数有所增加,其变异系数降低,遗传性日趋稳定,但2月龄育成仔数与产仔数相比,损失率偏高,加以改进尚有很大潜力可挖。

（2）在梅山猪若干数量性状间的遗传相关中,乳头数与产仔数的遗传相关呈中相关,且乳头数的遗传力相对也较高,应在选育工作中进一步注重乳头数的选择。

（3）梅山猪2月龄断乳个体重与6月龄体重呈强正相关,据此可根据2月龄断乳个体重状况进行选择,有利于克服梅山猪后备公猪生长速度缓慢的缺陷。

6. 梅山猪保种选育方案的制定

嘉定县种畜场建立于1958年,1962年确立建办梅山猪原种场。50年来,选种保种工作持续不断。

第一阶段（1962～1973年）重点是发展数量,繁育方法限于当时的认识,采用多类型梅山猪选育互交与异质选配,造成类型分离等突出问题。

第二阶段（1973～1982年）重点是提高质量、稳定遗传性,明确以选育中型梅山猪为方向,以保持优良的繁殖性能,适当提高生长速度为主攻目标。方法上坚持同质选配、严格剔除类型分离,扩大优质猪群、提高后备猪的选择强度和加快种猪的更新等,使猪群的体型外貌逐步趋向一致,各项生产性能得到较大的改善。

第三阶段（1983～2000年）重点选育遗传性更为稳定、比较理想的杂交亲本猪种。目标是保持现有猪群体型中等偏大、繁殖性能较好、生长速度较快和杂种优势明显等优良性状的同时,适当改善种猪的体质和肉猪的胴体品质,逐步降低遗传疾病的外显率。方法、步骤上对现有4个血统的公母猪进行鉴定,选优汰劣,组建16头公猪、80头母猪的基础核心群,然后在核心群内实行4个家系小群闭锁繁育,提高整个猪群质量。

第四阶段（2001～2012年）主要目标是保持原有优良性状的同时,通过有计划地选育,进一步提高其生长速度和胴体瘦肉率,使其更能适应市场需要。方法是将1973年以来积累的各类资料数据输入电脑,进行整理和分析,对现有4个组的公母猪逐头鉴定,通过选优汰劣,组建60头母猪、12头公猪的核心群,然后4个组实行组间小群闭锁繁育,进一步提纯。

第五阶段（2013～2016年）主要着眼于保存梅山猪种质资源基因库,维持其品种特征、特性不变。采取家系等量留种方式或执行"以父定组,组间单向循环选配"的原则和采用纯繁与杂交相结合的配种方法,适度延长世代间隔,并通过杂交利用降低保种带来的经济压力。

各阶段的梅山猪保种选育方案根据梅山猪原种场的实际情况和市场需求变化进行调整,从而与时俱进,效果显著。

7. 梅山猪育肥和产肉性能的研究

(1)育肥性能:梅山猪素以产仔多、母性好和肉质鲜美等优点著称,但在胴体肉质方面的研究报道较少。为此,嘉定区种畜场于1993年选择梅山猪4个家系32头肉猪进行育肥和屠宰试验。这是首次对纯种梅山猪的育种屠宰试验,结果如下。

① 育肥性能:试验天数136 d,平均始重29.73 kg、末重79.3 kg,平均日增重364.49 g。

② 屠宰测定:宰前平均体重79.47 kg,胴体重52.2 kg,平均屠宰率68.02%,平均瘦肉率45.46%。

③ 肉质测定:平均眼肌面积16.7 cm²,平均肉色3.66。

(2)产肉性能:张伟力等(2010)对梅山猪的胴体、肉质进行了深入研究,通过测定、比对、分析和切块点评,提出开发利用的建议,归纳如下。

① 梅山猪头蹄重分别占活体重7.81%、2.33%,从常规屠宰工艺角度看,头蹄比例大似乎是缺点,然而从市场适需产品开发的角度看则是优点。

② 眼肌面积13.13 cm²和胴体瘦肉率42.4%提示梅山猪瘦肉产量低下,而骨重13.58%、皮重12.92%远高于一般品种。由于皮和骨的比例大,反而使胴体脂肪率不甚突出。

③ 肉质测定结果表明,梅山猪具有市场经济潜力。其一,肉质细嫩,肌内脂肪高达7.32%、嫩度25.60~26.10 N,促成多汁滑嫩、甘美的口感,80 kg体重肌纤维水平在50 μm,显示肉质细巧;其二,系水力良好,宰后48~72 h的滴水损失仅为1.23%,Kauffman值为2.50%,能有效地将风味物质吸纳在肌束膜之内;其三,肉色悦目稳定,眼肌的L*(亮度)为46.80,a*(红度)为8.55,b*(黄度)为0.50,可以保持到宰后72 h不变,在宰后72 h、70 ℃处理条件下红度a依然保持4.20,足以反映出其优秀的保鲜能力。与此同时,根据中国当今发展黑毛优质猪的新形势,对市场适销的胴体分割块前肩、T骨大排、五花肉、股四头肌,从色泽、肌组织结构、脂肪含量和口感等进行了专业性点评,具有重要的参考意义。

8. 梅山猪多产性能的研究

梅山猪以繁殖力强著称于世,是迄今国际上已知产仔数最高的品种之一。近20多年来,国内外对梅山猪的产仔性能做了深入研究,探讨了新陈代谢、生理以及内分泌因素与梅山猪高产仔性能的关系。

(1)梅山母猪多产性能的表现与生理机制:控制产仔数的生理机制比较复杂,

涉及的环节较多,从排卵前到分娩后,每一个环节均有不同程度的影响。目前,对梅山猪的高产仔生理机制已经有了一个大致的了解。

(2)激素水平及其受体与多产性能的关系:对梅山猪妊娠期激素水平、泌乳期激素水平以雌激素受体(ESR)、促乳素受体(PRLR)基因与多产性能关系的研究也有所收获。

(3)应用梅山杂种猪探测主效基因:迄今采用分离分析或调查候选基因方法发现了一些主效基因。但是这些已发现的主效基因并无影响产仔数的证据。随着染色体图谱的进一步扩展和连锁分析研究的深入,将会有更多有价值的主效基因被定位,从而用于提高猪的生产性能、胴体品质和肉的质量。

9. 梅山猪杂交利用的研究

梅山猪在繁殖力和肉质上表现出的优良性状已为国内外畜产市场所公认,开发利用这一优良品种资源,不仅是发展养猪业的需要,也是梅山猪生存发展的需要。为此,上海养猪界科技人员利用梅山猪作为经济杂交或合成培育新品种的优良亲本做了大量研究,取得了一定的成果。

(1)二元杂交:以梅山猪为母本、以国外优良猪种为父本进行二元杂交,获得生长较快、瘦肉较多、肉质较好且适合内销的二元杂种一代商品肉猪,表现出杂交优势率一般在10%~15%,其中嘉定县推广苏白公猪与梅山猪杂交模式优势率达29.04%,苏梅杂种一代肉猪一度成为嘉定地区当家商品猪,杂交肥育测定见表6-1和表6-2。

表6-1　杂交肥育测定

组合	头数(头)	饲养期(d)	始重(kg)	末重(kg)	增重(kg)	日增重(g)	杂种优势(%)	每千克增重耗精料(kg)	每千克增重耗青料(kg)
苏×梅	8	94	25.80	93.66	67.86	722	29.04	3.39	1.04
梅×梅	8	120	21.95	84.00	62.05	517	/	3.78	1.45
苏×苏	24	113.33	23.69	91.88	68.19	602	/	3.66	1.25

表6-2　杂交肥育测定

组合	头数(头)	宰前重(kg)	胴体重(kg)	屠宰率(%)	体长(cm)	皮厚(cm)	膘厚(cm)	板油重(kg)	眼肌面积(cm²)	后腿占胴体(%)
苏×梅	2	92.5	62.97	68.08	82	0.30	3.70	1.44	25.5	26.44
梅×梅	2	90.0	61.97	68.86	76	0.40	4.25	2.48	15.5	23.79
苏×苏	6	90.0	65.75	73.06	78	0.19	3.82	1.77	26.8	28.23

近几年来,发挥梅山猪具有五花肉和肉质鲜美的特点,以"一洋一梅"杂交组合,试点生产乡土性及特殊风味的梅山黑毛猪。经筛选,杜梅杂交一代平均日增重612.87 g,料重比3.0∶1,在屠宰率、胴体瘦肉率、后腿比例等指标性能,以及肉色、大理石纹、pH等方面均有优势,杜梅商品猪全身被毛为黑色,猪肉风味独特,为老百姓喜欢的"黑猪肉",市场接受程度较高。

(2)三元杂交:适应三元杂交瘦肉型猪生产发展需要,以引进国外品种长白、大约克、杜洛克等,培育生产二元杂交母猪长×梅、杜×梅、大约×梅作为后备母猪,生产杜×长梅、长×约梅、大约×长梅等三元杂交瘦肉型商品猪。有关试验结果见表6-3和表6-4。

表6-3 三元杂交猪肥育性能

组合	测定数(头)	试验期(d)	始重(kg)	末重(kg)	日增重(g)	育肥期(d)	料重比	每千克增重耗消化能(MJ)	每千克增重耗粗蛋白(g)
杜×长梅	30	112.0±1.2	24.8±0.3	92.3±1.0	605±11	108.2	3.68	49.48	677
大约×长梅	21	111.2±3.7	26.1±0.5	91.5±1.1	603±24	108.5	3.88	53.72	736
长×大约梅	24	124.8±1.6	25.2±0.4	91.2±1.4	531±12	122.6	4.09	56.60	775

表6-4 三元杂种一代肉猪屠宰测定

组合	测定数(头)	宰前重(kg)	屠宰率(%)	后腿比例(%)	眼肌面积(cm²)	膘厚(cm)	胴体长(cm)	瘦肉(%)	脂肪(%)	皮(%)	骨(%)
杜×长梅	30	90.4±1.0	70.14±0.27	32.79±0.27	31.78±0.77	2.94±0.10	75.67±0.64	55.45±0.37	24.27±0.62	7.64±0.27	12.60±0.37
大约×长梅	21	89.8±1.0	71.55±0.27	32.50±0.15	29.07±0.91	3.43±0.10	76.10±0.73	51.45±0.51	29.77±0.61	7.05±0.25	11.85±0.28
长×大约梅	24	89.7±1.5	72.42±0.39	32.41±0.43	31.71±1.06	3.42±0.12	76.40±0.80	50.44±0.60	29.99±0.85	7.29±0.27	12.18±0.32

(3)瘦肉型品种选育:引进世界上瘦肉率最高的皮特兰猪,与世界上繁殖率最高的梅山猪进行杂交组合,选育中国瘦肉猪新品系—DⅡ系。

自1986年以来,由上海市农业科学院畜牧兽医研究所主持,嘉定县有关方面协作,采用杂交、横交、扩群繁殖和世代选育等综合技术措施,培育胴体瘦肉率较高、生长速度较快、肉质良好并具有中国特色的瘦肉猪新品系—DⅡ系。由于选育时间较短且未持续下去,仅取得阶段性成果。

但是,在正确使用皮特兰猪,避免应激敏感基因在杂交后代的显现方面取得进展。皮特兰猪是应激反应最严重的猪种,其氟烷基因阳性率高达 87% 以上。由于梅山猪不含氟烷基因,氟烷基因又是隐性基因,因此,采用以下杂交组合方法可避免氟烷基因在商品猪中纯合而造成不必要的损失。

$$皮特兰(nn)(♂) \times 梅山(NN)(♀)$$
$$\downarrow$$
$$长白(NN) 或长约(NN)(♂) \times 皮梅(Nn)(♀)$$
$$\downarrow$$
$$长皮梅或长约皮梅(NN、Nn)$$

经测定,皮梅系列的杂交商品猪瘦肉率为:皮梅 54.31%、长皮梅 59.13%、长约皮梅 62.56%。外观臀部丰满,后腿占胴体比例:长皮梅 31.34%、长约皮梅 32.76%。肥育性能较好,长皮梅日增重 612.25 g,料重比 3.09:1;长约皮梅日增重 640.06 g,料重比 2.88:1。

10. 国外对梅山猪的研究成果

由于梅山猪的高产仔性能,20 世纪 70 年代起经国家批准通过种畜交换、友好赠送、商品贸易等方式先后向法国、匈牙利、罗马尼亚、朝鲜、日本、英国和美国出口梅山猪近 400 头。这些国家主要用梅山猪改良本国猪种的产仔性能,同时从基础理论方面对梅山猪进行了深入研究,如梅山猪高产仔性能的生理机制、基因定位、主效基因检测等,探索梅山猪的高产仔基因机理和控制基因。试图利用分子遗传技术,将高产基因直接插入西方猪的基因组,以克服梅山猪生长慢、瘦肉率低的缺点,育成新的合成系。

11. 近年来的研究成果

2015 年通过"不同粗纤维水平日粮在梅山母猪的应用"和"上海市生猪产业技术体系建设项目"课题的实施,在梅山猪母猪饲料中增加粗纤维含量的同时应用了微生态制剂。2016 年粗纤维饲料和微生态制剂应用到了仔猪与肥猪中,对杜梅商品肉猪进行了粗纤维饲料利用效果的研究工作,对仔猪进行了中草药和微生态制剂的应用试验,效果良好。

2016 年 7~9 月开展了益生菌替代抗生素的养殖试验,通过饲喂仔猪添加不同水平的中草药和益生菌的日粮,分析仔猪的腹泻、育成率以及饲料养分消化率情况,探索使用中草药配合益生菌替代抗生素的可能性。饲喂益生菌添加剂,提高了仔猪的生长性能,降低了其腹泻率;配合喷洒环境菌液,降低了畜舍中氨气和二氧化碳含量,改善了空气环境。

(1) 应在妊娠前开始给母猪饲喂添加益生菌的日粮,既改善母体健康状况,也为胎儿提供良好的营养和孕育基础,提高母体免疫力和分娩后泌乳力,达到改善仔猪生理状况和自体免疫力。

(2) 泌乳期间,2‰益生菌无抗教槽料方式。

(3) 断奶后,更换保育料阶段,2‰益生菌+1‰中草药保育料方式。

2014 年委托商标注册公司向国家商标总局提出注册"嘉梅"商标,2015 年完成了"嘉梅"商标注册,并获得一项专利,即"一种梅山猪或其肉制品的基因组分子鉴定试剂盒"。这有助于推进梅山猪特色肉品产业化进程。

(二) 沙乌头猪

沙乌头猪长期处于闭锁繁育的状态,20 世纪 70 年代后才开始杂交利用。据1980 年崇明县畜牧兽医站试验测定,在饲喂消化能 12.68 MJ、可消化粗蛋白质12%的饲料,且自由采食的条件下,苏×沙一代杂种肉猪杂种优势率为 17%。据对上海地区(当时)5 个县的地方猪种杂交配合力试验结果表明,以松江、金山的枫泾猪和嘉定的梅山猪分别作父本,与沙乌头猪作母本进行系间杂交,都有不同程度的杂种优势,尤以枫泾猪×沙乌头猪一代杂种生长速度最快,日增重 462 g。

1. 商品猪杂交育肥试验

20 世纪 90 年代开始以沙乌头猪作母本,与苏白猪、长白猪、大约克夏猪、杜洛克猪等品种公猪进行杂交,所产杂种一代猪再作为母本(即苏×沙、长×沙、约×沙、杜×沙),再与苏白猪、长白猪、大约克夏猪、杜洛克猪等外来品种公猪进行杂交,其杂交猪从出生到出栏平均在 165 d 以下,商品猪出栏平均体重为 90 kg 左右,日增重 700 g 左右,同时以料重比低(3.30∶1 以下)、瘦肉率高(杜×长沙组合最高58.97%,约×长沙组合 57.17%),深受当地群众喜欢。

2. 优质瘦肉型杂交配套技术推广

2002 年起开始参与实施"优质瘦肉型杂交配套技术推广"项目,以含沙乌头猪血统的杜×长沙、约×长沙三元杂种猪作母本,与外来品种杜洛克猪、大约克夏猪等品种公猪进行杂交,生产杜×约长沙、约×杜长沙为主的四品种杂交优质瘦肉型猪,其瘦肉率为约×杜长沙 64.92%、杜×约长沙 60.76%,但杜约长沙 162 d 达到88.5 kg 的上市体重,生长肥育期料重比 2.81∶1,明显优于平均出栏日龄 170~180 d、体重 85~90 kg、生长肥育期料重比(3.0~3.4)∶1 的项目指标,同时约长沙三元杂交配套母猪比长大母猪每胎多提供断奶仔猪1.48头。该课题获得崇明区科委二等奖。

2004年参与实施了上海市"优质瘦肉型杂交配套技术推广"项目并获得全国农牧渔丰收奖三等奖。通过两个项目的开展,充分验证了利用含沙乌头猪血统的杂种猪生产优质瘦肉型商品猪的可行性。

3. 基于无应激皮特兰猪为父系的沙乌头猪杂交模式研究

2012年实施了崇明区"基于无应激皮特兰猪为父系的沙乌头猪杂交模式研究"科技攻关项目,以皮特兰猪、杜洛克猪、沙乌头猪等品种,进行二元、三元杂交试验。结果表明,二元杂交中,生长速度方面杜沙占优势,但瘦肉率方面皮沙比杜沙高,综合各方面数据分析,皮沙和杜沙在胴体性状方面具备了配套系母本的要求,也无PSE肉,pH也属正常范围;三元杂交中,杜×皮沙组试验猪日增重758.1 g,皮×杜沙组试验猪日增重711.8 g,在生长速度方面杜×皮沙组占优势,但瘦肉率方面皮×杜沙组比杜×皮沙组高。综合各方面数据分析,杜×皮沙组和皮×杜沙组试验猪在胴体性状方面具备了配套系母本的要求,也无PSE肉,pH也属正常范围。综合比较,杜×皮沙组要优于皮×杜沙组。由此最终探索出优质猪肉生产配套组合杜×沙模式,生产商品黑毛猪及黑毛猪猪肉产品,从种质资源上保证优质猪肉生产。

(三)枫泾猪

1976～1981年,以上海市金山县畜牧兽医站为主,在金山县种畜场内进行试验,主要包括枫泾猪乳头性状的初步研究、枫泾猪繁殖性状的研究、枫泾猪生长发育性状遗传参数的研究、枫泾猪繁育性能及胴体品质性状遗传参数的初步研究、枫泾猪不同胎次的各项繁殖性状的遗传力研究、枫泾猪瞎乳头的遗传规律和排除方法研究、枫泾猪的血清蛋白含量与日增重之间的相关探讨、以枫泾猪为基础亲本的杂交组合与若干繁殖性状的关系探讨、以枫泾猪为基础亲本的杂交优势利用的研究、枫泾种公猪的选育工作探讨、枫泾猪阴道黏液pH的变化与配种适期的探索等。

1. 以枫泾猪为基础亲本的杂交优势利用的研究

1982年,县、公社两级的种猪群体质量明显提高,肥育性能以苏白为父本、枫泾猪为母本的后代(苏枫杂交一代)为最好,投入大量精、粗、青混合饲料喂养,日增重在500～600 g,断奶后饲养150～180 d可达90～100 kg。

1984～1985年进行瘦肉型猪不同品种杂交组合的试验,培育汉×枫、大×枫、斯×枫、杜×枫等杂交生产母猪。1985 年开始,为适应市场和出口需要,引进杜洛克、汉普夏、斯格和大约克等 4 种瘦肉型公猪,以枫泾猪为母本,试验三元杂交,即斯(斯格)×枫杂交培育的母猪,再与杜洛克公猪杂交。三元杂交后的商品猪,中猪(35 kg)瘦肉率高达 58%。以县种畜场为基地,年末培育成二元杂交母猪 380 头,为金卫乡、吕巷镇两个种畜场瘦肉型基点提供种母猪。

2. 枫泾猪的高繁殖力机制研究

从 20 世纪 70～90 年代,中国农业科学院畜牧兽医研究所和上海市金山县畜牧兽医站通力合作,系统地研究了枫泾猪的高繁殖力机制,从公猪、母猪性器官发育到胚胎发育,血清、血液中激素测定都有系统研究文章,并得到农业部嘉奖,还重点分析了对生产具有破坏力的地方品种致命弱点、瞎乳头的形成、遗传机制,制定了瞎乳头排除方法。对以枫泾猪繁殖性能为重点的有关遗传力、遗传相关的测定,对枫泾猪为母本杂交一代育肥猪胴体品质遗传力和遗传相关测定。对枫泾猪为第一、第二母本的繁殖力、肉猪生长率、饲料报酬做了全面分析;对枫泾猪近交系数的多年资料进行了深入细致的分析,厘清了现有猪核心群公母猪之间的关系;以基因检测手段肯定了枫泾猪高繁殖性能的遗传稳定性。

3. 太湖猪性早熟和高繁殖力的特性研究

1979 年 3 月～1992 年 12 月,中国农业科学院畜牧兽医研究所、江苏省吴江国营第一种畜场、上海市金山县畜牧兽医站三家单位合作,在中国农业科学院北京畜牧兽医研究所以繁育研究室主任王瑞祥研究员领衔的专家组的主持和带领下,开展了"太湖猪性早熟和高繁殖力的特性"项目研究,于 1993 年获农业部科技进步二等奖,于 1995 年获国家科技进步奖三等奖。项目采用下丘脑、垂体和性腺轴相互作用调节家畜生殖内分泌,进而控制繁殖力的原理,应用现代生物学技术,以枫泾猪为研究对象,通过对公猪生殖器官的生长规律和性功能的发展,性早熟的组织学和内分泌机制,排卵数和卵子受精率,初情期前、发情周期主要生殖激素分泌规律,抑制素活性,胚胎存活率,子宫容纳能力,卵巢中促黄体素(LH)和促卵泡素(FSH)受体,子宫内膜雌二醇受体,卵巢敏感性和促黄体素释放激素(LRH - A2)诱导的LH 水平作为繁殖力早熟选种遗传标记等研究,全面、系统地阐明了太湖猪性早熟和高繁殖力特性及其生理机制,得出下列结论。

(1)阐明了公母猪胚胎期和出生后生殖器官生长发育和性功能的发展规律;太湖猪生殖器官生长发育快不仅表现在出生后,也表现在胚胎期。

(2)摸清了性早熟的组织学和内分泌机理。

(3)排卵率高是太湖猪产仔多的直接因素,子宫容纳能力大是另一重要原因。

（4）太湖猪排卵多是由卵巢抑制素活性低、FSH 水平高、卵巢对促性腺激素反应敏感的协同作用所致。

（5）卵巢中抑制素活性（含量）低导致发情周期中促卵泡素含量升高。

（6）2 月龄时诱导的 LH 和诱导前的 FSH 水平可作为猪繁殖力早期选种的遗传标记。

这一成果对家畜繁殖学的基础理论和实际应用均有指导和参考价值；为今后对太湖猪优良特性的开发利用以及高繁殖力的人工控制提供了理论依据；具有重要科学意义和广泛的社会效益，已达到世界同类研究的先进水平。

（四）浦东白猪

从 20 世纪 90 年代中期开始，上海市南汇种畜场即开始了大×长×浦三元杂交和杜×大×长×浦四元杂交商品猪（也有进行大×长×浦三元杂交的）的开发生产。据对 332 头大×长×浦杂种母猪经产资料的统计，平均窝产仔数 12.31 头、窝产活仔数 11.70 头、断奶仔猪数 10.27 头。

2004 年 10 月，以南汇种畜场等养猪企业为龙头，组建了上海绿茂浦东白猪养殖专业合作社，主要进行浦东白猪的生产开发。发展至拥有 8 个浦东白猪配套养殖基地、40 多家农户进行养殖，存栏母猪 3 000 头，年供地方商品猪 6 万头，占原南汇区生猪出栏量的 12.5% 以上，为浦东白猪的开发利用搭建了一个很好的平台。

1. 浦东白猪遗传资源保护与开发利用

2013 年 5 月，组织开展"浦东白猪遗传资源保护与开发利用"专项课题，由上海交通大学农业与生物学院、上海市动物疫病预防控制中心、上海市农业科学院、上海浦汇浦东白猪繁育有限公司等专业科研技术部门专家共商浦东白猪遗传资源保护与开发利用工作，形成了 3～5 年"浦东白猪合作开发方案"。

2. 地方畜禽遗传资源保护与开发关键技术研究和示范

"地方猪种遗传资源保护与开发关键技术研究和示范"课题是由上海市动物疫病预防控制中心主持实施，嘉定区动物疫病预防控制中心、浦东新区动物疫病预防控制中心、上海交通大学农业与生物学院和上海五丰上食食品有限公司等协作单位共同完成。

完成 2 个浦东白猪抗病、易感基因（$FUT1$、$TAP1$）的多态性及免疫指标相关分析。本研究对浦东白猪和长白猪的 $FUT1$ 和 $TAP1$ 的 3 种基因型个体的 3 个免疫学指标进行了检测分析；白细胞介素 IL6 和 IL10 进行了测定分析，结果显示两种猪种无明显差异（P＞0.05）。两个猪种中 $TAP1$ 所有基因型个体有相似水平的肿瘤坏死因子 TNF‑α,表明浦东白猪和大白猪有相同的肝细胞炎症反应和 B 细胞分化的能力。这些差异在一定程度上影响了浦东白猪抗 F18 和其他感染的免疫力。

通过 SNP、InDel 等基因组遗传变异的检测分析,了解梅山猪、浦东白猪与其他地方品种和引进品种间在基因组结构上的差异、进化上的关系,以及梅山猪、浦东白猪在繁殖、生长、胴体与肉质、健康等性状上的特性及其分子遗传基础。这有助于使两个品种的保护实现由表(表型)及里(分子)更有效的目标。

研究梅山猪、浦东白猪与其他品种尤其是与引进品种间的遗传关系,有助于有针对性地进行杂种优势的预测,从而从分子水平上给出杂交配套组合开发方案。

另外,还开展了"浦东白猪的保种、选育与利用""农业种质创新与良种良法集成应用——基于浦东白猪的配套系选育"等课题研究,为浦东白猪的开发利用探索理论和技术支撑。

2014 年起,按照"浦东白猪合作开发方案",公司与上海交通大学、新农公司等单位合作,分别在新农公司朱行场、新场卫青场、芦潮港小刚场等猪场开展浦长大、杜长浦、大长浦等杂交配套组合试验。

通过上海市种猪测定中心测定,评定试验效果、挑选适合市场需要的浦东白猪杂交配套组合,在推进开发利用的同时,也为浦东白猪遗传素质的深入分析提供科学依据。

二、经济价值

梅山猪是中国地方猪种的优秀代表,它的经济价值源于它的优良特性,主要有以下几方面。

1. 繁殖力强,作为世界猪种培育的基因库

梅山猪产仔高,母性好,成活率高。据上海市嘉定区梅山猪育种中心统计,母猪年利用率 1.98 胎,二胎以上生产母猪每窝平均产仔 16 头以上,60 日龄断奶平均成活 12.3 头,窝重 200 kg 以上,平均个体重 17 kg。它们比欧洲品种母猪产下并哺育出更多的仔猪。为此,可以将梅山猪的高产基因直接导入到外来猪种的基因组中,创建出猪的合成系。20 世纪 70 年代以来,梅山猪多次出口欧美,并在异国他乡育成诸多专业化品种。目前国外培育的生产性能比较好的品种或多或少含有中国地方猪血统,特别是梅山猪的血统。梅山猪作为高产母本,现在和今后仍将成为培育新品种的资源。如法国 1979 年引进梅山猪,在进行了深入细致地研究之

后,已用梅山猪血统为主的中国猪基因培育出了两个中欧合成系——嘉梅兰(Tiameslan)和太祖母(Taizwmu),其繁殖性状(产仔数和断奶数)和生长性能均有较大提高(张似青,2007),见表6-5。

表6-5 "嘉梅兰"品系12个性状的表型值

性状	公	母	平均
背膘厚(mm)	10.70±2.50	12.70±3.90	11.70±3.40
肥育时间(d)	114.40±10.00	114.40±8.90	114.40±9.50
28日龄重(kg)	7.31±1.48	7.21±1.46	7.26±1.46
8周龄重(kg)	20.40±3.00	20.30±3.10	20.30±3.10
22周龄重(kg)	87.20±9.70	86.60±9.00	86.90±9.40
乳头数(个)	15.20±1.80	14.70±2.30	14.90±2.10
Napole指数(点)	91.20±5.70	93.10±5.80	92.00±5.80
产仔数(头)	/	12.00±3.20	/
产活仔数(头)	/	11.20±3.10	/
断奶数(头)	/	10.10±2.90	/
哺育率(%)	/	80.10±16.10	/

注: 表中数据用平均值±标准差表示。

2. 具高杂种优势,是商品猪生产的首选母本

梅山猪与国外瘦肉型品种在来源、培育方向、饲养管理等方面差别很大,因此两者之间的杂交会产生很高的杂种优势。据研究,梅洋杂交比洋洋杂交在主要性状上表现的杂交优势一般要高20%,互补效应明显,可以提高瘦肉率及生长速度,从而提高市场竞争力。与欧洲猪种(大约克、长白、杜洛克等)杂交时,梅山猪在繁殖性状(产仔数和断奶数)和生长性能上具有非常大的杂种优势,其产仔数的直接杂种优势占30%,同时生产性状基本上均来自于直接杂种优势(表6-6)。

表6-6 梅山猪与大约克纯种性能及杂种优势效应(Bidanel等,1990)

性状	品种间差异	杂种优势效应	
	MS-LW	直接	母体
		MS×LW	MS×LW
性成熟日龄	−101	−50	−
乳头数(个)	3.4	0	0
窝产仔数(头)	3.1	0.9	2.3
断奶仔数(头)	2.6	1.2	2.3

续　表

性　状	品种间差异	杂种优势效应	
	MS-LW	直接	母体
		MS×LW	MS×LW
成年体重（kg）	−98	27	0
孕期耗料（kg）	−21	16	0
日增重（g/d）	−230	187	29
料重比	0.9	0	0
屠宰率（%）	−3.8	0	0
背膘厚度（mm）	11.8	0	0
瘦肉率（%）	−16	0	0
宰后 pH	0.12	0	0
肉色反光度（0～1 000）	−36	0	0
渗水时间（s）	10	0	0

3. 肉质风味好，可获得优质优价的市场效应

广泛认为地方品种的猪肉要比洋品种猪肉风味好，特别适合中餐烹调技术。梅山猪猪肉表现：一是肉的质地细腻；二是系水力良好；三是肉色悦目稳定。总的评价是风味醇厚、细腻酥软（表6-7），但不同的部位采用不同的烹调技术，则有不同的口感。根据市场消费追求多样化、精细化、方便化的需要，将鲜肉分割成多种规格的猪肉产品出售，可以大大提高产品质量品位。

表 6-7　80 kg 级梅山猪肉质性状测定结果

主观总体测评	肉色评分	饱和度	L*（亮度）	a*（红度）	b*（黄度）
风味醇厚，细腻酥脆	2.25±0.35	8.56±0.84	46.80±1.69	8.55±0.78	0.50±0.28

肌纤维直径（μm）	肌内脂肪（%）	蛋白质（%）	灰分（%）	磷（%）	钙（%）	大理石纹
50.03±14.90	7.32±2.37	20.11±0.91	1.10±0.01	0.19±0.02	0.013±0.001	2.40±0.57

48 h 贮存损失（%）	kauffman 氏系水力（%）	水溶率 75 ℃ 30 min（%）	剪切力 1/N	剪切力 2/N	还原糖（%）	彩虹（%）
1.23±0.50	2.50±3.53	81.00±3.13	26.10±2.69	25.60±2.26	1.23±0.62	0

注：样本数量为 2 头。表中数据用平均值±标准差表示。剪切力 1 为眼肌核心嫩度，剪切力 2 为眼肌周边嫩度。

4. 耐粗饲,节省饲料用粮

梅山猪具有耐粗饲、少耗粮的特性,历史上并不以粮食为主要饲料,而是充分利用农作物副产品和青绿饲料。青料有水浮莲、水葫芦、水花生、包心菜、青菜、胡萝卜、山芋藤、苦麻菜等,副产品豆渣、粉渣、糖渣、玉米浆水、山芋浆水等。青粗饲料有利于梅山猪的生长发育,虽然饲养期有所延长,但是对提高肉的品质,适应消费者口味的需求起到关键性作用。基于当今环境保护政策,应充分利用社会资源,拓展青绿饲料和粗纤维饲料来源,降低饲养成本,改善猪肉品质,从而适应消费者需求,以达到拓展梅山猪市场发展前景。

沙乌头猪和枫泾猪与梅山猪的经济价值基本相似。浦东白猪为全国唯一的毛色全白的地方品种,具有独特的经济价值。另外,利用枫泾猪作原料生产的枫泾丁蹄,猪肉纤维柔韧有嚼口,肉质软糯,富有营养价值,猪皮胶质厚。枫泾丁蹄创始于咸丰二年(公元 1852 年),至今已有 160 多年历史,枫泾丁蹄制作技术是中国烹饪技术的代表之一,以独特的口味赢得海内外食客的赞誉,先后获得 1910 年南洋劝业会银奖、1915 年巴拿马国际博览会金奖、1926 年美国费城世博会大奖、1935 年德国莱比锡国际博览会金奖、1997 年日内瓦国际银奖,这些荣誉的获得,跟丁蹄制作所用的原料枫泾猪是分不开的。枫泾丁蹄制作工艺经过 160 多年历史传承,其独特的原料,配方制作工艺都具有保护价值,更具有商业价值和科研价值,也为枫泾猪的保种和杂交利用提供了保证。

三、开发目标

(一) 梅山猪

开发利用梅山猪优良品种资源,不仅是发展养猪业的需要,也是梅山猪生存发展的需要。为此,拟遵循以市场为导向、以经济效益为中心的指导思想,在坚持做好梅山猪保种工作的同时,从以下几个方面扩大利用开发。

1. 开发二元杂交母本市场,适应瘦肉型猪生产发展需要

三元杂交商品瘦肉型猪是上海猪肉市场的主体,培育长×梅、杜×梅、皮×梅、约×梅等二元杂交母猪,供给市内外商品猪场作为后备母猪有市场、有潜力。1993年 11 月至 1994 年末,上海市嘉定区以实施上海市科技兴农项目"大中型猪场及瘦肉猪生产配套技术开发"为抓手,开发以梅山猪二元杂交母本的瘦肉型猪生产,母本以长梅为主,皮梅、汉梅次之,生产杜×长梅、长×汉梅、约×皮梅等三元杂交商

品瘦肉型猪,其结果 44 个参试场年末存栏生产母猪 8 709 头,产胎 15 795 胎,产活仔猪 149 235 头,每胎产仔 9.82 头,出栏肉猪 160 840 头,其中瘦肉型猪 106 431 头,平均料重比 3.66:1,屠宰测试约×皮梅、约×汉梅、杜×长梅肉猪 11 头,平均屠宰率 74.09%,瘦肉率 56.14%。

2. 开发"老少边"地区市场,适应当地养猪业需要

"老少边"地区的环境条件较差,当地土种猪大多体型小、生长慢,洋种猪适应性差,唯有梅山猪不仅具有良好的生产性能,而且具有广泛的环境适应性。因此,培育纯种梅山猪,输往"老少边"地区作为当地养猪业的当家母本不失是开发梅山猪的重要途径之一。1997~1998 年,嘉定区种畜场将数百头梅山猪输送到云南省红河州、江西省瑞金地区,作为优良杂交母本受到当地欢迎,为西部大开发和边远地区发展养殖业做出了贡献。其中,云南省红河州蒙自县分别于 1998 年 3 月 10 日、4 月 19 日从上海市嘉定区种畜场引进两批梅山猪 213 头(公猪 5 头,母猪 208 头),经过饲养观察,梅山猪均表现出较好的适应性,生长发育正常,性情温和,易于管理。当年 6 月梅山母猪体重达到 60 kg 开始配种,统计初期一次受胎率达 80.1%,9 月中旬开始产仔,初产平均每胎 11 头,最多的一胎产仔 16 头,受到当地畜牧主管部门的好评。

3. 开发黑毛猪肉市场,适应多样化消费的需要

随着我国经济的快速发展,居民收入水平的不断提高以及膳食结构的逐步改变,对猪肉的需求已从过去单纯的高瘦肉转变为追求肉质鲜嫩多汁及健康营养,并成为新的发展趋势,特别是地方特色猪肉越来越被广大消费者认可。因此,利用梅山猪耐粗饲、抗病力强的特点,生产安全、无污染、无药残的优质猪肉是未来养猪业的又一个经济增长点。2014 年以来,上海市嘉定区梅山猪育种中心以优质梅山猪和引进猪种杜洛克为候选亲本,生产繁殖性能高、胴体品质好、抗病力强的配套组合——杜×梅优质黑毛猪,把梅山猪种潜在的品质优势和商业优势充分发挥出来,走出一条产业化开发的路子。4 年来供应市场杜梅黑毛猪 21 000 余头(其中供应上食五丰公司 13 000 头),平均单价 20 元/kg 计算,累计销售产值达 4 600 万元。

4. 开展新品种培育,适应前瞻性研究

梅山猪曾被世界各国育种科学家作为研究产仔基因的工具而享誉全球,其中法国、美国等已经把导入梅山猪血统的产品推向市场,效果良好。目前梅山猪的世界性研究已经降温,对梅山猪引进研究消化最到位的法国现在也仅保留一个小规模群体。反观国内的有关研究却十分滞后,展望未来的养猪业,十分需要培育本土的新猪种。梅山猪是中国地方猪种的佼佼者,潜在的优势不小,作为优良性状基

因,理当发挥一定的作用。

(二) 沙乌头猪

沙乌头猪种是一优质的地方品种,上海市崇明种畜场与上海崇源农产品专业合作社进行战略合作,共同参与农业部农产品地理标志沙乌头猪的保种与开发利用。2015 年 5 月,崇乡源养猪基地从崇明县种畜场引进 100 多头杜沙二元商品猪进行培育饲养,当年 10 月在上海市场得到了消费者的高度认可。为此,崇乡源养猪基地与崇明县种畜场签订供货合约,由区种畜场负责供种,崇乡源每年向市场提供 3 000 头黑毛猪,做大、做强沙乌头猪产业。

(三) 枫泾猪

目前金山区规模养猪场只有寥寥几个,猪的总量也只有不到 10 万头,广泛开展枫泾猪杂交利用已经没有推广余地了。在云南省普洱市有关县及周边西双版纳景洪市却发展有 500 余头原种,培育有 15 000 余头以枫泾猪为母本的杂交一代母猪,已经具备有建立繁育体系的条件。由于普洱市是金山区对口帮扶地区,帮助他们建立良种繁育体系是义不容辞的义务。

另外,以枫泾猪优良肉质,开展优质猪肉的生产。开展以枫泾猪纯种高档猪肉专卖、以杜枫等二元杂交猪肉市场化的分级生产,产销结合,向市民提供优质猪肉。结合枫泾丁蹄这百年老字号,开展定向生产和供应,恢复丁蹄原有的味道,去赢得更高端的市场。

(四) 浦东白猪

浦东白猪生长速度较慢,饲料转化率低,瘦肉率不高。未来对浦东白猪的开发利用方面可利用其白毛色和高繁殖力的特点,与引进猪种杂交生产二元优质商品猪或作为母本与引进猪种杂交生产三元或四元杂种商品猪;也可以利用其肉质特点直接生产纯种商品猪,以适应市场不同层次的需求。

四、杂交利用

杂交是指遗传上通过不同品种、品系(包括品种间品系和品种内品系)或品群之间的交配,生产出比原有品种或原有亲本更能适应特殊环境或环境变化和表现高产性能的杂种类型,即综合不同来源的优良性状,形成和培育出不同于亲本的新的育成群。利用杂种优势,获得更高的经济效益则是杂交利用的目的。

现代生猪生产中,人们往往利用 2 个或多个品种(品系)进行互相杂交以取得杂交优势。不同种群的生猪杂交产生的杂种,往往能在生活力、生长和生产性能方面一定程度上优于纯繁群体,这就是生猪的杂交优势现象。杂种优势的利用已日益成为发展现代生猪生产的重要途径,现在杂交优势利用方面正由"母猪本地化,公猪良种化,肉猪一代杂种化"的二元杂交向"母猪一代杂种化,公猪高产品系化,商品猪三元杂交化"的三元杂交方向发展。这是一个适合猪的生产特点,广泛利用杂种优势,充分发挥增产潜力的正确方针。

1. 利用杂交优势的关键技术

杂交优势主要取决于杂交用的亲本群体及其相互配合情况。如果亲本群体缺乏优良基因,或亲本纯度很差,或两亲本群体在主要经济性状上基因频率无多大差异,或在主要性状上两亲本群体所具有的基因其显性与上位效应都很小,或杂种缺乏充分发挥杂种优势的饲养管理条件,都不能表现出理想的杂种优势。由此可见,生猪杂种优势利用需要有一系列配套措施,其中主要包括以下 6 项关键技术。

(1)杂交亲本种群的选优与提纯:这是杂交优势利用的一个最基本环节,杂种必须能从亲本获得优良、高产、显性和上位效应大的基因,才能产生显著的杂种优势。选优就是通过选择使亲本种群原有的优良、高产基因的频率尽可能增大。提纯就是通过选择和近交,使得亲本种群在主要性状上纯合子的基因型频率尽可能增加,个体间差异尽可能减小。提纯的重要性并不亚于选优,因为亲本种群愈纯,杂交双方基因频率之差才能愈大,不以纯繁为基础的单纯杂交的做法是错误的。纯繁和杂交是整个杂交优势利用过程中两个相互促进、相互补充、互为基础、互相不可替代的过程。

选优提纯的较好方法是品系繁育。其优点是品系比品种小,容易选优提纯,有利于缩短选育时间,有利于提高亲本群体的一致性,更能适应现代化生猪生产的要求。如我国的沙乌头猪、梅山猪等都是可利用的优良猪品种。

(2)杂交亲本的选择:杂交亲本应按照父本和母本分别选择,两者选择标准不同,要求也不同。

母本选择:①应选择在本地区数量多、适应性强的品种或品系作为母本。因为母本需要的数量大,种畜来源问题很重要,且适应性强的容易在本地区基层推广。②应选择繁殖力高、母性好、泌乳力强的品种或品系作母本,这关系着杂种后代在胚胎期和哺乳期的成活和发育,因而影响杂种优势的表现,同时与杂种生产成本的降低也有直接关系。③母本的体型不要太大,体型太大浪费日粮,增加饲养成本。以上几条应根据当地实际情况灵活应用。

父本选择：应选择生长速度快、饲料利用率高、胴体品质好、与杂交要求类型相同的品种或品系作为父本。具有这些特性的一般都是经过高度培育的品种，如长白猪、大白猪、杜洛克猪等。这些品种主要经济性状遗传力较高，种公畜的优良特性容易遗传给杂种后代。至于适应性与种畜来源问题，可放在次要地位考虑，因为父本饲养数量较少，适当照顾花费不大。

（3）杂交效果的预估：不同种群间的杂交效果差异很大，最后必须通过配合力测定才能确定，但配合力测定费钱费事，生猪的品种品系又多，不可能两者之间都进行杂交试验。因此，在进行配合力测定前，应有大致的估计，只有那些估计希望较大的杂交组合，才正式被测定，这样可能节省很多人力物力，有利于杂种优势利用工作的开展，估计杂交效果要依据以下几点。

① 种群间差异大的，杂种优势也往往较大。一般说来，分布地区距离较远、来源差别较大、类型及特长不同的种群间杂交，可以获得较大的杂种优势，因为这样的种群在主要性状上，往往基因频率差异较大，因而杂种优势也较大。

② 长期与外界隔绝的种群间杂交，一般可获得较大的杂种优势。隔绝主要有两种：一种是地理交通上的隔绝，如崇明区的沙乌头猪，由于崇明在很长时间内与岛外交通主要依靠水路，处于交通不便的境况；另一种是繁育方法上的隔绝，有的是有意识地封闭群体繁育，有的是无意识的习惯。

③ 遗传力较低，在近交时衰退比较严重的性状，杂种优势也较大。因为控制这一类性状的基因，其非加性效应较大，杂交后随着杂合子频率的加大，群体均值也就有较大的提高。

④ 主要经济性状变异系数小的种群，一般来说杂交效果较好。因为群体的整齐度，在一定程度上可以反映其成员基因型的纯合性。

（4）配合力测定：配合力就是种群通过杂交能够获得的杂种优势程度，也就是杂交效果的好坏与大小。由于各种群间的配合力是大不一样的，只要人们还没有找到可以精确预测杂种优势的捷径，通过杂交试验进行配合力测定，还是选择理想杂交组合的必要方法。

① 配合力测定方法：配合力测定的公式如下。

杂种优势率 ＝［（杂交一代平均值 － 亲本平均值）/ 亲本平均值］×100%

② 配合力测定时应注意以下几点：常做的是育肥性能的配合力测定，在杂交试验时，试验猪的选择、试验的开始与结束、预测期的安排、饲养水平与饲喂方式以

及称重、记录等,均应按照育肥试验的规定进行;每次试验必须有杂交所涉及的全部亲本的纯繁组作对照;注意试验组与对照组各自群体的代表性,尽量减少取样误差;配合力测定应在与推广地区相仿的饲养管理条件下进行。

(5)杂交组合:杂交目的是使各亲本的基因配合在一起,组成新的更为有利的基因型,猪的杂交方式有多种,下面介绍目前常用的4种杂交方式。

① 二元杂交:又称简单杂交。利用2个品种或品系的公、母猪进行杂交,杂种后代全部作为商品育肥猪。优点:简单易行,筛选杂交组合时,只需一次配合力测定;能获得全部的后代杂种优势,后代适应性较强。因此,这是我国应用广泛的一种杂交方式。缺点:母系、父系均无杂种优势可以利用。因为双亲均为纯种,而杂种一代又全部用作育肥用。

② 三元杂交:是从二元杂交所得的杂种一代中,选留优良的个体作母本,再与另一品种的公猪进行杂交。第1次杂交所用的公猪品种称为第一父本,第2次杂交所用的公猪称为第二父本。优点:能获得全部的后代杂种优势和母系杂种优势,既能使杂种母猪在繁殖性能方面的优势得到充分发挥,又能充分利用第一和第二父本在肥育性能和胴体品质方面的优势。其效果一般好于二元杂交,已成为我国生猪生产的发展方向。缺点:三元杂交繁育体系较为复杂,不仅要保持3个亲本品种纯繁,还要保留大量的一代杂种母猪群,需要2次配合力测定。

③ 二元轮回杂交:是在杂交一代中选择优秀母本,逐代分别与母系品种及另一个品种的纯种公猪轮流交配。优点:可永远保持1个杂交母本和2个纯种父本交配。由于母猪和商品猪本身都是杂种,均应显现杂种优势,而且方式比较简单,只要饲养2个品种的少量公猪,及时补充生产群杂种小母猪即可,不必进行亲本品种纯繁,只要能解决2个品种公猪的来源问题即可。缺点:一代杂交后,其后代杂种优势率略有降低。

④ 四元杂交:又称双杂交。以2个二元杂交为基础,由其中一个二元杂交后代中的公猪作父本,另一个二元杂交后代的母猪作母本,再进行一次简单杂交,所得四元杂种猪全部作为商品肥育用。优点:后代能集本身、母系和父系的杂种优势于一体,具有最高的杂种优势率。缺点:繁育体系复杂,不仅要维持4个亲本品种纯繁,而且要饲养大量的二元杂交种母猪和公猪。目前国外一些大型猪场采用这种杂交方式饲养育肥猪。

(6)饲养管理:这是杂种优势利用的一个重要环节。因为杂种优势的有无和大小,与杂种猪所处的生活条件有着密切的关系,应该给予杂种猪以相应的饲养管理条件,以保证杂种优势能充分表现。虽然杂种猪的饲料利用能力有所提高,在同样条件下,能比纯种表现更好,但是高的生产性能是需要一定物质基础的,在基本条件不能满足的情况下,杂种优势不可能表现,有时甚至反而不如低产的纯种。

因此,把握好以上各项关键技术,充分利用杂种优势,大幅度提高养猪业经济效益。

(一)梅山猪

1. 以杂交为主要利用途径的优点

(1)取长补短:梅山猪具有早熟、产仔多、母性好和肉质鲜美等优点,但也存在着生长缓慢、体质不够结实等缺点,而国外猪种一般具有瘦肉率高、生长快、饲料利用率高等优点,两者之间遗传差异较大。凡遗传差异大,其杂交效果也好,通过杂交生产可发挥各自的优势,从而获得优秀的组合。例如,以梅山猪为母本,以国外瘦肉型猪种为父本进行二元杂交,其二元杂种一代肉猪瘦肉率较高、生长较快、肉质也好,而二元杂种一代母猪则基本保持与梅山猪相近的繁殖力的优势。

(2)投资少、见效快:在养殖生产中,一般公、母猪的比例为 1∶20。因此,以杂交利用方式,可充分利用地方猪种资源,大大节约引种费用,而且只要很少的投资,短期内就可以筛选一个适合当地条件的商品猪品种。

2. 杂交方式

(1)太湖流域的地方品种间杂交:梅山猪与枫泾猪、沙乌头猪、嘉兴黑猪同属太湖流域地方品种,采用这些品种间杂交是为了获得比梅山猪更有效的经济杂交母本,在开发商品猪生产中具有一定的实用意义。

1977~1980 年期间,上海市地方猪种杂交配合力研究协作组进行了嘉定县的梅山猪、松江和金山县的枫泾猪、崇明县的沙乌头猪各个闭锁群之间的杂交配合力试验。结果表明,各闭锁群之间杂交,在日增重和饲料利用率等性能方面表现出显著的杂种优势(表 6-8),品种间杂种肉猪的日增重比纯系肉猪提高 10%,好的组合如松江县的枫泾猪×嘉定县梅山猪的日增重比纯种梅山猪提高 20.53%,松江枫泾猪×崇明沙乌头猪的日增重比纯种沙乌头猪提高 13.81%,即使同属枫泾猪的松江枫泾猪×金山枫泾猪的日增重也比金山纯种枫泾猪提高 10.01%。品种(系)间杂种肉猪的每千克增重需料比纯种猪降低 8%~9%(表 6-9)。据 1985 年统计,在上海郊区 8 个县存栏品种间杂种母猪 54 180 头,占生产母猪总数的 39.15%。由于品种间杂种母猪比纯种母猪具有生长快、仔猪育成率高、一代杂种肉猪生长快等优点,所以具有较好的社会效益和经济效益。江苏省苏州、无锡两市的太湖流域品种猪间的杂交试验和推广,同样获得了比较理想的效果。

表6-8 太湖猪类群间杂交的杂种优势率

父本	母本	日增重	每千克增重耗料	屠宰率
枫泾猪(松江)	梅山猪(嘉定)	+24.47	15.42	+0.54
枫泾猪(松江)	枫泾猪(金山)	+12.83	-9.24	+0.20
枫泾猪(松江)	沙乌头猪(崇明)	+12.11	-12.00	+0.88
梅山猪(嘉定)	枫泾猪(松江)	+3.86	-2.10	+0.99

表6-9 太湖猪类群间杂交试验结果

父本	母本	样本数(头)	日增重(g)	比母本提高(%)	每千克增重需料(kg)	比母本降低(%)	屠宰率(%)	比母本提高(%)
枫泾猪(松江)	梅山猪(嘉定)	12	/	/	/	/	/	/
枫泾猪(松江)	枫泾猪(金山)	14	468.69	+10.01	3.98	-4.35	66.47	+2.67
枫泾猪(松江)	沙乌头猪(崇明)	16	447.03	+13.31	3.96	-9.81	67.00	+7.54
梅山猪(嘉定)	枫泾猪(松江)	12	443.58	+7.38	4.19	-9.11	65.99	-2.31

(2)二元杂交,用2种不同品种的公母猪交配生产杂交一代仔猪以F_1为符号。这种杂交方式在生产中应用最多,如采用瘦肉型纯种公猪与梅山猪开展二元杂交,其模式如图6-1。图中,A为梅山母猪,B为外来公猪。

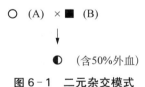

○ (A) × ■ (B)

↓

◐ (含50%外血)

图6-1 二元杂交模式

1987年,上海市农业科学院畜牧兽医研究所与上海市嘉定县种畜场等单位协作进行了以中型梅山猪为母本的二元杂交试验(表6-10)。结果表明,在日粮消化能12.95 MJ、粗蛋白18%的条件下,在杜梅、汉梅、长梅、大梅和苏梅5个杂交组合中,汉梅杂交组合在日增重、饲料利用率和胴体品质等方面均优于其他组合。与中型梅山猪比较,日增重提高33.4%;每千克增重需配合饲料降低4.29%;胴体瘦肉率提高22.93%;胴体皮、骨比率分别降低51.6%和14.09%;眼肌面积提高

58.24%.同样也是一个性能优良的杂交组合,在该批试验中,苏梅杂交组合的各项性能指标,与上海地区以往历次测定结果基本一致,其胴体瘦肉率较低,约为48%。由于适应现有农村饲养条件和较高的日增重,苏太杂交种在 20 世纪 80~90 年代优质、优价收购政策尚未出台之前是上海郊县商品猪生产的主要杂交组合。

表 6-10(a)　中型梅山猪二元杂交试验(育肥性能)

组合		样本	始重	末重	平均日	每千克增重需		
父本	母本	数(头)	(kg)	(kg)	增重(g)	配合饲料(kg)	消化能(MJ)	粗蛋白(g)
杜洛克猪	中梅山猪	6	21.98	93.43	64.4	3.63	48.03	509
汉普夏猪	中梅山猪	6	22.04	91.42	66.7	3.35	45.59	483.2
长白猪	中梅山猪	6	22.88	92.08	62.3	3.75	61.07	541.4
大约克猪	中梅山猪	6	23.21	90.54	66.7	3.49	47.59	504.9
苏白猪	中梅山猪	6	24.04	91.75	69.1	3.61	45.18	522.0
中梅山猪	中梅山猪	6	21.67	91.13	50.0	3.50	47.76	506.0

表 6-10(b)　中型梅山猪二元杂交试验(屠宰性能)

组合		样本	屠宰	胴体	背膘	眼肌面	胴体瘦	胴体脂	胴体皮	胴体骨
父本	母本	数(头)	率(%)	重(kg)	厚(cm)	积(cm²)	肉率(%)	肪率(%)	率(%)	率(%)
杜洛克猪	中梅山猪	6	70.98	63.00	3.96	23.55	50.22	27.43	10.27	12.08
汉普夏猪	中梅山猪	6	71.2	61.17	3.75	30.73	54.09	25.45	8.04	12.44
长白猪	中梅山猪	6	70.74	61.79	4.28	23.78	45.89	32.63	9.18	12.34
大约克猪	中梅山猪	6	71.7	60.42	3.68	29.25	47.88	31.57	9.00	11.59
苏白猪	中梅山猪	6	70.98	61.13	4.08	20.52	48.11	31.40	9.79	10.74
中梅山猪	中梅山猪	6	67.75	56.75	3.42	19.42	44.00	24.04	16.61	14.48

　　(3)三元杂交:即以梅山猪为基础的三品种杂交。

　　目前,瘦肉型猪生产常用三元杂交方式。首先梅山猪作母本与外来种公猪作第一父本进行杂交,产生的一代杂交母猪(F_1)留种,再用另一外来种公猪作终端父本进行杂交生产三元杂交后代(F_2)为商品瘦肉型猪,其外血占 75%,胴体瘦肉率明显高于二元杂交猪。三元杂交模式如图 6-2。图中,A 为梅山母猪,B 为外来种公猪(第一父本),C 为外来种公猪(终端父本)。

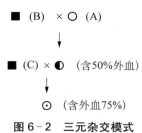

■ (B)　×　○ (A)

■ (C)　×　◐　(含50%外血)

◉　(含外血75%)

图 6-2　三元杂交模式

1985~1986 年,上海市农业科学院畜牧兽医研究所与嘉定县种畜场等单位协作,在日粮消化能 13.13 MJ、粗蛋白 18% 的饲养条件下,进行了以中型梅山猪为母本的三元杂交组合试验,筛选出汉大梅、杜汉梅为较佳三元杂交组合,两组的平均日增重分别为 615 g 和 616 g,每千克增重需配合饲料分别为 3.65 kg 和 3.64 kg。胴体瘦肉率分别达到 58.21% 和 56.78%(表 6-11~表 6-13)。

表 6-11　杂交组合筛选

母本	父本			
	大约克夏猪	汉普夏猪	杜洛克猪	英系长白猪
约×梅	/	汉×约梅	杜×约梅	长×约梅
汉×梅	约×汉梅	/	杜×汉梅	长×汉梅
杜×梅	约×杜梅	汉×杜梅	/	长×杜梅
长×梅	约×长梅	汉×长梅	杜×长梅	/

表 6-12(a)　中型梅山猪三元杂交试验(生长性能)

组合		样本数(头)	始重(kg)	末重(kg)	平均日增重(g)	每千克增重需		
父本	母本					配合饲料(kg)	消化能(MJ)	粗蛋白(g)
杜洛克猪	汉梅猪	22	26.0	93.3	616	3.64	50.29	68.9
杜洛克猪	长梅猪	30	24.8	92.3	605	3.68	49.45	67.7
杜洛克猪	大梅猪	23	25.0	91.5	627	3.62	51.12	68.7
汉普夏猪	杜梅猪	22	24.9	91.5	602	3.58	49.58	67.9
汉普夏猪	长梅猪	24	25.9	92.9	590	3.66	50.62	69.4
汉普夏猪	大梅猪	29	26.9	92.5	615	3.65	50.49	69.2

续 表

组合		样本	始重	末重	平均日	每千克增重需		
父本	母本	数(头)	(kg)	(kg)	增重(g)	配合饲料(kg)	消化能(MJ)	粗蛋白(g)
长白猪	杜梅猪	24	25.2	91.4	578	3.74	51.75	70.9
长白猪	汉梅猪	24	26.0	91.0	554	3.77	52.17	71.5
长白猪	大梅猪	23	25.2	91.2	531	4.09	56.97	77.5
大白猪	杜梅猪	24	24.5	91.7	589	3.70	51.16	75.1
大白猪	汉梅猪	23	26.9	92.4	586	3.77	52.17	71.6
大白猪	长梅猪	21	26.1	91.6	603	3.88	53.67	73.0

表 6-12(b)　中型梅山猪三元杂交试验(屠宰性能)

组合		样本	屠宰	胴体	背膘	眼肌面	胴体瘦	胴体脂	胴体皮	胴体骨
父本	母本	数(头)	率(%)	重(kg)	厚(cm)	积(cm²)	肉率(%)	肪率(%)	率(%)	率(%)
杜洛克猪	汉梅猪	22	71.23	64.89	3.08	33.26	56.78	22.06	7.75	13.47
杜洛克猪	长梅猪	30	70.14	63.4	2.94	31.78	55.65	24.27	7.64	12.6
杜洛克猪	大梅猪	23	71.42	64.14	3.15	28.82	54.78	25.88	7.29	12.05
汉普夏猪	杜梅猪	22	69.83	63.2	2.73	35.42	56.22	21.98	8.67	13.14
汉普夏猪	长梅猪	24	70.59	65.23	2.95	34.86	57.81	21.36	8.01	12.82
汉普夏猪	大梅猪	29	70.97	64.44	2.71	64.64	58.21	21.03	7.93	12.2
长白猪	杜梅猪	24	70.77	64.19	2.98	32.41	52.41	26.09	9.08	12.32
长白猪	汉梅猪	24	71.21	64.39	3.26	33.48	52.21	27.71	8.1	11.98
长白猪	大梅猪	23	72.42	64.96	3.42	31.71	50.44	29.99	7.29	12.28
大白猪	杜梅猪	24	71.21	63.45	3.06	28.56	53.88	25.64	7.78	12.7
大白猪	汉梅猪	23	70.91	65.1	3.46	29.97	53.11	27.16	7.44	12.28
大白猪	长梅猪	21	71.56	63.69	3.43	29.07	51.45	29.77	7.06	11.82

试验结果同时表明,大梅和汉梅杂种猪具有较好的繁殖性能,经产母猪平均产仔数都在 15 头以上,其初生窝重和断乳窝重都超过纯种梅山猪。

表 6-13(a) 中型梅山猪三元杂交试验(生长性能)

组合		样本	始重	末重	平均日	每千克增重需		
父本	母本	数(头)	(kg)	(kg)	增重(g)	配合饲料(kg)	消化能(MJ)	粗蛋白(g)
杜洛克猪	汉梅猪	8	20.19	90.44	664	3.01	58.52	497.99
杜洛克猪	长梅猪	7	21.46	90.86	622	3.26	55.8	473.88
杜洛克猪	大梅猪	1	19.5	91.64	627	3.17	54.51	461.33
汉普夏猪	杜梅猪	7	20.93	90.07	610	3.75	62.25	530.52
汉普夏猪	长梅猪	8	20.53	90.63	564	3.44	56.97	481.98
汉普夏猪	大梅猪	7	21.14	90.43	579	3.41	58.40	505.57
长白猪	杜梅猪	8	20.78	89.83	522	3.78	56.76	536.82
长白猪	汉梅猪	8	22.56	89.63	654	3.12	56.85	480.42
长白猪	大梅猪	8	20.19	90.19	654	3.09	/	/
大白猪	杜梅猪	8	19.84	90.63	613	3.27	54.63	461.06
大白猪	汉梅猪	8	21.09	90.63	696	2.93	52.08	489.35

表 6-13(b) 中型梅山猪三元杂交试验(屠宰性能)

组合		样本	屠宰	胴体	平均背	眼肌面	胴体瘦	胴体脂	胴体皮	胴体骨
父本	母本	数(头)	率(%)	重(kg)	膘厚(cm)	积(cm²)	肉率(%)	肪率(%)	率(%)	率(%)
杜洛克猪	汉梅猪	4	73.02	61.13	2.51	35.83	61.79	19.73	8.33	10.16
杜洛克猪	长梅猪	4	73.57	63.44	3.1	31.82	57.24	26.05	8.15	8.57
杜洛克猪	大梅猪	4	71.27	61.56	2.55	30.38	58.42	23.71	7.56	10.31
汉普夏猪	杜梅猪	4	75.09	63.81	2.9	32.51	59.17	23.76	7.94	9.13
汉普夏猪	长梅猪	4	74.06	62.63	2.63	31.83	56.41	26.77	8.03	8.79
汉普夏猪	大梅猪	4	75.15	62.85	2.96	29.41	54.33	30.51	7.03	8.13
长白猪	杜梅猪	4	73.83	62.29	2.53	32.3	61.15	21.11	8.1	9.64

组合		样本数(头)	屠宰率(%)	胴体重(kg)	平均背膘厚(cm)	眼肌面积(cm²)	胴体瘦肉率(%)	胴体脂肪率(%)	胴体皮率(%)	胴体骨率(%)
父本	母本									
长白猪	汉梅猪	4	73.84	61.85	2.6	33.55	59.45	23.04	8.12	9.39
长白猪	大梅猪	4	73.32	62.31	2.43	34.88	58.65	25.42	6.76	9.17
大白猪	杜梅猪	4	74.77	62.81	3.0	30.83	58.26	26.31	6.43	9
大白猪	汉梅猪	4	74.38	63.75	2.78	31.47	57.32	27.68	7.06	7.95

（4）四元杂交：即四品种（品系）杂交，常用于新品种（品系）培育，虽育种程序繁杂，但其后代的性能相对稳定。

具体做法是以梅山猪为母本，用繁殖性能较好的国外引进瘦肉型品种猪为父本，杂交培育母系；另以瘦肉率高、繁殖性能较好的国外引进第二品种猪为母本，瘦肉率高、生长快的国外引进第三品种猪为父本，杂交培育父系。然后母系和父系杂交生产四元杂交猪。四元杂交模式如图6-3。其中，D为梅山猪母猪，C为第一外来种公猪，B为外来种母猪，A为第二外来种公猪。

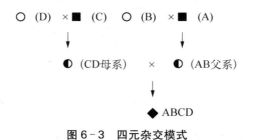

○ (D) × ■ (C)　　○ (B) × ■ (A)

◐ (CD母系)　　×　　◐ (AB父系)

◆ ABCD

图6-3　四元杂交模式

3. 影响杂交效果的主要因素

（1）终端父本遗传素质的差别：杂交利用的目的决定终端父本的选择。选择日增重快、瘦肉率高的品种猪作终端父本，是生产三元杂交瘦肉型猪获得成功的关键，如表6-14。

（2）梅山猪类型的不同：梅山猪有大、中、小3个类型，大型梅山猪已在生产发展中淘汰，中、小型梅山猪不仅体型大小而且胴体组成也有差别，其杂种后代的生

表 6-14　不同终端父本的三元杂种猪的肥育性能和胴体品质

父本	母本	样本数 (头)	始重 (kg)	末重 (kg)	日增 重(g)	料重 比	屠宰数 (头)	屠宰率 (%)	胴体重 (kg)	背膘厚 (cm)	眼肌面 积(cm²)	瘦肉 率(%)
汉普夏猪	杜梅猪	12	24.9	91.5	602	3.58:1	22	69.83	63.2	2.73	35.42	55.32
长白猪	杜梅猪	24	25.2	91.4	678	3.74:1	24	70.77	64.12	2.98	32.41	52.41
大白猪	杜梅猪	24	24.5	91.7	589	3.70:1	24	71.21	63.45	3.06	28.56	53.88

产性能也存在一定的差异。根据上海市畜牧兽医站等研究结果表明,小型梅山猪的二元杂种猪的肥育性能较中型梅山猪差(表 6-15),而它的二元杂种肉猪的不少性能又优于中型梅山猪(表 6-16)。小型梅山猪三元杂种肉猪具有较好的胴体品质。另一方面,小型梅山猪的二元杂种母猪的成年体重较小,较中型梅山猪的二元杂种母猪下降 25%,具有省料等优点,见表 6-17。

表 6-15　二元杂种成年母猪的体重、体尺

母猪组合	测定数(头)	体重(kg)	身长(cm)	胸围(cm)	体高(cm)	胸深(cm)	管围(cm)
大中梅猪	4	183.50	158.75	135.13	84.50	50.38	19.75
汉中梅猪	4	102.25	154.00	134.50	82.88	50.63	21.63

表 6-16　中梅山猪二元杂种肉猪的肥育性能

组合		测定数 (头)	平均日增重 (g)	每千克增重需配合饲料 (kg)	瘦肉率 (%)
父本	母本				
汉普夏猪	中梅山猪	6	667.00	3.35	54.09

表 6-17(a)　梅山猪三元杂交试验(生长性能)

组合		样本 数(头)	始重 (kg)	末重 (kg)	平均日 增重(g)	每千克增重需		
父本	母本					配合饲料(kg)	消化能(MJ)	粗蛋白(g)
汉普夏猪	大中梅猪	29	26.90	92.50	615	3.65	50.29	692.00
汉普夏猪	大小梅猪	8	23.28	94.38	666	3.68	47.86	459.54
大白猪	汉中梅猪	23	26.90	92.40	585	3.77	52.17	715.00
大白猪	汉小梅猪	12	26.35	95.54	629	3.57	45.56	445.30

表6-17(b)　梅山猪三元杂交试验(屠宰性能)

组合		屠宰率(%)	胴体重(kg)	平均背膘厚(cm)	眼肌面积(cm²)	胴体瘦肉率(%)	胴体脂肪率(%)	胴体皮率(%)	胴体骨率(%)
父本	母本								
汉普夏猪	大中梅猪	70.97	64.44	2.71	34.64	58.21	21.08	7.93	12.80
汉普夏猪	大小梅猪	74.19	69.26	2.61	41.61	59.77	24.34	5.38	10.47
大白猪	汉中梅猪	70.11	65.10	3.45	29.97	53.11	27.16	7.44	12.28
大白猪	汉小梅猪	75.00	71.81	2.88	45.19	64.20	20.76	5.08	9.97

(3) 正反杂交效果的差异：我国湖北省畜牧兽医研究所和日本的研究资料表明，梅山公猪与长白或大约克夏母猪杂交获得的反交杂种母猪，比正交杂种母猪具有更好的繁殖性能(表6-18)，而且反交生产的三元杂种肉猪的肥育性能略优于正交母猪的杂种后代(表6-19)。

表6-18　正反交杂种母猪的繁育性能

母猪	胎次	窝数(窝)	产仔数(头)	产活仔数(头)	初生头重(kg)	育成数(头)	育成率(%)
梅长猪	初产	9	12.9	12.5	1.24	12.2	97.3
长梅猪	初产	12	12.5	12.0	1.21	11.3	94.4
梅大猪	初产	14	11.4	11.2	1.31	10.5	93.6
大梅猪	初产	12	10.5	9.9	1.25	8.8	88.2
梅长猪	经产	6	15.8	15.0	1.24	12.3	82.2
梅大猪	经产	5	16.2	15.0	1.26	12.8	84.2
大梅长猪	初产	12	13.0	12.6	1.22	12.1	96.0

表6-19　三元杂种肉猪的生长性能

组合	样本数(头)	始重(kg)	末重(kg)	平均日增重(g)	每千克增重需配合饲料(kg)	每千克增重需消化能(MJ)	每千克增重需粗蛋白(g)
长大梅猪	18	18.27	90.78	628	3.34	10.69	441
长梅大猪	17	18.75	93.15	695	3.14	10.05	415

4. 优良杂交组合介绍

20 世纪 90 年代以来,上海市嘉定县种畜场在上海市农业科学院畜牧兽医研究所、上海市畜牧兽医站的支持协助下,开展了一系列杂交对比试验,筛选出一大批优良的杂交组合。从这些杂交组合对当地养猪业生产的影响,市场需求和发展趋势来看,大致可分三类:杂交母本类、瘦肉型商品猪类、市场特需肉猪类,现分别介绍其杂交组合模式及其优缺点,供生产实践中选择。

(1)杂交母本类组合:包括以下几种方式。

① 长×梅杂交组合:杂交方式如图 6-4 所示。

长白猪(♂)×梅山猪(♀)

↓

长梅杂交猪一代

图 6-4　长×梅杂交模式

上海市农业科学院畜牧兽医研究所等单位多次进行了以中型梅山猪为母本、长白猪为父本的二元杂交试验,结果表明,长梅杂交组合是一个优良的杂交组合,其外貌特征和生长特性如下。

外貌特征:该组合全身被毛白色,头较大,耳中等大略前垂,背腰宽平,后躯宽大,四肢结实。

生产性能:生长快,肥育期日增重 656.49 g;耗料较省,料重比 3.07∶1;瘦肉率 53.63%,背膘 3.79 cm,熟肉率 61.54%,肉色较淡(为 2.75),失水较严重(为 32.72%),不宜作为商品猪生产(表 6-20、表 6-21)。

表 6-20　长梅组合育肥性能

样本数(头)	始总重(kg)	始均重(kg)	末总重(kg)	末均重(kg)	总增重(kg)	平均增重(kg)	日增重(g)	总耗料(kg)	头耗料(kg)	料重比	试验期(d)	出生天数(d)
7	181	25.86	627	89.57	446	63.71	656.49	1 371	195.86	3.07∶1	97	167

表 6-21　长梅组合胴体品质

宰前重(kg)	胴体重(kg)	屠宰率(%)	背脂厚(cm)	瘦肉率(%)	眼肌面积(cm²)	后腿比例(%)	熟肉率(%)	pH	失水率(%)	肉色
86.00	62.59	73.07	3.51	52.72	33.60	30.69	61.54	6.25	32.72	2.75

该杂交组合母猪平均乳头数 15 个以上,平均产仔数 16 头以上,且体型及盆腔较大,利于妊娠和生产,毛色白,后代毛色变异少,与杜洛克及汉普夏等国外瘦肉型品种猪杂交能产生明显的杂交优势,是较理想的瘦肉型猪生产的优良母本(表 6-22)。据上海市嘉定区 1994 年统计,17 个猪场存栏生产母猪 5 815 头,后备母猪 704 头,其中长梅猪分别占 5.07% 和 27.27%。

表 6-22　杜长梅猪、汉长梅猪杂交猪肥育性能和胴体品质

组合		样本数(头)	始重(kg)	末重(kg)	平均日增重(g)	每千克增重需		
父本	母本					配合饲料(kg)	消化能(MJ)	粗蛋白(g)
杜洛克猪	长梅猪	7	21.46	90.86	622	3.26	55.80	473.88
汉普夏猪	长梅猪	8	20.53	90.63	564	3.44	56.97	481.98

屠宰数(头)	屠宰率(%)	胴体重(kg)	背膘厚(cm)	眼肌面积(cm²)	瘦肉率(%)	脂肪率(%)	胴体皮率(%)	胴体骨率(%)
4	73.57	63.44	3.10	31.82	57.24	26.05	8.15	8.57
4	74.06	62.63	2.63	31.83	56.41	26.77	8.03	8.79

② 皮×梅杂交组合:杂交方式如图 6-5 所示。

皮特兰猪 (♂) ×梅山猪 (♀)

↓

皮梅杂交猪

图 6-5　皮×梅猪杂交模式

上海市农业科学院畜牧兽医研究所曾于 1986 年立项承担"中国瘦肉猪新品系—DⅡ系选育",即利用梅山猪为母本、皮特兰猪为父本进行杂交,经严格选择、扩群繁殖轮回杂交和世代选育等综合技术措施,在基本保持梅山猪繁殖率高的基础上,育成胴体瘦肉率较高、生长速度较快、肉质良好并具有中国特色的瘦肉猪新品系—DⅡ系,外貌特征与生产性能如下。

外貌特征：全身被毛黑色或在四肢末端及鼻骨区具有完全或不完全"五白"特征，头较轻而平直，耳中等大，向前倾垂，背腰较宽平，后躯较丰满，四肢结实，有效乳头7对以上（表6-23、表6-24）。

表6-23　毛色

世代	样本数（头）	黑猪		花猪		窝出花率（%）
		头数（头）	比例（%）	头数（头）	比例（%）	
基础群	18	18	100	0	0	0
0	96	73	76.04	23	23.96	100
1	231	222	96.10	9	3.90	15

表6-24　乳头

世代	样本数（头）	乳头数（只）	11只（%）	12只（%）	13只（%）	14只（%）	15只（%）	16只（%）	17只（%）	18只（%）
基础群	18	11～16	5.56	0	5.56	38.89	22.22	27.77	0	0
0	91	13～18	0	0	6.60	29.70	24.20	23.10	9.80	0.60
1	226	12～18	0	1.77	4.87	25.06	22.12	33.19	9.29	3.10

生产性能：繁殖性能基础群初产母猪平均产仔14头以上，经产母猪17头以上，可与梅山猪媲美。该品系肥育性能在消化能12.98 MJ和粗蛋白16%的饲养条件下，日增重518.22 g，料重比3.45：1，屠宰测定胴体瘦肉率55.98%～56.76%（表6-25～表6-27）。

表6-25　生长速度和料重比

样本数（头）	始重（kg）	试验期（d）	日增重（g）	终重（kg）	料重比
10	20.11±0.78	130	518.22±25.10	87.45±3.13	3.45：1.00

表6-26　屠宰测定

样本数（头）	宰前重（kg）	屠宰率（%）	皮厚（cm）	膘厚（cm）	胴体长（cm）	肋骨数（根）	眼肌面积（cm²）	后腿比例（%）
6	89.33±3.02	70.82±0.63	0.53±0.03	2.26±0.11	78.33±1.89	15	33.45±1.82	30.83±0.89

表 6 - 27　胴体分离

样本数(头)	左侧胴体重(kg)	瘦肉		脂肪		皮		骨	
		重量(kg)	比例(%)	重量(kg)	比例(%)	重量(kg)	比例(%)	重量(kg)	比例(%)
6	31.05 ± 0.92	17.39 ± 0.70	55.98 ± 1.13	5.07 ± 0.33	16.47 ± 1.34	4.80 ± 0.35	15.77 ± 0.86	3.69 ± 0.37	11.78 ± 0.81

　　以本品系为母本,与国外瘦肉型品种猪,如长白、大约克夏等杂交后,能产生明显的杂种优势,可作为商品瘦肉型猪生产的优良母本。

　　(2)瘦肉型商品猪杂交组合:梅山猪长期以来以水生饲草和糠麸为主要日粮,营养和蛋白质水平低下,故而肉猪结构疏松,胴体品质较低,瘦肉率较低,为适应市场对瘦肉型猪肉的消费需求,利用瘦肉率 55% 以上的优秀父本与梅山猪进行二元杂交或三元杂交,筛选出优良的商品瘦肉型猪组合如下:

　　① 杜×长梅杂交组合:杂交方式如图 6 - 6 所示。

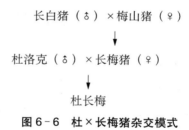

长白猪（♂）×梅山猪（♀）

↓

杜洛克（♂）×长梅猪（♀）

↓

杜长梅

图 6 - 6　杜×长梅猪杂交模式

　　杂交一代优点:瘦肉较多,胴体瘦肉率可达 55.45% 以上。生长较快,育肥期日增重 605 g 以上。耗料较省,料重比 3.68:1(表 6 - 28、表 6 - 29)。

表 6 - 28　杜长梅猪肥育性能

组合	试验期(d)	始重(kg)	末重(kg)	日增重(g)	育肥期(d)	料重比	每千克增重需消化能(MJ)	每千克增重需粗蛋白(g)
杜洛克猪×长梅猪	112.0 ± 1.2	24.8 ± 0.3	92.3 ± 1.0	605 ± 11	108.2	3.68:1	49.48	677

注:表中数据用平均值±标准差表示,样本数为30。

表 6 - 29　杜长梅猪胴体品质

组合	宰前重(kg)	屠宰率(%)	后腿比例(%)	眼肌面积(cm²)	膘厚(cm)	胴体长(cm)	瘦肉(%)	脂肪(%)	皮(%)	骨(%)
杜洛克猪×长梅猪	90.4±1.0	70.14±0.27	32.79±0.27	31.78±0.77	2.94±0.10	75.67±0.64	55.45±0.37	24.27±0.62	7.64±0.27	12.60±0.37

注：表中数据用平均值±标准差表示，样本数为30。

② 汉×长梅猪杂交组合：杂交方式如图6-7所示。

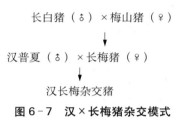

长白猪（♂）×梅山猪（♀）

汉普夏（♂）×长梅猪（♀）

汉长梅杂交猪

图6-7　汉×长梅猪杂交模式

　　汉×长梅猪组合其后代的优点：瘦肉多，生长快，饲料报酬率较高，据1987年上海市农业科学院畜牧兽医研究所等试验结果，汉×长梅组合的胴体瘦肉率可达55.45％以上，肥育期平均日增重590g以上，料重比3.66：1（表6-30、表6-31）。

表 6 - 30　汉长梅猪生长性能

组合	试验期(d)	始重(kg)	末重(kg)	日增重(g)	育肥期(d)	料重比	每千克增重需消化能(MJ)	每千克增重需粗蛋白(g)
汉普夏猪×长梅猪	113.5±1.3	25.9±0.6	63.0±0.7	590.0±13.0	108.6	3.66：1	50.67	694

注：表中数据用平均值±标准差表示，样本数为24。

表 6 - 31　汉长梅猪胴体品质

组合	宰前重(kg)	屠宰率(%)	后腿比例(%)	眼肌面积(cm²)	膘厚(cm)	胴体长(cm)	胴体组成			
							瘦肉(%)	脂肪(%)	皮(%)	骨(%)
汉普夏猪×长梅猪	92.4±1.3	70.59±0.31	32.94±0.57	34.85±0.79	2.85±0.10	77.25±0.72	55.81±0.39	21.36±0.54	8.01±0.26	12.02±0.28

注：表中数据用平均值±标准差表示，样本数为24。

③ 杜×汉梅猪杂交组合：杂交方式如图6-8所示。

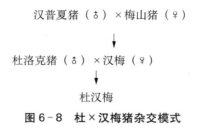

汉普夏猪（♂）×梅山猪（♀）

↓

杜洛克猪（♂）×汉梅（♀）

杜汉梅

图 6-8　杜×汉梅猪杂交模式

杜×汉梅猪组合其后代的优点：瘦肉较多，生长较快，耗料较省且肉质较好。上海市农业科学院畜牧兽医研究所与嘉定县种畜场等单位协作，于 1985～1986 年在日粮消化能 13.13 MJ、粗蛋白 18% 的饲养条件下进行以梅山猪为母本的三元杂交组合试验，筛选出杜汉梅为较佳三元杂交组合，平均日增重 616 g，每千克增重需配合饲料 3.64 kg，胴体瘦肉率达到 56.78%（表 6-32、表 6-33）。

表 6-32　杜汉梅猪育肥性能

组合	试验期(d)	始重(kg)	末重(kg)	日增重(g)	育肥期(d)	料重比	每千克增重需消化能(MJ)	每千克增重需粗蛋白(g)
杜洛克猪×汉梅猪	109.8±1.5	26.0±0.6	93.3±1.4	616.0±16.0	103.0	3.64∶1	50.33	689

注：表中数据用平均值±标准差表示，样本数为 22。

表 6-33　杜汉梅猪胴体品质

组合	宰前重(kg)	屠宰率(%)	后腿比例(%)	眼肌面积(cm²)	膘厚(cm)	胴体长(cm)	胴体组成			
							瘦肉(%)	脂肪(%)	皮(%)	骨(%)
杜洛克猪×汉梅猪	91.1±1.4	71.23±0.37	32.40±0.48	33.26±0.91	3.08±0.10	76.57±0.64	56.78±0.50	22.09±0.59	7.75±0.22	13.4±0.33

注：表中数据用平均值±标准差表示，样本数为 22。

（3）市场特需类杂交组合：随着社会经济的发展和人民生活的提高，消费群体倾向于猪肉品质与口味，为适应不同层次的多样化需要，参照台湾开发利用本土猪种的经验，利用梅山猪具有五花肉且肉质鲜美的特点，通过杂交方式生产具有乡土性及特殊风味的梅山黑毛猪。2011 年以来，上海市嘉定区梅山猪育种中心与上海五丰上食食品有限公司合作，开展"梅山"黑毛猪肉专卖业务，体现优质优价，取得了良好的市场反响。

① 杜×梅杂交组合：杂交方式如图 6-9 所示。

杜洛克猪（♂）×梅山猪（♀）

杜梅杂交猪

图 6-9　杜×梅猪杂交模式

杜×梅猪杂交组合是开发梅山黑毛猪肉市场的优势选择，其主要特点如下。

外貌特征：父本棕色，杂一代猪一般为黑色，或有毛色分离，少数鼻端白（玉鼻），耳较大前垂，嘴鼻稍长而直，脸面有浅纹，四肢结实，背腰较直，肚腹较平，后躯丰满，结构匀称。

生产特性：母猪有效乳头 7 对以上，产仔 15 头以上，生长快。据许光明等（2012）试验，日增重 612.87 g，饲养期 6 个月可达 90 kg，耗料少，育肥期料重比平均 3.00：1；屠宰率 71.90%，胴体瘦肉率 55.30%（表 6-34、表 6-35）。

表 6-34　育肥性能

组合	样本数(头)	试验期(d)	始重(kg)	末重(kg)	日增重(g)	料重比
杜梅猪	70	279	15.42	100.96	612.87	3.00：1

表 6-35　胴体性状

组合	宰前重(kg)	屠宰率(%)	胴体斜长(cm)	瘦肉率(%)	脂肪率(%)	眼肌面积(cm²)	后腿比例(%)	皮厚(cm)	膘厚(cm)
杜梅猪	97.35±1.25	71.90±0.69	82.80±1.78	55.30±1.08	25.40±0.68	33.90±1.56	30.10±0.77	0.40±0.05	3.50±0.06

注：表中数据用平均值±标准差表示，试验期为 12 d。

肉品质：背膘 2.33 cm，眼肌面积 29.03 cm²，肌内脂肪 3%，肉色 3.4，大理石花纹 3.8，pH 6.57，失水率 8.2%，滴水损失 2.82%（表 6-36）。肉质鲜美，肥瘦适度，适合中国人的烹调习惯和口味。属当今市场欢迎的黑毛猪品种。

表 6-36　肉质性状

组合	试验期(d)	肉色	大理石花纹	背最长肌 pH	失水率(%)	滴水损失(%)
杜梅猪	12	3.4	3.8	6.57	8.20	2.82

饲养条件：对饲料要求的条件不高，耐粗饲，喜青料，母猪日粮中粗纤维饲料

可达 20%,可在我国大部分地区的农村饲养。

② 汉×梅猪杂交组合:杂交方式如图 6－10 所示。

汉普夏猪（♂）×梅山猪（♀）

↓

汉梅杂交猪

图 6－10　汉×梅猪杂交模式

汉×梅猪杂交组合是开发黑毛猪市场的又一选择,据赵志龙等(1985)等报道其主要特点如下。

外貌特征:父母均为黑猪,杂一代全身被毛黑色,脸面有浅纹,鼻稍长而直,耳略大前垂,结构匀称,背腰平直,四肢结实,后躯丰满。

生产特性:该组合母猪平均乳头 15 个以上,平均窝产仔数 16.75 头,育肥期日增重 570 g,料重比 3.52∶1,90 kg 毛猪屠宰率 69.56%,胴体瘦肉率 51.8%。

肉品质:该组合后腿重 9.35 kg、背膘厚 3.03 cm、皮厚 0.402 cm、眼肌面积 24.74 cm²。肉色鲜红、肉质鲜美,肥瘦适度,适合中国人的烹调习惯和口味,属当今市场欢迎的肉猪品种,见表 6－37。

表 6－37　汉梅猪杂交猪胴体性状

组合	宰前重(kg)	胴体重(kg)	屠宰率(%)	后腿比例(%)	眼肌面积(cm²)	膘厚(cm)	皮厚(cm)
汉普夏猪×梅山猪	90.72±2.45	63.14±2.04	69.56±0.39	30.41±0.29	24.74±0.49	3.03±0.11	0.40±0.02

瘦肉		脂肪		皮		骨	
重量(kg)	比例(%)	重量(kg)	比例(%)	重量(kg)	比例(%)	重量(kg)	比例(%)
15.7±0.52	51.8	7.55±0.42	23.82	3.07±0.2	10.11	4.03±0.22	13.27

注:表中数据用平均值±标准差表示,样本数为27。

饲养要求:对饲料条件的要求不高,可在我国大部分地区的农村饲养。

(二) 沙乌头猪

在沙乌头猪杂交利用方面,通常以沙乌头猪为母本,国外引进品种为父本,开展杂交利用。张念文等(1987)利用杜洛克、长白猪和大约克 3 个外来品种公猪与沙乌头母猪交配,在相同饲养管理条件下,开展杂交试验,结果见表 6－38 和表 6－39。

表 6-38　不同杂交组合母猪的繁殖性能

项目		沙×沙	大×沙	长×沙	杜×沙
初生	窝数	3	3	3	2
	产活仔数(头)	15.67±1.53	12±2.08	12.87±2.89	13±5.66
	窝重(kg)	11±1.8	8.5±0.66	9.92±2.6	10±3.54
20 日龄	仔猪数(头)	14.67±0.58	12±0	12.87±0.58	12.5±2.12
	窝重(kg)	42.67±4.07	42.83±1.66	40.75±0.66	43.13±3.17
60 日龄	仔猪数(头)	14.67±0.58	12±0	12.87±0.58	12.5±2.12
	窝重(kg)	173.5±12.08	175±6.14	180.33±13.88	183.75±26.52
	哺育率(%)	93.62	100	100	96

注:表中数据用平均值±标准差表示。

表 6-39　不同杂交组合的日增重

项目		沙×沙	大×沙	长×沙	杜×沙
	头数(头)	8	10	7	9
	始重(kg)	15.63±1.14	16.33±0.73	17.25±0.20	15.66±0.65
前 60 天	体重(kg)	41.31±2.29	40.48±4.85	40.89±2.50	41.22±3.18
	日增重(g)	422.88±34.91	402.5±73.47	392.86±39.8	422.7±47.83
后 56 天	体重(kg)	66.07±7.94	75.03±6.96	81.32±7.29	83.36±6.52
	日增重(g)	442±102.4	617±116.3	721.9±98.24	752.6±71.6
全期 116 天	总增重(kg)	50.44±7.55	58.7±10.01	64.07±7.15	67.5±6.18
	日增重(g)	434.8±85.09	508±58.28	552.3±61.67	581.9±53.25
	全期与沙乌头猪比(%)	100	116.59	127.02	133.83

注:表中数据用平均值±标准差表示。

(1)繁殖性能:产活仔数以沙乌头猪纯繁组最好,达 15.67 头,分别比大×沙、长×沙、杜×沙增加 3.67 头、3 头、2.67 头。初生窝重也是纯繁组最好。20 日龄活仔数同样纯繁组最佳,达 14.67 头,分别比大×沙、长×沙、杜×沙多 2.67 头、2头、2.17 头。20 日龄仔猪窝重以杜×沙最好达 43.13 kg;60 日龄活仔猪仍以沙乌头猪组领先,但窝重却以杜×沙最好,达 183.75 kg,长×沙 180.33 kg,大×沙175 kg。哺育率以大×沙和长×沙最好,均达 100%,杜×沙为 96%,与沙×沙比较,分别提高 6.38%、6.38%和 2.38%。

(2)生长速度:在体重 20~50 kg,各组合间日增重差异不显著,说明沙乌头猪在早期生长较快。50~90 kg 时,沙乌头猪的生长速度就明显低于杂种猪,例如杜×沙的日增重 752.6 g,长×沙为 721.9 g,大×沙 617 g,沙×沙仅 442 g。就试验全期,杜×沙、长×沙、大×沙比沙×沙日增重分别提高 33.83%、27%、16.59%。

不同组合的育肥猪在生长后期都有杂种优势,但杜×沙的配合力最佳。

(3)饲料报酬:杂交组均比纯繁组有提高。繁殖期杜洛克猪×沙乌头猪3.04∶1,大白猪×沙乌头猪3.15∶1,长白猪×沙乌头猪3.12∶1,同沙乌头猪×沙乌头猪3.42∶1相比,分别提高10.85%、7.6%、8.5%。育肥期杜洛克猪×沙乌头猪3.68∶1,长白猪×沙乌头猪3.73∶1,大白猪×沙乌头猪4.08∶1,同沙乌头猪×沙乌头猪4.72∶1相比,分别提高22%、20.97%、13.56%。同各杂交组合间无显著性差异,表明3个父本的杂种猪饲料利用效果均好(表6-40)。

表6-40　不同杂交组合饲料报酬

组合	繁殖期(妊娠期+哺乳期)			育肥期		
	母、仔猪耗料(kg)	60日龄仔猪总重(kg)	料重比	耗料(kg)	增重(kg)	料重比
沙×沙	1 773.4	520.5	3.41∶1	1 907.12	403.52	4.72∶1
大×沙	1 655.8	525.0	3.15∶1	2 396.4	587.00	4.08∶1
长×沙	1 685.3	541.0	3.12∶1	1 672.63	448.57	3.73∶1
杜×沙	1 118.5	367.5	3.04∶1	2 235.51	607.50	3.68∶1

(4)胴体性状:杜洛克猪×沙乌头猪、长白猪×沙乌头猪和大白猪×沙乌头猪的屠宰率同沙乌头猪×沙乌头猪相比,分别提高1.55、0.41、2.54个百分点(表6-41)。杜洛克猪×沙乌头猪、长白猪×沙乌头猪和大白猪×沙乌头猪的瘦肉率比沙乌头猪×沙乌头猪分别提高7.03、10.35、6.81个百分点。同时与瘦肉率有关的眼肌面积、后腿比率和背膘也有明显改善。

表6-41　不同杂交组合的胴体品质

组合	体重(kg)	屠宰率(%)	膘厚(cm)	瘦肉率(%)
沙×沙	82.00±6.24	72.80±0.89	2.99±0.35	43.21±3.33
大×沙	84.33±2.52	75.34±1.39	2.66±0.06	50.02±0.60
长×沙	83.33±6.03	73.21±0.39	2.34±0.42	53.56±2.63
杜×沙	84.67±2.52	74.35±0.92	2.64±0.28	50.24±1.24

注:表中数据用平均值±标准差表示,样本数为3。

涂尾龙等(2015)利用皮特兰公猪和杜洛克公猪与沙乌头母猪杂交的对比试验,每组断奶仔猪30头,分为2窝,平均体重35 kg左右。A组为皮特兰猪×沙乌头猪组,B组为杜洛克猪×沙乌头猪组,在相同的饲养条件下,其结果见表6-42~表6-44。

表 6-42　育肥试验对比情况

项目	A 组		B 组	
	A1	A2	B1	B2
起始头数(头)	15	15	15	15
起始总重(kg)	583	500	618	673
起始均重(kg)	33.87	33.33	41.20	44.87
结束头数(头)	15	15	15	13
结束总重(kg)	1 384	1 136	1 565.5	1 292.5
结束均重(kg)	92.27	75.73	104.37	99.42
耗料(kg)	2 650	2 210	2 680	2 076
试验天数(d)	75	75	75	75
料重比		3.38∶1		3.04∶1
平均日增重(g)		638.7		704.5

表 6-43　试验猪胴体性状

项　　目	A 组	B 组
样本数(头)	3	3
屠宰前重(kg)	99.53±3.52	99.81±3.45
屠宰率(%)	72.16±0.92	72.08±1.17
胴体体斜长(cm)	82.84±3.55	76.94±3.17
平均背膘厚(cm)	2.56±0.31	2.87±0.49
6～7 肋骨膘厚(cm)	2.78±0.39	2.98±0.36
皮厚(cm)	0.285±0.056	0.298±0.01
眼肌面积(cm^2)	43.15±3.26	44.35±3.28
瘦肉率(%)	61.35±1.82	60.56±1.34

表 6-44　试验组肉质性状

项　　目	A 组	B 组
pH	6.13±0.09	6.21±0.12
滴水损失(%)	2.92±0.12	2.6±0.16
嫩度(kg·f)	3.65±0.11	3.25±0.13
肉色	3.83±0.38	3.08±0.27
肌内脂肪(%)	2.91±0.25	3.33±0.14
肌肉水分(%)	71.68±1.23	73.14±0.55

（三）枫泾猪

枫泾猪遗传性能较稳定，与瘦肉型猪种结合杂交优势强，最宜作杂交母体。二元杂交以苏枫、长枫、约枫为主，平均日增重 550 g 以上，胴体瘦肉率 50% 以上。三元杂交以杜长枫、约长枫为主，平均产仔数 12 头以上，三元杂交组合类型保持了亲本产仔数多、瘦肉率高、生长速度快、肉质鲜美等特点，平均日增重 600 g 以上，胴体瘦肉率 55% 以上。

1. 繁殖性状

以枫泾猪纯繁为基础亲本，对太湖流域各猪种（枫泾猪、梅山猪、二花脸猪、沙乌头猪）之间正交、回交，开展二元杂交、三元杂交的繁殖性状关系研究。

① 妊娠天数：统计 26 头，第一胎母猪为 111.6～115.5 d（表 6-45），可看出各组间妊娠天数与对照组无多大差异，仅二元杂交组中大约克夏×枫泾猪组比历来沿用 114 d 妊娠天数的生理指标偏高，而枫泾猪×松江枫泾猪为 111.6 d 属偏低。（胡承桂等，1981）

表 6-45　以枫泾猪为基础母本的不同杂交组合繁殖性能表型值

组合	样本数	妊娠期(d)		产仔数(头)		活仔数(头)		初生个体重(kg)	
		$\bar{x}\pm S\bar{x}$	P(%)	$\bar{x}\pm S\bar{x}$	P(%)	$\bar{x}\pm S\bar{x}$	P(%)	$\bar{x}\pm S\bar{x}$	P(%)
Ⅰ	26	113.35± 0.36	100	12.85± 0.50	100	12.39± 0.404	100	0.85± 0.03	100
Ⅱ	10	114.4± 0.43	+0.92	15.60± 0.98	+21.40	14.20± 1.03	+14.61	0.845± 0.09	-0.59
Ⅲ	5	111.6± 0.87	-1.54	13.00± 1.20	+1.17	12.00± 1.02	-3.25	0.77± 0.11	-10.00
Ⅳ	24	114.58± 0.05	+1.08	12.79± 0.81	-0.47	11.67± 0.82	-5.81	0.91± 0.07	+6.47
Ⅴ	3	112.33± 1.17	-0.89	13.00± 0.82	+1.16	11.67± 1.17	-5.81	0.98± 0.13	+11.76
Ⅵ	3	115.5± 0.35	-0.75	7.00± 0.71	-45.52	7.00± 1.06	-43.53	1.05± 0.18	+22.94

组合	初生窝重(kg)		断奶仔数(头)		断奶窝重(kg)		断奶个体重(kg)		仔猪乳头数(只)	
	$\bar{x}\pm S\bar{x}$	P(%)	$\bar{x}\pm S\bar{x}$	P(%)	$\bar{x}\pm S\bar{x}$	P(%)	$\bar{x}\pm S\bar{x}$	P(%)	$\bar{x}\pm$	P(%)
Ⅰ	10.54± 0.83	100	10.63± 0.37	100	125.74± 10.28	100	11.86± 0.61	100	17.33± 0.02	100
Ⅱ	11.63± 1.18	+10.34	12.40± 0.41	+16.15	140.88± 7.28	+12.12	11.45± 0.67	-3.50	17.17± 0.37	-0.92

续　表

组合	初生窝重(kg)		断奶仔数(头)		断奶窝重(kg)		断奶个体重(kg)		仔猪乳头数(只)	
	$\bar{x}\pm S\bar{x}$	P(%)	$\bar{x}\pm S\bar{x}$	P(%)	$\bar{x}\pm S\bar{x}$	P(%)	$\bar{x}\pm S\bar{x}$	P(%)	$\bar{x}\pm$	P(%)
Ⅲ	8.89± 1.22	−14.8	9.60± 0.46	−9.69	100.50± 7.36	−20.70	10.68± 1.65	−9.95	16.57± 0.17	−4.38
Ⅳ	10.14± 1.19	−4.13	10.65± 0.58	+0.19	144.44± 13.85	+14.87	14.01± 1.19	+18.13	15.25± 0.29	−13.00
Ⅴ	10.27± 1.87	−2.51	10.33± 1.19	−2.82	131.75± 17.38	+4.78	13.05± 2.16	+10.03	15.91± 0.30	−8.19
Ⅵ	6.10± 0.78	−42.13	6	−52.76	101	−17.67	20.02± 0.40	+68.80	13.83± 0.35	−20.31

注：表中数据用平均值±标准差表示，Ⅰ组表示枫泾猪，Ⅱ组表示系间杂交，Ⅲ组表示系间回交，Ⅳ组表示二元杂交，Ⅴ组表示二元回交，Ⅵ组表示三元杂交，P 表示与枫泾猪相比所得比值。二元杂交是长白、苏白（苏联大白猪）为父本，枫泾猪为母本。系间杂交是枫泾的枫泾猪与松江的枫泾猪。三元是以长白为第一父本，长枫一代母猪用苏白作第二父本的后代。

② 乳头数：枫泾猪 17.33 个，系间杂交组 17.17 个，系间回交组 16.57 个，二元杂交组 15.25 个，二元回交组 15.91 个，三元杂交组 13.83 个。系间杂交组与对照组基本一致，系间回交组略低于对照组，这与《枫泾猪的乳头性状的初步研究》一文中所提出的资料分析一致。枫泾猪的公猪乳头数平均为 16.75 只，母猪乳头数为 17.48 只，公猪乳头数低于母猪数，子女乳头数介于双亲之间，由此可认为系间回交组略低于对照组属于正常现象。二元杂交组以外来品种为父本，其子女乳头数低于对照组，以枫泾组为父本回交后，其子女乳头数略高于二元杂交组。三元杂交组乳头数显著低于对照组，平均少 3.5 个。

③ 产仔数：对照组 12.85 头；系间杂交组 15.6 头，比对照组高 2.7 头，杂交优势为 21%；系间回交组 13 头，杂交优势为 1.16%；二元杂交组 12.79 头，比对照组略低，基本无差别；二元回交组 13 头，杂交优势为 1.16%；三元杂交组 7 头，比对照组减少 5.85 头。

④ 产活仔数：对照组 12.39 头。系间杂交组 14.2 头，杂交优势为 14.61%；系间回交组 12 头，比对照组减少 3.25%；二元杂交组 11.67 头，比对照组减少 5.81%；二元回交组 11.67 头，比对照组减少 5.81%；三元杂组 7 头，比对照组减少 43.53%，差异极为显著。

⑤ 初生个体重：对照组 0.85 kg。系间杂交组 0.845 kg，比对照组减少 0.59%；系间回交组 0.765 kg，比对照组减少 10%，二元杂交组 0.905 kg，比对照组增加 6.47%；二元回交组 0.975 kg，比对照组增加 11.76%；三元杂交组 1.045 kg，比对

照组增加22.94％;可见个体重系间杂交组与系间回交组均有不同程度下降,而二元杂交组、回交组、三元杂交组3个组均比对照组增加,产活仔猪数与个体重、产活仔猪数与个体重大均成正比。

⑥ 断乳个体重:对照组11.86 kg;系间杂交组11.445 kg,比对照组减少3.5％;系间回交组10.68 kg,比对照组减少9.95％;二元杂交组14.01 kg,比对照组增加18.13％;二元回交组13.05 kg,比对照组增加10.03％;三元杂交组20.02 kg,比对照组增加68.8％。断乳个体重系间杂交与回交组均比对照组有些下降,其余各组均显示了杂种优势,尤以三元杂交组的后代断乳个体重杂种优势特别显著。

2. 内脏器官发育特点

枫泾育肥猪与不同类型杂交育肥猪的内脏器官生长发育特点如下。

枫泾猪生长在以粮为主的水稻之乡,历来利用含有丰富的碳水化合物、维生素、磷的青料和水稻副产品饲养,猪的内脏器官具有利用大容积饲料、采食量较强的适应能力,具备了枫泾猪耐粗饲的特点。因此,着重开展了"以枫泾育肥猪为基础,与不同类型杂交育肥猪的内脏器官方面的变化"进行初步研究,以提供内脏器官的变化与体重相互关系的依据,以利进一步开展杂种优势利用。

取于县种畜场1979年春产育肥猪240日龄,全期肥育180 d,试验猪共分3组,以枫泾猪为对照组,以肉脂兼用型猪与枫泾猪杂交组合、瘦肉型猪与枫泾猪杂交组合。肉脂兼用型枫泾猪杂交组由苏白与枫泾猪杂交,瘦肉型与枫泾猪由杜洛克、长白、大约克夏与枫泾猪杂交组成。共试验猪47头,研究项目的数据均经生统处理。

内脏器官测定项目:包括心、肺、脾、肝、胃、小肠长度和重量、大肠长度和重量。

(1) 内脏器官的表型值:由表6-46结果表明,心重对照组293.25 g,肉脂兼用型杂交组363 g,比对照组增加23.79％;瘦肉型杂交组274.17 g,比对照组减少6.51％。肺重对照组693.75 g,肉脂兼用型杂交组840 g,瘦肉型杂交组1 247.92 g,分别比对照组增加21.08％和79.88％。胃重对照组934.5 g,肉脂兼用型杂交1 128.33 g,比对照组增加20.74％;瘦肉型杂交组927.92 g,比对照组减少0.71％。小肠长度和重量对照组1 936.5 mm和2 690 g,肉脂兼用型杂交组2 316.27 mm和3 190 g,比对照组增加19.61％和18.59％;瘦肉型杂交组2 034.17 mm和2 165 g,比对照组小肠长度增加5.04％,重量减少19.52％。大肠长度和重量,对照组491.95 mm和2 565 g,肉脂兼用型杂交组519.47 mm和2 940 g,比对照组增加5.59％和14.62％;瘦肉型杂交组526.25 mm和2 280 g,比对照组大肠长度增加6.97％,重量减少11.12％。

表 6－46　枫泾育肥猪与不同类型杂交育肥猪内脏生长发育比较表

项目	枫泾猪			不同类型杂交猪					
	样本数	$\overline{X} \pm S$	CV	与肉脂兼用型杂交猪			与瘦肉型杂交		
				样本数	$\overline{X} \pm S$	CV	样本数	$\overline{X} \pm S$	CV
心重(g)	20	293.25±67.4	22.98	15	363±51.51	14.19	12	274.17±38.31	13.97
肺重(g)	20	693.75±165.41	23.84	15	840±80.07	9.53	12	1 247.92±359.72	28.83
脾重(g)	20	163.25±22.96	14.06	15	191.33±20.91	10.93	12	149.17±38.19	25.60
肝重(g)	20	1 743±230.72	13.24	15	2 132±234.57	11.00	12	1 799.58±307.56	17.09
肾重(g)	20	308.75±40.78	13.21	15	340±33.91	9.97	12	305.83±44.1	14.42
膀胱重(g)	20	118.75±22.41	18.87	15	120.33±19.88	16.36	12	117.5±34.08	29.00
胃重(g)	20	934.5±130.75	13.99	15	1 128.33±98.14	8.70	12	927.92±162.91	17.56
小肠长(mm)	20	1 936.5±176.85	9.13	15	2 316.27±198.78	8.58	12	2 034.17±148.2	7.29
小肠重(g)	20	2 690±0.47	8.80	15	3 190±55	8.69	12	2 165±0.34	7.78
大肠长(mm)	20	491.95±73.04	14.85	15	519.47±59.72	11.50	12	526.25±51.84	9.85
小肠重(g)	20	2 565±0.24	4.67	15	2 940±61	5.35	12	2 280±51	11.28

　　(2) 内脏器官的相关系数和回归系数：由表 6－47 结果表明,相关系数枫泾猪 6 对性状中属于弱正相关两对,中等正相关 3 对,强正相关 1 对;肉脂兼用型杂交组 6 对性状中属弱正相关 4 对,中等正相关 2 对;瘦肉型杂交组 6 对性状中属弱正相关 2 对,中等正相关 3 对,强正相关 1 对。3 个组合中除 180 d 育肥体重与小肠长度枫泾猪和瘦肉型杂交组相似之外,其余性状均不一致。回归系数三个组合亦不一致,其中枫泾猪各内脏中的体重与胃和小肠长度相关系数比较大,肉脂兼用型杂交组体重与小肠长度相关系数较大;瘦肉型杂交组体重与肺、体重与大肠长度相关系数比较大。

表 6-47　枫泾育肥猪及其与不同类型杂交育肥猪的内脏生长发育相关比较

性状	枫泾猪			与肉脂兼用型杂交			与瘦肉型杂交		
	n	r	b	n	r	b	n	r	b
240 日龄体重与胃重	20	0.363	2.808	15	0.129	0.718	12	0.231	1.568
与肺重	20	0.159	1.558	15	0.098	0.445	12	0.743	4.127
与小肠长度	20	0.390	4.086	15	0.477	5.379	12	0.372	2.295
与大肠长度	20	0.278	1.236	15	0.187	0.633	12	0.544	1.176
大肠长度与重量	20	0.872	0.005	15	0.641	0.009	12	0.505	0.002
小肠长度与重量	20	0.419	0.003	15	0.130	0.005	12	0.289	0.006

　　枫泾猪的内脏器官比较发达,尤其是胃重与大肠长度,肝重尤为突出,表明枫泾猪是长期以来以青料为主的饲养方式下,逐步已育成具有良好耐粗饲性能的特点,胃重量大,内容量相应增大,小肠长度长,有利于吸收;与肉脂兼用型杂交继续保持胃重、小肠长、肝重的趋势,有利于杂交猪在以青料为主的饲养条件下,发挥它的优势;与瘦肉型杂交,由于瘦肉型对饲料营养要求高,在青、粗料为主饲料条件下,适应性比较差,不耐粗饲,胃的容量也不大。而肺活量却比较大,体重与大肠的重量关系比较密切。

　　各个组合内脏生长发育相比之下,以消化器官比较发达,脾、肾、膀胱的重量相互之间差异不显著。肺、肝、胃个体之间变异很大。

　　枫泾育肥猪体重与胃重、小肠长度,以及杂交猪的体重与小肠长度的相关性比其他器官为密切。耐粗的猪适口性强,采食量越大、胃的机能越能得到锻炼,胃容纳量越大,提供营养就越多;小肠越长,越有利于吸收营养物质。

　　枫泾猪与其他品种杂交后,消化器官仍然体现出杂种优势,这就为杂交猪耐粗饲、日增重快奠定了基础。

　　枫泾猪及其与肉脂兼用型猪杂交组合内脏器官比较发达,尤以胃、小肠、肝为突出,这与长期以青料为主的饲养条件有密切关系,主要消化器官发达是提高日增重的基础,可以认为如果能够满足它们的营养物质要求,以枫泾猪为母本、以外来品种为母本的优良组合的日增重也能够达到理想效果。瘦肉型猪与枫泾猪杂交后,由于对蛋白质要求高,原有饲料水平不能满足生长发育需要。相比之下,胃容纳量小,日增重杂交优势也小,如充分发挥杂交优势,在生产上应该逐步创造条件,满足营养要求,日增重可达到理想效果(表 6-48)(胡承桂等,1981)。

表 6-48 混合料配合表

料型	大麦粉(%)	麸皮(%)	玉米(%)	棉籽饼(%)	鱼粉(%)	每千克混合料		
						消化能(MJ)	粗蛋白(%)	能蛋比
Ⅰ号料	42	30	10	10	8	12.52	17.96	27:1
Ⅱ号料	50	20	20	5	5	12.79	14.56	27:1

由表 6-49 可知,品系间杂交以沙枫猪组最快,平均日增重 546.25 g,比对照组增长 18.75%;松枫猪组平均日增重 511.25 g,比对照组增长 11.14%;梅枫猪组和花枫猪组平均日增重 502.5 g 和 477.5 g,比对照组增长 9.24% 和 3.8%。品种间杂交以苏枫猪组最快,平均日增重 655 g,比对照组增长 42.39%;约枫猪组平均日增重 592.5 g,比对照组增长 28.8%;上枫猪组、长枫猪组、杜枫猪组平均日增重分别为 532.5 g、522.5 g 和 515 g,分别比对照组增长 15.76%、13.59% 和 11.96%。

表 6-49 全期增重表

组合		全期增重				以枫泾猪为基础比较(%)
		始重(kg)	末重(kg)	总增重(kg)	日增重(g)	
对照组	枫泾猪	30.25±4.99	81.00±6.78	50.75±2.99	460.00±13.90	0
品系间杂交	花枫猪	27.50±1.73	80.00±3.46	52.50±4.80	477.50±22.59	+3.80
	梅枫猪	28.00±1.47	83.25±3.86	55.25±3.57	502.50±15.88	+9.24
	沙枫猪	31.50±2.20	91.50±3.00	60.00±2.55	546.25±11.61	+18.75
	松枫猪	29.38±0.85	85.50±1.92	56.13±1.38	511.25±6.88	+11.14
品种间杂交	杜枫猪	18.17±1.11	80.00±5.48	61.82±4.96	515.00±20.61	+11.96
	长枫猪	39.25±2.47	96.75±11.18	57.50±10.59	522.50±48.71	+13.59
	约枫猪	37.13±2.95	102.25±3.89	65.13±3.20	592.50±14.93	+28.80
	苏枫猪	39.00±1.47	111.00±3.37	72.00±2.12	655.00±0.61	+42.39
	上枫猪	38.13±6.24	96.88±5.32	58.75±8.25	532.50±37.72	+15.76

品系间杂交以沙枫猪组最好,每增重 1 kg 体重消耗精料 3.92 kg、青料 3.24 kg、饲料成本 0.91 元,比对照组成本下降 17.58%;松枫猪组、梅枫猪组、花枫猪组消耗精料 4.07 kg、4.2 kg 和 4.42 kg,青料 3.37 kg、3.45 kg 和 3.64 kg,饲料成本 0.95 元、0.98 元和 1.03 元,比对照组成本下降 12.63%、9.18% 和 3.88%。品种

间杂交以苏枫猪组最好,每增重 1 kg 体重消耗精料 3.51 kg、青料 3.78 kg,饲料成本 0.82 元,比对照组成本下降 30.49%;约枫猪组、杜枫猪组和上枫猪组消耗精料 3.88 kg、4.06 kg 和 4.26 kg,青料 4.15 kg、4.29 kg 和 4.62 kg,饲料成本 0.90 元、0.94 元和 0.99 元,比对照组成本下降 18.89%、13.83% 和 8.08%;长枫猪组最差消耗精料 4.37 kg、青料 4.64 kg,饲料成本 1.02 元,比对照组成本仅降低 4.9%(表 6-50)。

表 6-50　饲料报酬分析表

组合		增重 1 kg 耗用饲料				饲料成本费(元)	比对照组降低(%)
		精料(kg)	青料(kg)	消化能(MJ)	粗蛋白(g)		
对照组	枫泾猪	4.58	3.58	63.14	625	1.07	100
品系间杂交	花枫猪	4.42	3.64	61.00	604	1.03	3.88
	梅枫猪	4.20	3.45	57.98	573	0.98	9.18
	沙枫猪	3.92	3.24	54.19	536	0.91	17.58
	松枫猪	4.07	3.37	56.19	556	0.95	12.63
品种间杂交	杜枫猪	4.06	4.29	56.05	601	0.94	13.83
	长枫猪	4.37	4.64	61.43	613	1.02	4.90
	约枫猪	3.88	4.15	54.70	546	0.90	18.89
	苏枫猪	3.51	3.78	49.59	496	0.82	30.49
	上枫猪	4.26	4.64	60.23	603	0.99	8.08

枫泾猪、枫泾猪品系间杂交,同外来品种杂交的屠宰测定(表 6-51)各项主要指标比较,认为品系间杂交的屠宰率、皮厚、膘厚、胴体长、眼肌面积、右侧半胴体重、后腿重有的略有差别,可以概括为相差无几。而同外来品种杜洛克猪、长白猪猪、大约克夏猪、苏白猪杂交比较,差距较大。

屠宰率:品系间杂交的各组试验猪活重 80 kg 以上屠宰,屠宰率为 64%～66%,差异不显著;品种间杂交以约枫猪组最高 71.07%,其次长枫猪组和上枫猪组屠宰率 70.85% 和 68.39%,苏枫猪组和杜枫猪组最低,分别为 66.87% 和 65.86%。

皮膘厚度:品系间杂交各组皮厚度均在 0.5 cm 以上,其中沙枫组达 0.63 cm;膘厚度均达 3 cm,其中梅枫猪组 3.4 cm。品种间杂交皮厚度在 0.3 cm 左右,其中上枫组 0.44 cm;膘厚度以杜枫猪组最薄为 2.4 cm,其次为长枫组 3.14 cm,上枫猪组、苏枫猪组和约枫猪组分别为 3.33 cm、3.95 cm 和 3.98 cm。

表 6-51 屠宰测定表

项目	对照组	品系间杂交					品种间杂交			
	枫泾猪	花枫猪	梅枫猪	沙枫猪	松枫猪	杜枫猪	长枫猪	约枫猪	苏枫猪	上枫猪
宰前重 (kg)	81.00± 6.87	80.00± 3.46	83.25± 3.86	91.50± 3.00	85.50± 1.92	80.00± 5.48	96.25± 11.18	102.25± 3.88	111.00± 3.37	96.88± 5.31
胴体重 (kg)	49.38± 6.52	49.00± 3.76	52.88± 3.01	58.13± 3.54	53.82± 0.99	50.75± 1.71	61.25± 7.87	70.07± 3.73	72.13± 1.48	63.94± 4.41
板油量	1.38± 0.32	1.95± 0.63	1.965± 0.22	1.575± 0.44	1.70± 0.18	1.67± 0.56	1.98± 0.21	2.28± 0.23	1.76± 0.28	1.95± 0.22
肾重 (kg)	0.355± 0.07	0.36± 0.08	0.37± 0.06	0.315± 0.03	0.32± 0.01	0.28± 0.03	0.32± 0.07	0.33± 0.01	0.34± 0.01	0.365± 0.07
小计 (kg)	51.11± 6.63	51.29± 4.40	55.21± 2.87	60.02± 3.84	55.83± 0.97	52.69± 2.15	68.55± 7.93	72.67± 3.77	74.22± 1.60	61.36± 4.43
屠宰 率(%)	63.10± 1.75	64.11± 1.58	66.32± 0.56	65.59± 1.11	65.30± 0.87	65.86± 0.96	70.85± 0.85	71.07± 1.08	66.87± 1.01	68.39± 0.95
皮厚 (cm)	0.59± 0.05	0.55± 0.33	0.52± 0.02	0.63± 0.03	0.54± 0.0	0.34± 0.06	0.34± 0.03	0.30± 0.03	0.36± 0.02	0.44± 0.04
膘厚 (cm)	2.48± 0.28	2.90± 0.29	3.40± 0.30	2.96± 0.15	2.98± 0.05	2.40± 0.21	3.14± 0.06	3.98± 0.06	3.95± 0.12	3.33± 0.27
胴体长 (cm)	84.00± 0.71	80.75± 1.11	80.50± 0.96	83.25± 0.25	81.75± 1.31	77.50± 0.65	87.25± 2.29	89.00± 1.47	89.00± 1.83	85.25± 2.02
眼肌面 积(cm²)	17.57± 2.24	16.86± 0.34	20.41± 1.32	20.64± 0.81	19.52± 0.91	29.89± 0.72	28.79± 2.80	26.60± 1.46	22.53± 1.11	22.56± 1.67
右侧半 胴体重 (kg)	24.13± 1.88	24.44± 0.67	26.00± 1.06	28.32± 0.80	27.00± 0.79	23.27± 0.96	32.75± 1.88	34.50± 0.68	35.57± 0.49	31.07± 1.00
后腿重 (kg)	5.37± 0.45	6.50± 0.58	6.72± 0.60	7.34± 0.76	7.57± 0.66	7.25± 0.29	9.33± 0.88	10.19± 0.47	9.97± 0.27	9.15± 0.78
后腿比 例(%)	27.88± 0.57	26.60± 0.58	25.82± 0.19	25.91± 1.58	28.01± 0.49	31.16± 1.74	28.63± 0.54	29.53± 0.48	28.02± 0.62	29.45± 0.60

　　眼肌面积和后腿比例：品系间杂交眼肌面积以沙枫猪组和梅枫猪组最好,分别为 20.64 cm² 和 20.41 cm²,后腿比例以松枫猪组最好达 28.01%;品种间杂交眼肌面积以杜枫猪组和长枫猪组最好,分别为 29.89 cm² 和 28.79 cm²,后腿比例以杜枫猪组最好,达 31.16%。

　　从表 6-52～表 6-54 中看出,脂肪与瘦肉比例除杜枫组为 1：2 外,各杂交组合均在 1：(1.3～1.5)。瘦肉占半胴体重百分比,品系间杂交以梅枫组最高

42.43％,松枫组最低 39.69％；品种间杂交以杜枫组最高 49.38％,长枫组、约枫组、上枫组和苏枫组分别为 44.88％、43.77％、42.44％和 41.3％。脂肪占半胴体重,品系间杂交花枫组和梅枫组分别为 30.5％和 30.44％,沙枫组和松枫组分别为 28.58％和 28.66％；品种间杂交杜枫组最薄为 24.93％,其余各组为 30.51％～32.46％(杨少峰等,1981)。

表 6-52　枫泾猪及其杂交猪的半胴体重及肉、脂、皮、骨的比例

杂交方式	组合	半胴体重(kg)	瘦肉率(%)	脂肪率(%)	皮率(%)	骨率(%)
对照组	枫泾猪	24.125	39.94	28.42	18.08	11.72
品系间杂交	花枫猪	24.44	40.13	30.50	13.83	11.18
	梅枫猪	26.00	42.43	30.44	13.18	9.76
	沙枫猪	28.32	40.72	28.58	14.49	10.47
	松枫猪	27.00	39.69	28.66	15.75	11.46
品系间杂交	杜枫猪	23.27	49.38	24.93	11.85	13.84
	长枫猪	23.75	44.88	32.46	9.50	9.31
	约枫猪	34.50	43.77	30.51	10.64	10.64
	苏枫猪	35.565	41.30	30.57	12.10	10.43
	上枫猪	31.065	42.44	30.97	12.37	12.04

表 6-53　枫泾猪的内脏生长发育测定

宰前重(kg)	心(kg)	肺(kg)	脾(kg)	肝(kg)	肾(kg)	膀胱(kg)	胃(kg)	小肠		大肠	
								长(cm)	重(kg)	长(cm)	重(kg)
77.5±1.84	0.29±7.35	0.69±1.80	0.163±2.50	1.74±27.39	0.30±4.17	0.12±2.45	0.93±24.32	193.65±17.69	2.69	49.20±7.30	2.57

注：表中数据用平均值±标准差表示,样本数为20。

表 6-54　枫泾猪的肉、皮、脂、骨分离和腿肉比例测定

左侧胴体重(kg)	瘦肉		脂肪		皮		骨		后腿		作业损耗	
	重量(kg)	比例(%)	重量(kg)	比例(%)	重量(kg)	比例(%)	重量(kg)	比例(%)	重量(kg)	比例(%)	重量(kg)	比例(%)
22.50±0.56	12.90±0.87	39.46±0.46	8.82±0.73	26.28±0.97	6.40±0.58	18.94±0.50	4.62±0.52	13.25±0.75	6.30±0.34	28.81±0.40	0.44±0.05	1.45±0.20

注：表中数据用平均值±标准差表示,样本数为20。

1972 年开始上海市农业局、农科院组织市郊各县畜牧兽医站以本市各地方品种为母本,不同外来品种为公本进行多次试验,上海市金山县畜牧兽医站从 1974

年起以枫泾猪为母本,苏白、长白等 8 个外来品种为公本进行了多次重复试验,一致表明,枫泾猪是一个比较理想的母本,各杂交组合都可获得优势,后代生活力增强,耐粗饲,在农村现有饲养条件下,以苏枫一代生长速度为快,在良好饲养条件下以长枫一代生长速度最快。各杂交组合效果见表 6-55、表 6-56(杨少峰等,1981)。

表 6-55　以枫泾猪为母本不同杂交组合的杂种优势

| 组合 | 样本数（头） | 日龄（d） | 试验期（d） | 平均头重 | | 平均增重 | | 以母本为基础比较(％) |
				始重（kg）	末重（kg）	总增重（kg）	日增重（kg）	
枫×枫猪	48	252	110	30.25	81.00	50.75	0.46	0
苏×枫猪	48	244	110	39.00	111.00	77.00	0.66	+42.39
长×枫猪	20	224	110	39.00	93.50	57.5	0.52	+13.59
大约×枫猪	20	219	110	37.00	102.25	65.25	0.59	+28.80
杜×枫猪	20	219	110	18.20	80.00	61.80	0.52	+11.96
上海白×枫猪	20	224	110	38.00	96.75	58.75	0.53	+15.76

注：表中数据用平均值±标准差表示。

表 6-56　农户养的苏枫猪一代杂种猪饲养调查表

样本数（头）	平均日龄（d）	饲养期（d）	出售时毛重（kg）	平均日增重（kg）	每增重 1 kg 耗料（kg）
81	207.99	147.99±2.43	92.33±1.90	0.54±0.01	2.80±0.06

注：表中数据用平均值±标准差表示。

20 世纪 70～80 年代是金山养猪鼎盛时期,在粮食作物稻、麦、玉米、大豆不能满足前提下,养猪依旧靠青粗饲料、粮食副产品为主的初级混合料,在当时具体条件下,以枫泾猪为母本同外来品种杂交的优势依然明显。

枫泾猪肌肉化学成分测定,含水量 74.36％、干物质 25.64％、粗蛋白 23.05％、粗脂肪 1.37％、灰分 1.19％。这是沉积脂肪主要场所,粗脂肪含量较多,肌纤维结构细微而微密性能好,脂肪中饱和脂肪酸含较多,熔点高,结构坚实,可以作为其肉质鲜美的依据。

(四) 浦东白猪

经过二十多年的保种和育种改进,以及饲养环境、饲养管理的提高,浦东白猪的外貌保持全身白色显性的特征。体型也有所变化,头型逐渐趋向中间型,皱纹趋浅,后肢卧系及臀部倾斜度也有所改进,繁殖性能基本保持原有的生产水平。据南汇种畜场 1990~1994 年资料,1~2 胎母猪分娩 157 窝统计,平均窝产仔数 12.48 头,产活仔数 10.94 头;3~6 胎经产母猪分娩 215 窝统计,平均窝产仔数 14.80 头,产活仔数 12.78 头。由于饲料及饲养管理水平的改进和提高,初生窝重和初生个体重均有明显的提高,据 215 窝经产母猪统计,初生窝重为 13.3 kg,初生个体重为 1.04 kg,分别比原来浦东白猪的初生窝重和初生个体重提高 17.2% 和 18.1%。特别是通过杂交,取得更好的生产性能。

1. 二元杂交

二元杂交利用主要有土×土和土×洋两种形式。

20 世纪 70 年代前后,不少养猪户(场)广泛利用地方猪种间进行杂交,主要为浦东白猪、梅山猪、枫泾猪为基础的土土杂交,如用枫泾猪或梅山猪作父本,与浦东白猪杂交,用浦东白猪作为父本与枫泾猪、梅山猪进行杂交,所产杂交一代小母猪留作生产母猪,不仅具有产仔高、抗病力较强的优点,而且其杂交一代商品猪生产性能也较好。据 1977~1979 年上海地区 5 个地方品种猪杂交配合力试验资料,枫×浦杂交猪日增重 501 g,杂交优势 22.38%,料重比 3.81:1,料重比降低 10.88%。

1971~1979 年南汇地区开展以浦东白猪、梅山猪、枫泾猪等地方品种为基础母本,与苏白猪、约克猪、长白猪、杜洛克猪等外来猪种进行杂交利用,主要推广苏浦、苏梅、苏枫等优良杂交组合,据南汇县测定站 1979 年测定资料,苏白×浦白杂交猪日增重 487 g,苏浦杂交优势率为 18%。

1980~1986 年地方猪种与长白猪、约克猪杂交利用。1980 年据南汇县种畜场测定站资料:浦东白猪为母本,分别与长白猪、大约克公猪杂交,一代杂种猪经肥育测定,日增重分别为 494 g、479 g,分别比纯种浦东白猪高 20% 和 14%,瘦肉率达到 55% 以上,提高 8~10 个百分点。

1972 年 8 月进行杂交肥育对比试验,结果见表 6-57。

表 6-57　杂交肥育对比试验

组合	样本数(头)	日增重(kg)	料重比	屠宰率(%)
长白猪×浦白猪	10	0.75	2.90:1	68.85
苏白猪×浦白猪	10	0.68	3.32:1	70.90
约克猪×浦白猪	10	0.64	3.22:1	69.72

试验浦东白猪表明,杂交优势是明确的。苏白×浦白的组合比较早熟,适宜于早期催肥上市,膘度也丰满,屠宰率较高。

1973 年 8 月又进行杂交育肥对比试验,结果见表 6-58。

表 6-58　浦东白猪杂交育肥对比试验

品种	样本数(头)	日增重(kg)	比例(%)	料重比	屠宰率(%)	试验结束日龄	体重(kg)
浦白猪	10	0.568	100	3.64∶1	62.67	246	65.05
长浦猪	17	0.713	126	3.56∶1	70.08	284	91.30
苏浦猪	17	0.706	124	3.84∶1	71.13	276	88.00
约浦猪	10	0.655	115	3.50∶1	69.72	263	82.40

试验还表明,长浦虽然日增重最高,但对饲料要求较高。苏浦猪日增重虽略差一点,但其有较好的耐青、耐粗饲性能,体格结实,抗病力强,屠宰率高,早熟性能好。

浦东白猪与长白猪杂交后,产仔数和初生个体重都有很大提高(1974 年秋产统计),见表 6-59。

表 6-59　1974 年秋产统计

品种	胎次	窝数(窝)	产仔数(头)	存活数(头)	初生窝重(kg)	初生个体重(kg)
浦白猪	头胎	4	8.75	8.25	7.40	0.90
浦长猪	头胎	13	9.69	8.30	8.34	1.02
浦白猪	经产	11	11.54	10.36	9.45	0.89
浦长猪	经产	10	14.10	13.00	15.26	1.17

证明杂交后对提高产仔数及初生头重、窝重都有很好的效果。

1975 年春产浦长猪的繁殖和生产性能见表 6-60。

表 6-60(a)　浦东白猪、浦长猪及浦长猪横交一代头胎母猪的产仔情况

品种	产胎数(胎)	产仔数(头)	平均(头)	存活数(头)	平均(头)
浦东白猪	16	157	10.0	149	9.30
浦长猪	8	100	12.5	92	11.50
浦长猪×浦长猪	8	102	12.7	90	11.25

表 6-60(b)　浦东白猪、浦长猪及浦长猪横交一代后备母猪的发育情况

品种	样本数(头)	180 日龄重(kg)	日增重(kg)
浦东白猪	20	59.29	0.355
浦长猪	23	77.90	0.433
浦长猪×浦长猪	21	82.15	0.455

在横交一代中发现有 1 头公猪 180 日龄体重 93.5 kg,9 头母猪 180 日龄体重超过 90 kg。但是在 1974 年出现过浦长×浦长后备母猪的长势不如浦长后备母猪的情况(表 6-61)。

表 6-61　浦东白猪、浦长猪及浦长猪横交一代后备母猪的发育情况

品种	样本数(头)	180 日龄重(kg)	日增重(kg)
浦东白猪	27	58.45	0.325
浦长猪	27	77.50	0.430
浦长猪×浦长猪	24	64.55	0.360

浦长后备母猪比长浦后备母猪生产情况要好一些,见表 6-62。

表 6-62　浦长猪及长浦后备母猪的发育情况比较

品种	样本数(头)	60 日龄重(kg)	180 日龄重(kg)	240 日龄重(kg)	日增重(kg)
浦长猪	6	20.80	77.85	108.80	0.485
长浦猪	10	15.65	60.30	81.55	0.365

2. 三元杂交

三元杂交利用主要有土土×洋、二洋×土。

20 世纪 80 年代前开展的三元杂交主要用土土杂交母猪和苏白公猪杂交,形成苏×土土杂交商品猪。据上海市南汇县周浦测定站 1979 年试验资料,苏枫浦杂交猪日增重 543 g,比苏浦杂交猪 487 g 提高 11.7%(《上海市畜禽品种志》,1988)。

从 20 世纪 90 年代中期起,重点开展约×长浦三元杂交母猪和杜×约长浦四元杂交商品猪的开发利用。从两条供种线路推广约长浦母猪群,一是提供长浦母猪,由养猪户(场)自繁约长浦母猪群;二是直接提供约长浦母猪群。经过几年的开发推广,在南汇及周边地区饲养约长浦母猪群 4 000 头左右,年上市杜×约长浦四

元杂交商品猪近 8 万头。据追踪统计资料分析,饲养约长浦母猪比饲养长大母猪的繁殖生产水平有明显提高。据对南汇种畜场、彭四猪场、万祥安正猪场等 332 头约长浦母猪资料统计,平均窝产仔数 12.31 头,产活仔数 11.70 头,断奶 10.27 头,与同期同场 241 头长大经产母猪资料统计,平均窝产仔数 10.51 头,产活仔数 9.85 头,断奶 8.8 头相比分别提高 1.79 头、1.85 头、1.47 头。据上述数据分析,饲养约长浦母猪比饲养长大母猪,每头生产母猪每年可以多提供 3 头的商品猪,是一块很可贵的经济收益。另据测定,饲养杜×约长浦商品猪与饲养杜×长大商品猪对比没有明显差异。据南汇彭四猪场 2003 年对杜×约长浦和杜×长大商品猪对比饲养,各 11 头,始重分别为 39 kg 和 39.5 kg,饲养 82 日,终重分别是 98.4 kg、96.8 kg,日增重分别为 724 g 和 698 g,料重比分别为 2.63∶1、2.60∶1,说明杜×约长浦杂交猪和杜×长大杂交猪的生产水平是接近的。但消费者普遍反映杜×约长浦杂交猪的肉质比杜×长大杂交猪有明显优势,前者以"色红肉香味美"好于后者。又据南汇种畜场的饲养测定,饲养杜×约长浦杂交猪 13 头,始重为 22.29 kg,饲养 87 日,终重 88.57 kg,日增重 762 g,料重比为 2.73∶1。对其中 6 头进行胴体测定,瘦肉率 65.19%,背膘厚 1.75 cm,后腿比例 32.70%,眼肌面积 37.74 cm²。上述资料也说明杜×约长浦杂交猪的生产水平及瘦肉率、背膘厚、后腿比例、眼肌面积等胴体品质和杜×长大品种猪的水平基本接近。在对浦东白猪的选育提高和杂交利用开发的前提下,2004 年由南汇县种畜场牵头成立上海市绿茂浦东白猪生产合作社,有 7 个规模猪场和 30 户农户组成,生产规模为生产母猪 3 000 头,年上市商品猪 5 万～6 万头。分工为南汇县种畜场为浦东白猪一级种猪场,饲养浦东白猪 100 头,纯繁提高浦东白猪种质水平的同时,向合作社内猪场提供长浦母猪。六灶鹿溪猪场为二级种猪场,饲养浦东白猪 150 头,向合作社内猪场提供约长浦母猪,年提供约长浦母猪 1 000 头,其他猪场可以自繁约长浦母猪,这样合作社拥有约长浦母猪群近 3 000 头,逐步形成浦东白猪保种及开发利用体系。2005 年以后,由于猪的疾病日渐复杂,为增加抗疾病能力,南汇区在生猪科技入户工程推动下,含浦东白猪血统的长浦母猪为广大养殖户所接受,并配以约克夏或杜洛克公本,或直接生产约长浦、杜长浦商品猪,或将优良约长浦母本个体留作三元后备母猪。肖倩等(2016)研究报道,利用浦东白猪开展杂交试验,浦长大(PLY)、杜长浦(DLP)和大长浦(YLP)为试验杂交组合,浦东白猪纯繁(PP)和长大(LY)二元杂交组合为对照,各试验组的繁殖性能见表 6 - 63,不同杂交组合的育肥性能结果见表 6 - 64。

表 6-63   不同杂交组合的繁殖性能试验结果

母猪	与配公猪	窝数(窝)	产仔数(头)	产活仔数(头)	初生个体重(kg)
长浦猪	杜洛克猪	12	12.92 ± 2.06^a	11.33 ± 1.97^{ab}	1.34 ± 0.14^b
长浦猪	大白猪	15	13.73 ± 2.31^a	13.07 ± 2.22^a	/
长大猪	浦东白猪	17	12.94 ± 2.27^b	12.35 ± 1.87^a	1.57 ± 0.15
浦东白猪	浦东白猪	36	10.89 ± 2.7^b	9.72 ± 3.26^b	/

注:同列肩标字母相同表示差异不显著($P>0.05$),字母不同表示差异显著($P<0.05$)。

表 6-64   不同杂交组合育肥试验结果

项目	杜长浦(DLP)	长大浦(YLP)	浦长大(PLY)	长大(LY)	浦浦(PP)
D_{40}	109.9 ± 7.2^c	103.0 ± 13.8^{bc}	94.8 ± 5.1^a	95.5 ± 11.7^{ab}	181.7 ± 16.4^d
D_{60}	140.1 ± 10.1^b	127.7 ± 17.7^a	124.1 ± 11.8^a	129.1 ± 12.7^a	238.5 ± 25.0^c
D_{95}	186.3 ± 10.4^b	171.7 ± 16.5^a	169.2 ± 10.7^a	165.6 ± 8.9^a	292.1 ± 26.3^c
$ADG_{40\sim60}$	691.9 ± 153.2^{ab}	680.4 ± 112.7^{ab}	748.0 ± 206.5^a	623.2 ± 127.8^b	445.0 ± 148.2^c
$FCR_{40\sim60}$	2.6 ± 0.4^{ab}	2.5 ± 0.3^a	2.8 ± 0.6^b	2.6 ± 0.4^{ab}	3.5 ± 0.7^c
$ADG_{60\sim95}$	765.3 ± 74.7^a	820.3 ± 155.0^a	761.0 ± 106.2^a	785.1 ± 114.4^a	582.2 ± 94.9^b
$FCR_{60\sim95}$	3.1 ± 0.3^b	3.0 ± 0.4^{ab}	3.2 ± 0.4^b	2.8 ± 0.2^a	3.9 ± 0.3^c
$ADG_{40\sim95}$	727.4 ± 73.6^{ab}	787.6 ± 109.0^a	747.3 ± 100.3^{ab}	698.8 ± 75.0^b	533.3 ± 68.8^c
$FCR_{40\sim95}$	2.9 ± 0.3^{ab}	2.8 ± 0.2^a	3.1 ± 0.3^b	2.7 ± 0.2^a	3.7 ± 0.1^c

注:同行肩标字母相同表示差异不显著($P>0.05$),字母不同表示差异显著($P<0.05$)。

大长浦(YLP)产仔数最高,为 13.73 头;浦长大(PLY)和杜长大(DLY)分别为 12.94 头和 12.92 头。达 40 kg 体重日龄(D_{40})浦长大(PLY)最低,说明长大(LY)二元杂种母猪对商品肉猪的早期生长影响极大。达 60 kg 日龄(D_{60})与达 95 kg 体重日龄(D_{95})仍为浦长大(PLY)最低。在与 40~60 kg 这一阶段的日增重(ADG 40~60)中,浦长大(PLY)最高,但这一阶段的料重比中浦长大(PLY)较差。在 60~95 kg 这一阶段的日增重(ADG 60~95)中,浦长大(PLY)虽低于大长浦(YLP)、长大(LY)和杜长浦(DLP),但与这 3 组并无显著差异(表 6-66 和表 6-67)。在完成了繁殖性能和育肥性能测定后,进一步测定了各组合的胴体性能及肉质性能,同时对 PLY 背最长肌中氨基酸与脂肪酸的含量进行测量,以期为浦东白猪的杂交利用和生产优质猪肉提供一定的理论依据(表 6-65~表 6-67)。

表 6-65　不同杂交组合胴体性能比较

项目	杜长浦(DLP)	长大浦(YLP)	浦长大(PLY)	长大(LY)	浦浦(PP)
测定头数(头)	10	10	10	7	5
屠宰率(%)	79.88±1.47^a	78.45±1.14^{ab}	77.42±1.37^b	77.21±2.71^b	72.51±2.99^c
瘦肉率(%)	65.52±4.65^b	64.79±2.49^b	56.73±1.22^c	69.09±1.93^a	48.20±3.24^d
斜长(cm)	79.00±1.97^b	82.5±2.22^a	78.70±1.33^b	83.57±2.76^a	73.4±1.63^c
皮厚(mm)	3.41±0.63^b	3.26±0.74b^c	3.61±0.68^b	2.97±0.33^c	4.83±0.51^a
背膘厚(mm)	26.01±4.74^c	25.55±4.55^c	30.86±2.69^b	19.64±1.58^d	37.72±6.50^a
腿臀比例(%)	29.81±1.14^a	29.17±0.97^a	27.39±0.85^b	30.09±0.86^a	25.45±1.22^c
脂率(%)	17.41±3.85^c	17.79±2.82^c	25.28±2.04^b	13.01±1.68^d	30.47±1.19^a
骨率(%)	10.99±0.85^{ab}	11.00±1.34^{ab}	10.45±1.18^c	11.93±1.08^a	11.13±1.33^{ab}
皮率(%)	6.06±0.81^c	6.41±0.90^c	7.52±0.76^b	6.28±0.36^c	10.18±1.25^a
眼肌面积(cm^2)	47.59±6.04^a	43.02±5.99^b	30.90±2.79^c	46.13±4.80^{ab}	22.86±2.60^d
肋骨数(根)	14.2±0.42^b	14.5±0.53^b	14.6±0.52^b	15.43±0.53^a	14.6±0.55^b

注：同行肩标字母相同表示差异不显著($P>0.05$)，字母不同表示差异显著($P<0.05$)。

表 6-66　不同杂交组合猪肉品质比较

项目	杜长浦(DLP)	长大浦(YLP)	浦长大(PLY)	长大(LY)	浦浦(PP)
测定头数(头)	10	10	10	7	5
pH_1	6.31±0.11	6.20±0.16	6.27±0.21	6.23±0.13	6.55±0.11
校正 pH_1	9.89±0.10^a	9.87±0.09^a	9.84±0.14^a	9.91±0.08^a	9.65±0.11^b
pH_{24}	5.43±0.11	5.34±0.06	5.36±0.06	5.44±0.02	5.54±0.07
校正 pH_{24}	9.63±0.11^b	9.54±0.06^c	9.56±0.06^c	9.64±0.02^b	9.74±0.07^a
肉色	3.5±0.50	3.0±0.53	3.0±0.53	2.7±0.39	3.1±0.42
校正肉色	9.65±0.34	9.50±0.53	9.50±0.53	9.21±0.39	9.60±0.42
滴水损失(%)	3.48±1.00	4.53±0.94	3.19±1.42	5.26±1.07	3.51±0.40
嫩度(kg·f)	5.30±1.07^a	4.21±0.92^c	4.49±0.68^{bc}	5.01±0.40^{ab}	4.88±0.42^{bc}
肌内脂肪(%)	1.62±0.26	1.57±0.26	1.60±0.33	1.25±0.26	1.76±0.26

表 6-67　浦长大背最长肌中氨基酸及脂肪酸的组成及含量

检测项目	含量(%)	检测项目	含量(%)
谷氨酸(Glu)	16.99±0.23	葵酸(C10：0)	0.11±0.02
天门冬氨酸(Asp)	10.03±0.01	月桂酸(C12：0)	0.08±0.01
赖氨酸(Lys)	9.69±0.05	肉豆蔻酸(C14：0)	1.51±0.19
亮氨酸(Leu)	8.76±0.06	棕榈树(C16：0)	24.75±1.32
精氨酸(Arg)	6.90±0.03	十七碳烷酸(C17：0)	0.23±0.04

续 表

检测项目	含量(%)	检测项目	含量(%)
丙氨酸(Ala)	5.95±0.03	硬脂酸(C18：0)	16.03±1.88
缬氨酸(Val)	5.40±0.01	花生酸(C20：0)	0.28±0.05
异亮氨酸(Ile)	5.19±0.01	肉豆蔻油烯酸(C14：1)	0.01±0.00
苯丙氨酸(Phe)	5.21±0.11	棕榈油酸(C16：1)	3.53±0.93
苏氨酸(Thr)	4.90±0.02	顺-10-十七碳烯酸(C17：1)	0.19±0.03
组氨酸(His)	4.67±0.29	油酸(C18：1)	41.08±4.04
甘氨酸(Gly)	4.36±0.05	亚油酸(C18：2)	10.28±0.78
丝氨酸(Ser)	4.14±0.04	亚麻酸(C18：3)	0.15±0.04
酪氨酸(Tyr)	3.87±0.04	花生烯酸(C20：1)	1.21±0.15
蛋氨酸(Met)	2.89±0.09	花生四烯酸(C20：4)	0.47±0.13
半胱氨酸(Cys)	1.00±0.01	花生五烯酸(C20：5)	0.06±0.01
必需氨基酸	42.06±0.05	饱和脂肪酸	43.00±2.99
半必需氨基酸	9.00±0.07	单不饱和脂肪酸	46.03±3.83
鲜味氨基酸	46.39±0.44	多不饱和脂肪酸	10.97±0.88

试验结果表明,从繁殖性能与育肥性能考虑,杜长浦(DLP)、大长浦(YLP)和浦长大(PLY)均可作为配套杂交组合。但从经营管理角度看,浦长大(PLY)可能更加值得推崇,原因有二:一是浦东白猪作为终端父本,母猪用量不大、公猪用量增多,所以可在群体规模增加不大的情况下,提高群体有效含量,有利于浦东白猪保种;二是长大二元杂种母猪易于获得(不似长浦二元杂种需要单独建群),便于现代化的制种、饲养、管理,配合浦东白猪公猪(目前一头公猪可配100～300头母猪),商品猪的体型外貌及生产性能的一致性可大大提高;从胴体性状与肉质考虑,杜长浦(DLP)、大长浦(YLP)和浦长大(PLY)三种杂交组合在屠宰率、瘦肉率、眼肌面积等胴体性能指标中均显著优于浦东白猪,杜长浦(DLP)、大长浦(YLP)又优于浦长大(PLY)。尽管浦长大(PLY)浦东白猪的血统占到50%,其瘦肉率仍达56.73%,符合当前市场对优质猪肉的要求。这一结果说明浦东白猪与引进品种杂交后,杂种的体型、背膘厚及瘦肉率等均得到明显改善。而肉色、滴水损失、嫩度等肉质性能指标上,浦东白猪与其他试验组差异不显著,说明杂交后代依旧保留了浦东白猪肉质优良的特性。综合考虑胴体和肉质,可以认为三种杂交组合的优劣顺序为:杜长浦(DLP)＞大长浦(YLP)＞浦长大(PLY)。但考虑繁殖性能、育肥性能、经营管理、整体成本、当前优质肉猪市场的发展和需求,PLY可作为重点进行开发。

3. 四元杂交

四元杂交利用主要为杜×约长浦。

四元杂交比二元、三元杂交遗传基础更广,生产中常用三元杂种母猪与优秀公猪进行杂交,生产四元杂交商品猪。南汇区开展四元杂交商品猪生产始于 2000 年以后,特别是 2005 年南汇区承担农业部生猪科技入户工程主推以浦东白猪为基础母本的良种体系,推广杜约长浦。有南汇区种畜场提供长浦母猪给六灶鹿溪猪场,六灶鹿溪猪场向养殖户提供约长浦母猪,养殖户将杜洛克作终端父本,生产杜约长浦四元商品猪。据南汇区种畜场试验测定:杜约长浦杂交猪日增重、料重比、瘦肉率分别为 600 g、2.73∶1、1.63%。

参考文献

［1］《上海市畜禽品种志》编审委员会. 上海市畜禽品种志［M］. 上海：上海科学技术出版社，1988.

［2］常青，周开亚，王义权，等. 太湖猪遗传多样性和系统发生关系的 RAPD 分析［J］. Journal of genetics and genomics，1999(5)：480—488.

［3］陈幼春，杨少峰，胡承桂. 枫泾猪瞎乳头的遗传规律和排除方法初报［J］. 畜牧兽医学报，1982,13(1)：25—28.

［4］枫围乡，金山区. 枫围乡志［M］. 上海：上海科学普及出版社，1993.

［5］高硕，李平华，许世勇，等. 不同月龄沙乌头公、母猪体尺性能测定与分析［J］. 国外畜牧学-猪与禽，2014,34(7)：67—70.

［6］国家畜禽遗传资源委员会组. 中国畜禽遗传资源志·猪志［M］. 北京：中国农业出版社，2011.

［7］国家研究委员会. 猪营养需要(第 10 次修订版)［M］. 北京：中国农业大学出版社，2000.

［8］何治田. 猪的饲养管理原则［J］. 中国畜牧兽医文摘，2014(11)：84.

［9］胡承桂，陈召平，丁丽敏. 枫泾猪杂交全窝商品重的试验报告［R］. 金山科技(金山县科学技术委员会)，1981(2)：59—61.

［10］胡承桂，陈召平，黄萍. 枫泾肥育猪与不同类型杂交肥育猪的内脏器官生长发育特点初步探讨［R］. 金山科技(金山县科学技术委员会)，1981(2)：51—53.

［11］胡承桂，丁丽敏，杨少峰. 枫泾猪生长发育性状遗传参数的研究［J］. 上海畜牧兽医通讯，1982(4)：13—14.

［12］胡承桂，杨少峰，丁丽敏. 枫泾猪繁殖性状的研究［J］. 上海农业科技，1979

(3)：14—16.

［13］胡承桂,杨少峰,丁丽敏,等.枫泾猪肥育性能及胴体品质性状遗传参数的初步估测[J].遗传,1982(3):19—21.

［14］胡承桂,杨少峰,丁丽敏,等.以枫泾猪为基础亲本的杂交优势利用的研究[R].金山科技(金山县科学技术委员会),1981(2):54—58.

［15］胡承桂,杨少峰.以枫泾猪为基础亲本的杂交组合与若干繁殖性状的关系探讨[R].金山科技(金山县科学技术委员会),1981(2):48—50.

［16］景绍红,胡占云,黄微,等.哺乳母猪的营养及饲养管理[J].猪业科学,2013(4):46—47.

［17］李复兴.配合饲料大全[M].青岛:海洋大学出版社,1994.

［18］刘春喜,贾昌泽,陈斌,等.科学配制猪饲料[J].畜牧与饲料科学,2009,30(1):95—97.

［19］刘静辉.利用试差法自配生长猪配合饲料[J].猪业科学,2016,33(8):78—79.

［20］刘有鸿,储野根,瞿文学.浦东白猪保护与开发利用[R].全国第三次地方猪种工作会议资料,2006.

［21］彭海英,管生.优良地方猪种沙乌头猪简介[J].养殖与饲料,2007(3):11.

［22］邱恒清,候利娟,郭源梅.利用10个重要经济性状的聚类分析来探讨中国地方猪种的分类[J].江西农业大学学报,2016,38(6):1127—1134.

［23］上海市嘉定区梅山猪育种中心.中国梅山猪[M].上海:上海科学技术出版社,2014.

［24］上海市金山区廊下乡人民政府编.廊下志[M].上海:上海科学普及出版社,1991.

［25］上海市金山区朱泾乡志编纂委员会编.朱泾乡志[M].上海:上海科学普及出版社,1993.

［26］上海市金山县吕巷镇人民政府编.吕巷镇志[M].上海:上海科学普及出版社,1988.

［27］沈富林.规模化猪场高效生产关键技术[M].北京:中国农业科学技术出版社,2016.

［28］沈富林.生猪繁殖技术培训教材[M].北京:中国农业科学技术出版社,2014.

［29］盛中华,张哲,肖倩,等.上海白猪(上系)遗传多样性和群体结构分析[J].农

业生物技术学报,2016,24(9):1293—1301.

[30] 宋利兵,张新生.四品种商品猪杂交育肥试验报告[R].崇明县农委课题项目,1999.

[31] 孙浩,王振,张哲,等.基于基因组测序数据的梅山猪保种现状分析[J].上海交通大学学报(农业科学版),2017,35(4):65—70.

[32] 太湖猪育种委员会.中国太湖猪[M].上海:上海科学技术出版社,1991.

[33] 涂尾龙,郭占立,吴华莉,等.沙乌头猪二元杂交试验研究[J].国外畜牧学-猪与禽,2015,35(12):46—47.

[34] 王勃,唐赛涌,陈建生,等.不同粗纤维水平饲粮对梅山母猪生产性能的影响[C].中国地方猪种保护与利用协作组第十一届年会论文集,2015(s2):187—189.

[35] 王瑞祥,赵尚吉,黄美玉,等.枫泾母猪生殖器官种性机能发展[J].畜牧兽医学报,1981,12(4):237—244.

[36] 王瑞祥,赵尚吉,黄美玉,等.枫泾猪公猪生殖器官和性机能的发展[J].畜牧兽医学报,1981,12(4):231—236.

[37] 王晓春.空怀母猪的饲养管理[J].畜牧兽医科技信息,2016(7):79—80.

[38] 夏光裕.枫泾母猪阴道黏液 pH 值的变化与配种适期的探索[R].金山科技(金山县科学技术委员会),1981(2):63—65.

[39] 夏圣荣,杨昆仑,宋成义,等.沙乌头猪种质资源测定[J].猪业科学,2017,34(1):128—130.

[40] 肖倩,张哲,孙浩,等.浦东白猪及其杂种猪胴体与肉质性能分析[J].畜牧与兽医,2016,48(2):49—53.

[41] 肖倩,张哲,孙浩,等.浦东白猪遗传多样性及繁殖性能的变化分析[J].中国畜牧兽医,2017,44(4):1095—1101.

[42] 肖倩,张哲,孙浩,等.浦东白猪杂交试验报告—繁殖性能与育肥性能[J].畜牧与兽医,2016,48(5):70—72.

[43] 徐士清.仔猪生产手册[M].上海:上海科学技术出版社,2001.

[44] 许栋,陆雪林,沈富林,等.梅山猪公猪育成期生长曲线拟合的研究[J].上海畜牧兽医通讯,2017(1):44—48.

[45] 许栋,陆雪林,沈富林,等.梅山猪母猪生长发育规律及其生长曲线拟合[J].中国畜牧杂志,2016,52(23):16—18.

[46] 许栋,陆雪林,沈富林,等.浦东白猪育肥阶段生长曲线拟合的研究[J].畜牧

与兽医,2017,49(11):20—23.

[47] 许振英.中国地方猪种种质特性[M].杭州:浙江科学技术出版社,1989.

[48] 杨少峰,陈召平.枫泾猪近交与繁殖性能的关系[J].上海农业科技,1981(4).

[49] 杨少峰,丁丽敏,胡承桂,等.枫泾猪繁殖生理特性[J].上海畜牧兽医通讯,
1986(1):6—7.

[50] 杨少峰,胡承桂,丁丽敏,等.枫泾猪[R].金山科技(金山县科学技术委员
会),1981(2):1—10.

[51] 杨少峰,夏光裕.不同输精时间对后备母猪受胎率的影响[J].上海畜牧兽医
通讯,1983(2):24.

[52] 喻传洲.养猪生产中如何利用好杂交优势[J].今日养猪业,2016(7):56—
57.

[53] 岳伟敏,李红佳.生猪屠宰加工的操作规程[J].中国猪业,2011(10):55—
56.

[54] 岳文斌,杨国义,任有蛇,等.动物繁殖新技术[M].北京:中国农业出版
社,2003.

[55] 张云台,周少康,葛耀庭,等.梅山母猪泌乳力和乳汁成分测定[J].上海畜牧
兽医通讯,1984(2):11—14.

[56] 张凤宸.梅山猪产仔力的重复力初探[J].上海交通大学学报:农业科学版,
1983(1).

[57] 张念文,宋锦昌,朱新春,等.沙乌头猪配合力测定[J].畜牧与兽医,1989(5):
203—205.

[58] 张似青,邱观连,杨少峰,等.枫泾猪群体繁殖性能现状分析[J].上海畜牧兽
医通讯,2009(3):12—13.

[59] 张似青,涂荣剑,杭怡琼等.枫泾猪群体繁殖性能遗传分析[J].猪业科学,
2009(11):100—101.

[60] 张伟力,张似青,张磊彪,等.梅山猪胴体切块性能初报[J].猪业科学,2010,
27(6):108—110.

[61] 张文灿.太湖猪的表型遗传参数和选择指数的研究(一)[J].畜牧兽医学报,
1983,14(1):25—34.

[62] 张永泰.高效养猪大全[M].北京:中国农业出版社,1999.

[63] 张勇,张牧.中国梅山猪在日本——日本对梅山猪特性的研究[J].猪业科学,
2003,20(6):63—65.

［64］赵尚吉，胡承桂，郭金忠，等.7～8月龄枫泾猪的卵巢、子宫角、排卵数和卵巢囊肿的观测［J］.中国兽医杂志，1986(4).

［65］赵尚吉，黄美玉.枫泾猪同一个体妊娠各阶段胎儿存活率的活体观察［J］.畜牧兽医学报，1988,19(1)：30—33

［66］赵尚吉，焦淑贤，蔡正华，等.枫泾小猪生殖机能的发展和孕酮含量的测定［J］.畜牧兽医学报，1983,14(3)：155—160.

［67］赵尚吉，孙莹，黄美玉，等.枫泾猪同一个体,初情期到第五情期排卵率和孕酮水平的连续测定［J］.中国畜牧杂志，1985(1).

［68］赵书广.中国养猪大成［M］.北京：中国农业出版社，2013.

［69］浙江省农业厅编.浙江省畜禽品种志［M］.浙江：浙江科学技术出版社，1980.

［70］甄林青，赵娜，王立蕊，等.梅山猪与杜洛克猪精子定量蛋白质组学比较揭示繁殖特性的差异［C］.中国畜牧兽医学会动物繁殖学分会学术研讨会，2014.

［71］中国猪品种编写组.中国猪品种志［M］.上海：上海科学技术出版社，1986.

［72］周林兴，张云台，盛桂龙，等.梅山猪生殖生理研究Ⅱ、母猪生殖器官发育及组织学观察［J］.上海畜牧兽医通讯，1982(4).

［73］周念祖，黄贤，沈末昌.沙乌头猪在选育与保种工作中所遇到问题及对策［J］.上海畜牧兽医通讯，1997(4)：32.

［74］朱恒顺，顾亚平，朱九明，等.中国瘦肉猪新品系—DⅡ系阶段选育二报［J］.上海畜牧兽医通讯，1989(6)：21—22.

［75］朱效俊，王勃，唐赛涌，等.1例仔猪副猪嗜血杆菌与肺炎支原体混合感染的诊治［J］.畜牧与兽医，2017,49(2)：125—125.

［76］朱效俊，王勃，唐赛涌，等.不同猪支原体疫苗对梅山猪气喘病的影响［J］.上海畜牧兽医通讯，2017(6)：15—17.

［77］朱炎初.金山县志［M］.上海：上海人民出版社，1990.

附 录

附录 1
上海四大名猪相关地方标准

上海市地方标准梅山猪地方标准(DB 31/T18—2010)、沙乌头猪地方标准(DB 31/T20—2010)、枫泾猪地方标准(DB 31/T19—2010)和浦东白猪地方标准(DB 31/T21—2010),由上海市质量技术监督局于 2012 年 2 月 12 日发布。

梅山猪

1 范围

本标准规定了梅山猪的品种特征、特性,种猪评定和种猪出场条件。

本标准适用于梅山猪的品种鉴别、选育、生产、销售和种猪管理等。

2 规范性引用文件

下列文件中的条款通过本标准的引用而成为本标准的条款。凡是注日期的版本适用于本文件。凡是不注日期的引用文件,其最新版本(包括所有的修改单)适用于本文件。

GB 16567 种畜禽调运检疫技术规范。

3 术语和定义

下列术语和定义适用于本标准。

3.1 断奶个体重

仔猪 30 日龄断奶时的体重。

3.2 后备种猪体重

6 月龄种猪的体重,称重前 12 h 空腹。

3.3 种公猪产仔数

被评定种公猪与 5 头纯种母猪配种后,与配母猪产仔数的均值。

4 品种特征、特性

4.1 原产地和主要特点

原产于上海市嘉定区及毗邻的江苏省苏州市的太仓、昆山等地。以性成熟早、繁殖力高而著称于世,是我国优良的地方猪种之一。

4.2 外貌特征

被毛黑色,皮肤黑色或紫红,四白脚,有少量白肚和玉鼻。体型中等偏大,粗壮结实,成年公猪 160 kg 以上,成年母猪 150 kg 以上。耳大下垂,乳房发达,乳头 8 对以上。

4.3 繁殖性能

梅山猪性成熟早、3 月龄能配种受孕。母猪繁殖性能见表 1。

表 1 初产、经产母猪繁殖性能 单位:头、kg

胎次	产仔数	产活仔数	仔猪断奶个体重
初产	12.0	10.0	5.0
经产	14.0	12.5	6.0

4.4 生长育肥性能

在 20~80 kg 育肥阶段日增重 480 g 以上,80 kg 体重活体背膘厚 4.0 cm。

4.5 胴体品质

育肥猪在体重 80 kg 左右屠宰时,屠宰率 68.0%,胴体瘦肉率 46.0%,肌内脂肪 5.0%,眼肌面积 17.2 cm²,6~7 肋膘厚 3.4 cm,皮厚 0.4 cm。

4.6 杂交利用

梅山猪是理想的杂交母本,杂种后代均表现较好的杂种优势。以梅山猪为母本的二元杂种母猪繁殖性能较好,经产母猪产仔数 13 头以上。

5　种猪评定

5.1　必备条件

种猪在各个阶段必备以下条件,缺一者不列入评定等级范围。

5.1.1　体型外貌符合 4.2。

5.1.2　血缘清楚,有三代以上(含三代)祖先的系谱资料。

5.1.3　公母猪生殖器官发育正常,有效乳头 8 对以上,排列均匀。

5.1.4　无遗传疾患。

5.2　评定标准

5.2.1　种用仔猪评定

双亲必须是优良且一方达到优秀,根据断奶个体重进行评定,见表2。

表 2　种用仔猪评定标准　　　　　　　　　　　单位：kg

项目	优秀	优良	合格
断奶个体重	≥6.0	≥5.5	≥5.0

5.2.2　种猪评定

后备种猪、种公母猪经评分后,等级评定标准见表3。

表 3　种猪评定标准　　　　　　　　　　　单位：分

等级	优秀	优良	合格
分值	≥90	≥75	≥60

5.3　种猪评分

5.3.1　后备种猪评分

种用仔猪评定合格,按体重、体长、活体背膘厚三项进行评分,见表4。

表 4　后备种猪评分标准　　　　　　单位：kg、cm、分

项目	性别	标准	分值	标准	分值	标准	分值
体重	公	≥56	35	≥54	29	≥52	23
	母	≥55		≥53		≥51	

项目	性别	标准	分值	标准	分值	标准	分值
体长	公	≥97	45	≥95	38	≥93	30
	母	≥94		≥92		≥90	
活体背膘厚	公(母)	2.80～3.00	20	3.01～3.30 2.50～2.79	18	>3.30 <2.50	12

5.3.2　种公猪评分

后备种猪评定在优良以上,根据与配母猪产仔数、24 月龄体重、体长三项进行评分,见表 5。

表 5　种公猪评分标准　　　　　单位:头、kg、cm、分

项　目	标准	分值	标准	分值	标准	分值
与配母猪产仔数	≥15	50	≥14	43	≥13	35
体重	≥170	20	≥160	17	≥150	12
体长	≥140	30	≥138	25	≥136	18

5.3.3　种母猪评分

5.3.3.1　后备种猪评定在优良以上,根据母猪产仔数、仔猪断奶个体重和体重、体长四项进行评分,见表 6。

表 6　种母猪评分标准　　　　　单位:头、kg、cm、分

项　目	标准	分值	标准	分值	标准	分值
产仔数	≥14	35	≥13	31	≥12	25
仔猪断奶个体重	≥6.0	25	≥5.5	22	≥5.0	16
体重	≥160	20	≥150	16	≥140	12
体长	≥134	20	≥132	16	≥130	12

5.3.3.2　种母猪的评分在第 3 胎断奶后 30 天进行,产仔数和仔猪断奶个体重取第 2、3、4 胎的 2 胎均值。

6　种猪出场条件

6.1　出场种猪等级标准应为合格以上。

6.2　耳号清楚可辨,附具带系谱的种猪合格证明。

6.3　应按照 GB 16567 的规定,办理相关检疫手续。

梅山猪外貌特征照片

1. 种公猪照片

种公猪正面照　　　　　　　　　　　种公猪侧面照

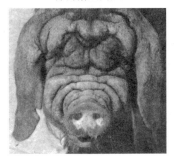 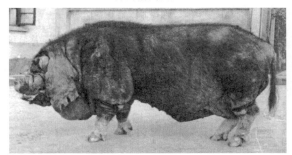

2. 种母猪照片

种母猪正面照　　　　　　　　　　　种母猪侧面照

 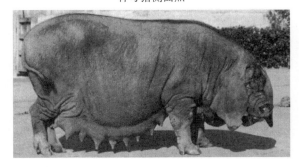

沙乌头猪

1 范围

本标准规定了沙乌头猪的品种特征、特性，种猪评定和种猪出场条件。

本标准适用于沙乌头猪的品种鉴别、选育、生产、销售和种猪管理等。

2 规范性引用文件

下列文件中的条款通过本标准的引用而成为本标准的条款。凡是注日期的版本适用于本文件。凡是不注日期的引用文件，其最新版本（包括所有的修改单）适用于本文件。

GB 16567 种畜禽调运检疫技术规范。

3 术语和定义

下列术语和定义适用于本标准。

3.1 断奶个体重

仔猪 35 日龄断奶时的体重。

3.2 后备种猪体重

6 月龄种猪的体重，称重前 12 h 空腹。

3.3 种公猪产仔数

被评定种公猪与 5 头纯种母猪配种后，与配母猪产仔数的均值。

4 品种特征、特性

4.1 原产地和主要特点

沙乌头猪原产于上海市崇明县，具有性成熟早、繁殖力高、母性好、耐粗饲、肉质鲜美、嫩而多汁的特点，对低温潮湿的海岛地理气候有较强的适应能力，是杂交优势明显的母本品种。

4.2 外貌特征

被毛黑色，少量有白肚、玉鼻，耳大下垂略短于鼻端，耳根较硬，额部有较浅的皱纹。体型中等大小，成年公母猪体重 130～150 kg，体质结实，背腰平直或微凹，腹大下垂但不拖地，乳头数 8 对以上。

4.3　繁殖性能

沙乌头猪性成熟较早,3～4月龄母猪出现发情征状。母猪繁殖性能见表1。

表1　初产、经产母猪繁殖性能　　　　　　单位:头、kg

项目	产仔数	产活仔数	仔猪初生重	仔猪断奶个体重
初产母猪	13.0	12.0	0.7	5.0
经产母猪	15.0	14.0	0.8	5.5

4.4　生长育肥性能

在20～75 kg育肥阶段日增重450 g以上,75 kg体重活体背膘厚3.8 cm。

4.5　胴体品质

育肥猪在体重75 kg左右屠宰时,屠宰率68.0%,胴体瘦肉率43.0%,6～7肋膘厚3.4 cm,皮厚0.5 cm。

4.6　杂交利用

以沙乌头猪为母本的杂种母猪繁殖性能较好,杜×长沙、约×长沙、杜×约沙等杂交组合的平均产活仔12头。

5　种猪评定

5.1　必备条件

种猪在各个阶段必备以下条件,缺一者不列入评定等级范围。

5.1.1　体型外貌符合4.2。

5.1.2　血缘清楚,有三代以上(含三代)祖先的系谱资料。

5.1.3　公母猪生殖器官发育正常,有效乳头8对以上,排列均匀。

5.1.4　无遗传疾患。

5.2　评定标准

5.2.1　种用仔猪评定

双亲必须是优良且一方达到优秀,根据断奶个体重进行评定,见表2。

表2　种用仔猪评定标准　　　　　　单位:kg

项目	优秀	优良	合格
断奶个体重	≥5.5	≥5.3	≥5.0

5.2.2 种猪评定

后备种猪、种公母猪经评分后,等级评定标准见表3。

表3 种猪评定标准 单位:分

等级	优秀	优良	合格
分值	≥90	≥75	≥60

5.3 种猪评分

5.3.1 后备种猪评分

种用仔猪评定合格,按体重、体长、活体背膘厚三项进行评分,见表4。

表4 后备种猪评分标准 单位:kg、cm、分

项目	性别	标准	分值	标准	分值	标准	分值
体重	公	≥55	35	≥50	29	≥45	23
	母	≥65		≥55		≥45	
体长	公	≥91	45	≥88	38	≥86	30
	母	≥96		≥92		≥88	
活体背膘厚	公(母)	2.10~2.30	20	2.31~2.60 1.80~2.09	18	>2.60 <1.80	12

5.3.2 种公猪评分

后备种猪评定在优良以上,根据与配母猪产仔数,24月龄体重、体长三项进行评分,见表5。

表5 种公猪评分标准 单位:头、kg、cm、分

项目	标准	分值	标准	分值	标准	分值
与配母猪产仔数	≥16	50	≥15	43	≥14	35
体重	≥150	20	≥140	17	≥130	12
体长	≥145	30	≥142	25	≥140	18

5.3.3　种公猪评分

5.3.3.1　后备种猪评定在优良以上,根据母猪产仔数、仔猪断奶个体重和体重、体长四项进行评分,见表6。

表6　种母猪评分标准　　　　　单位:头、kg、cm、分

项　　目	标准	分值	标准	分值	标准	分值
产仔数	≥15	35	≥14	31	≥13	25
仔猪断奶个体重	≥5.5	25	≥5.3	22	≥5.0	16
体重	≥135	20	≥132	16	≥130	12
体长	≥132	20	≥130	16	≥127	12

5.3.3.2　种母猪的评分在第3胎断奶后30天进行,产仔数和仔猪断奶个体重取第2、3、4胎的2胎均值。

6　种猪出场条件

6.1　出场种猪等级标准应为合格以上。

6.2　耳号清楚可辨,附具带系谱的种猪合格证明。

6.3　应按照GB 16567的规定,办理相关检疫手续。

沙乌头猪外貌特征照片

1. 种公猪照片

种公猪正面照　　　　　　　　　　　种公猪侧面照

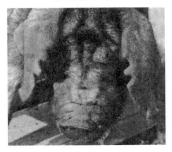

2. 种母猪照片

种母猪正面照

种母猪侧面照

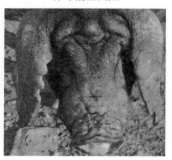

枫泾猪

1　范围

本标准规定了枫泾猪的品种特征、特性,种猪评定和种猪出场条件。

本标准适用于枫泾猪的品种鉴别、选育、生产、销售和种猪管理等。

2　规范性引用文件

下列文件中的条款通过本标准的引用而成为本标准的条款。凡是注日期的版本适用于本文件。凡是不注日期的引用文件,其最新版本(包括所有的修改单)适用于本文件。

GB 16567 种畜禽调运检疫技术规范。

3　术语和定义

下列术语和定义适用于本标准。

3.1　断奶个体重

仔猪 35 日龄断奶时的体重。

3.2　后备种猪体重

6 月龄种猪的体重,称重前 12 h 空腹。

3.3　种公猪产仔数

被评定种公猪与 5 头纯种母猪配种后,与配母猪产仔数的均值。

4　品种特征、特性

4.1　原产地和主要特点

原产于上海市金山、松江区和毗邻的浙江省嘉兴市,具有性成熟早、排卵多、繁殖率高、母性好、泌乳力强、繁殖性能稳定、肉质鲜美、细嫩等优良性状,是经济杂交的优良母本。

4.2　外貌特征

毛色全黑、稀毛,皮肤黑色或紫红。耳大下垂、耳基部较厚不贴脸,嘴筒略凹、额有皱纹、鼻镜少有玉鼻。体型中等、粗壮结实,成年公猪体重 150 kg 以上,成年母猪体重 125 kg 以上。少数有四白脚、腰背微凹,乳房发育良好,奶头 8～9 对,呈盅状。

4.3　繁殖性能

枫泾猪性成熟早,母猪繁殖性能见表1。

表 1　初产、经产母猪繁殖性能　　　　　　单位:头、kg

项目	产仔数	产活仔数	初生重	断奶个体重
初产母猪	11.0～12.0	10.0～11.0	0.77	5.0
经产母猪	13.0～15.0	12.0～14.0	0.83	6.0

4.4　生长育肥性能

在 20～80 kg 育肥阶段日增重 425 g 以上,80 kg 体重活体背膘厚 4.0 cm。

4.5　胴体品质

育肥猪在体重 75～80 kg 左右屠宰时,屠宰率 65.0%～66.0%,胴体瘦肉率 40.0%～44.0%,6～7 肋膘厚 2.44 cm,皮厚 0.56 cm。

4.6　杂交利用

枫泾猪是理想的杂交母本,杂种后代均表现较好的杂种优势。以枫泾猪为母本的杂种母猪繁殖性能较好,杜×长枫、约×长枫等杂交组合的平均产仔数 12 头以上。

5　种猪评定

5.1　必备条件

种猪在各个阶段必备以下条件,缺一者不列入评定等级范围。

5.1.1 体型外貌符合 4.2。

5.1.2 血缘清楚,有三代以上(含三代)祖先的系谱资料。

5.1.3 公母猪生殖器官发育正常,有效乳头 8 对以上,排列均匀。

5.1.4 无遗传疾患。

5.2 评定标准

5.2.1 种用仔猪评定

双亲必须是优良且一方达到优秀,根据断奶个体重进行评定,见表2。

表 2　种用仔猪评定标准　　　　　　　　　单位:kg

项目	优秀	优良	合格
断奶个体重	≥6.0	≥5.5	≥5.0

5.2.2 种猪评定

后备种猪、种公母猪经评分后,等级评定标准见表3。

表 3　种猪评定标准　　　　　　　　　单位:分

等级	优秀	优良	合格
分值	≥90	≥75	≥60

5.3 种猪评分

5.3.1 后备种猪评分

种用仔猪评定合格,按体重、体长、活体背膘厚三项进行评分,见表4。

表 4　后备种猪评分标准　　　　　　单位:kg、cm、分

项目	性别	标准	分值	标准	分值	标准	分值
体重	公	≥52	35	≥50	29	≥48	23
	母	≥54		≥52		≥50	
体长	公	≥95	45	≥93	38	≥92	30
	母	≥97		≥95		≥93	
活体背膘厚	公(母)	2.80~3.00	20	3.01~3.30 2.50~2.79	18	>3.30 <2.50	12

5.3.2　种公猪评分

后备种猪评定在优良以上,根据与配母猪产仔数,24 月龄体重、体长三项进行评分,见表 5。

表 5　种公猪评分标准　　　　　单位:头、kg、cm、分

项　　目	标准	分值	标准	分值	标准	分值
与配母猪产仔数	≥16	50	≥15	43	≥14	35
体重	≥170	20	≥160	17	≥150	12
体长	≥146	30	≥143	25	≥140	18

5.3.3　种母猪评分

5.3.3.1　后备种猪评定在优良以上,根据母猪产仔数、仔猪断奶个体重和体重、体长四项进行评分,见表 6。

表 6　种母猪评分标准　　　　　单位:头、kg、cm、分

项　　目	标准	分值	标准	分值	标准	分值
产仔数	≥15	35	≥14	31	≥13	25
仔猪断奶个体重	≥6.0	25	≥5.5	22	≥5.0	16
体重	≥145	20	≥135	16	≥125	12
体长	≥150	20	≥145	16	≥140	12

5.3.3.2　种母猪的评分在第 3 胎断奶后 30 天进行,产仔数和仔猪断奶个体重取第 2、3、4 胎的 2 胎均值。

6　种猪出场条件

6.1　出场种猪等级标准应为合格以上。

6.2　耳号清楚可辨,附具带系谱的种猪合格证明。

6.3　应按照 GB 16567 的规定,办理相关检疫手续。

枫泾猪外貌特征照片

1. 种公猪照片

种公猪正面照　　　　　　　　　　　　　　　　种公猪侧面照

2. 种母猪照片

种母猪正面照　　　　　　　　　　　　　　　　种母猪侧面照

浦东白猪

1 范围

本标准规定了浦东白猪的品种特征、特性,种猪评定和种猪出场条件。

本标准适用于浦东白猪的品种鉴别、选育、生产、销售和种猪管理等。

2　规范性引用文件

下列文件中的条款通过本标准的引用而成为本标准的条款。凡是注日期的版本适用于本文件。凡是不注日期的引用文件,其最新版本(包括所有的修改单)适用于本文件。

GB 16567 种畜禽调运检疫技术规范。

3　术语和定义

下列术语和定义适用于本标准。

3.1　断奶个体重

仔猪 35 日龄断奶时的体重。

3.2　后备种猪体重

6 月龄种猪的体重,称重前 12 h 空腹。

3.3　种公猪产仔数

被评定种公猪与 5 头纯种母猪配种后,与配母猪产仔数的均值。

4　品种特征、特性

4.1　原产地和主要特点

原产地在上海市南汇、川沙、奉贤沿海地带,是一个被毛全白、性成熟早、繁殖力高、母性好、肉质鲜美、杂交优势明显的地方品种。

4.2　外貌特征

全身被毛与皮肤白色,头面有菱形褶皱、垂耳,母猪背腰部微凹,四肢立系,乳头数 8 对以上。成年公猪体重 175~200 kg,母猪体重 150~175 kg。

4.3　繁殖性能

母猪于 4 月龄时达性成熟,繁殖性能见表1。

表 1　初产、经产母猪繁殖性能　　　　　　　　单位:头、kg

项目	产仔数	产活仔数	仔猪初生重	仔猪断奶个体重
初产母猪	10.0~12.0	9.0~11.0	0.95	6.0
经产母猪	12.0~14.0	11.0~13.0	1.00	6.5

4.4 生长育肥性能

在 20～85 kg 育肥阶段日增重 550 g 以上，85 kg 体重活体背膘厚 4.2 cm。

4.5 胴体品质

育肥猪在体重 85 kg 左右屠宰时，屠宰率 66.0%，胴体瘦肉率 42.6%，6～7 肋膘厚 3.1～3.5 cm，皮厚 0.53～0.55 cm。

4.6 杂交利用

浦东白猪是理想的杂交母本，杂种后代均表现较好的杂种优势。以浦东白猪为母本的杂种母猪繁殖性能较好，杜×约浦和杜×长浦 2 个杂交组合，平均产仔数 13.4 头，产活仔数 12.3 头，育成数 10.6 头。

5 种猪评定

5.1 必备条件

种猪在各个阶段必备以下条件，缺一者不列入评定等级范围。

5.1.1 体型外貌符合 4.2。

5.1.2 血缘清楚，有三代以上(含三代)祖先的系谱资料。

5.1.3 公母猪生殖器官发育正常，有效乳头 8 对以上，排列均匀。

5.1.4 无遗传隐患。

5.2 评定标准

5.2.1 种用仔猪评定

双亲必须是优良且一方达到优秀，根据断奶个体重进行评定，见表 2。

表 2 种用仔猪评定标准 单位：kg

项目	优秀	优良	合格
断奶个体重	≥7.0	≥6.5	≥6.0

5.2.2 种猪评定

后备种猪、种公母猪经评分后，等级评定标准见表 3。

表 3 种猪评定标准 单位：分

等级	优秀	优良	合格
分值	≥90	≥75	≥60

5.3　种猪评分

5.3.1　后备种猪评分

种用仔猪评定合格，按体重、体长、活体背膘厚三项进行评分，见表4。

表4　后备种猪评分标准　　　　　　　　单位：kg、cm、分

项目	性别	标准	分值	标准	分值	标准	分值
体重	公	≥75	35	≥70	29	≥65	23
	母	≥70		≥60		≥50	
体长	公	≥100	45	≥95	38	≥90	30
	母	≥95		≥90		≥85	
活体背膘厚	公（母）	3.20～3.40	20	3.41～3.70 2.90～3.19	18	>3.70 <2.90	12

5.3.2　种公猪评分

后备种猪评定在优良以上，根据与配母猪产仔数，24月龄体重、体长三项进行评分，见表5。

表5　种公猪评分标准　　　　　　　单位：头、kg、cm、分

项　目	标准	分值	标准	分值	标准	分值
与配母猪产仔数	≥14	50	≥13	43	≥12	35
体重	≥200	20	≥180	17	≥160	12
体长	≥151	30	≥148	25	≥145	18

5.3.3　种母猪评分

5.3.3.1　后备种猪评定在优良以上，根据母猪产仔数、仔猪断奶个体重和体重、体长四项进行评分，见表6。

表6　种母猪评分标准　　　　　　　单位：头、kg、cm、分

项　目	标准	分值	标准	分值	标准	分值
产仔数	≥13	35	≥12	31	≥11	25
仔猪断奶个体重	≥7.0	25	≥6.5	22	≥6.0	16
体重	≥175	20	≥165	16	≥155	12
体长	≥141	20	≥138	16	≥135	12

5.3.3.2 种母猪的评分在第 3 胎断奶后 30 天进行,产仔数和仔猪断奶个体重取第 2、3、4 胎的 2 胎均值。

6 种猪出场条件

6.1 出场种猪等级标准应为合格以上。

6.2 耳号清楚可辨,附具带系谱的种猪合格证明。

6.3 应按照 GB 16567 的规定,办理相关检疫手续。

浦东白猪外貌特征照片

1. 种公猪照片

种公猪正面照　　　　　　　　　　　　种公猪侧面照

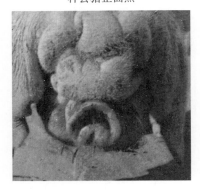 

2. 种母猪照片

种母猪正面照　　　　　　　　　　　　种母猪侧面照

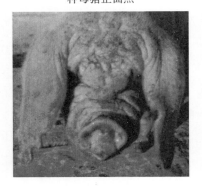 

附录2
中国肉脂型猪饲养标准
（2004 年发布）

表 1　生长育肥猪每千克饲粮养分含量（一型标准，自由采食，88％干物质）

体重,kg	5～8	8～15	15～30	30～60	60～90
日增重,kg/d	0.22	0.38	0.50	0.60	0.70
采食量,kg/d	0.40	0.87	1.36	2.02	2.94
饲料转化率,F/G	1.80	2.30	2.73	3.35	4.20
饲粮消化能含量,MJ/kg(kcal/kg)	13.80(3 300)	13.60(3 250)	12.95(3 100)	12.95(3 100)	12.95(3 100)
粗蛋白质,%	21.0	18.2	16.0	14.0	13.0
能量蛋白比,kJ/% (kcal/%)	657(157)	747(179)	810(194)	925(221)	996(328)
赖氨酸能量比,g/MJ (g/Mcal)	0.97(4.06)	0.77(3.23)	0.66(2.75)	0.53(2.23)	0.46(1.94)
氨基酸,%					
赖氨酸	1.34	1.05	0.85	0.69	0.60
蛋氨酸＋胱氨酸	0.65	0.53	0.43	0.38	0.34
苏氨酸	0.77	0.62	0.50	0.45	0.39
色氨酸	0.19	0.15	0.12	0.11	0.11
异亮氨酸	0.73	0.59	0.47	0.43	0.37
矿物质					
钙,%	0.86	0.74	0.64	0.55	0.46
总磷,%	0.67	0.60	0.55	0.46	0.37
非植酸磷,%	0.42	0.32	0.29	0.21	0.14
钠,%	0.20	0.15	0.09	0.09	0.09
氯,%	0.20	0.15	0.07	0.07	0.07
镁,%	0.04	0.04	0.04	0.04	0.04
钾,%	0.29	0.26	0.24	0.21	0.16
铜,mg	6.00	5.5	4.6	3.7	3.0
铁,mg	100	92	74	55	37
碘,mg	0.13	0.13	0.13	0.13	0.13

续　表

锰,mg	4.00	3.00	3.00	2.00	2.00
硒,mg	0.30	0.27	0.23	0.14	0.09
锌,mg	100	90	75	55	45
		维生素和脂肪酸			
维生素 A, IU	2 100	2 000	1 600	1 200	1 200
维生素 D, IU	210	200	180	140	140
维生素 E, IU	15	15	10	10	10
维生素 K, mg	0.50	0.50	0.50	0.50	0.50
硫胺素,mg	1.50	1.00	1.00	1.00	1.00
核黄素,mg	4.0	3.5	3.0	2.0	2.0
泛酸,mg	12.00	10.00	8.00	7.00	6.00
烟酸,mg	20.00	14.00	12.00	9.00	6.50
吡哆醇,mg	2.00	1.50	1.50	1.00	1.00
生物素,mg	0.08	0.05	0.05	0.05	0.05
叶酸,mg	0.30	0.30	0.30	0.30	0.30
维生素 B_{12} ,μg	20.00	16.50	14.50	10.00	5.00
胆碱,g	0.50	0.40	0.30	0.30	0.30
亚油酸,%	0.10	0.10	0.10	0.10	0.10

注: 一型标准指瘦肉率52%±1.5%,达90 kg体重时间175 d左右。粗蛋白质的需要量原则上以玉米—豆粕日粮满足可消化氨基酸需要而确定的,为克服早期断奶给仔猪带来的应激,5～8 kg阶段使用了较多的动物蛋白和乳制品。

表2　生长育肥猪每日每头养分需要量(一型标准,自由采食,88％干物质)

体重,kg	5～8	8～15	15～30	30～60	60～90
日增重,kg/d	0.22	0.38	0.50	0.60	0.70
采食量,kg/d	0.40	0.87	1.36	2.02	2.94
饲料/增重,F/G	1.80	2.30	2.73	3.35	4.20
饲粮消化能含量, MJ/kg(kcal/kg)	13.80(3 300)	13.60(3 250)	12.95(3 100)	12.95(3 100)	12.95(3 100)
粗蛋白质,g/d	84.0	158.3	217.6	282.8	382.2
		氨基酸,g/d			
赖氨酸	5.4	9.1	11.6	13.9	17.6

蛋氨酸＋胱氨酸	2.6	4.6	5.8	7.7	10.0
苏氨酸	3.1	5.4	6.8	9.1	11.5
色氨酸	0.8	1.3	1.6	2.2	3.2
异亮氨酸	2.9	5.1	6.4	8.7	10.9

矿物质

钙,g	3.4	6.4	8.7	11.1	13.5
总磷,g	2.7	5.2	7.5	9.3	10.9
非植酸磷,g	1.7	2.8	3.9	4.2	4.1
钠,g	0.8	1.3	1.2	1.8	2.6
氯,g	0.8	1.3	1.0	1.4	2.1
镁,g	0.2	0.3	0.5	0.8	1.2
钾,g	1.2	2.3	3.3	4.2	4.7
铜,mg	2.40	4.79	6.12	8.08	8.82
铁,mg	40.00	80.04	100.64	111.10	108.78
碘,mg	0.05	0.11	0.18	0.26	0.38
锰,mg	1.60	2.61	4.08	4.04	5.88
硒,mg	0.12	0.22	0.34	0.30	0.29
锌,mg	40.0	78.3	102.0	111.1	132.3

维生素和脂肪酸

维生素 A, IU	840.0	1 740.0	2 176.0	2 424.0	3 528.0
维生素 D, IU	84.0	174.0	244.8	282.8	411.6
维生素 E, IU	6.0	13.1	13.6	20.2	29.4
维生素 K, mg	0.2	0.4	0.7	1.0	1.5
硫胺素,mg	0.6	0.9	1.4	2.0	2.9
核黄素,mg	1.6	3.0	4.1	4.0	5.9
泛酸,mg	4.8	8.7	10.9	14.1	17.6
烟酸,mg	8.0	12.2	16.3	18.2	19.1
吡哆醇,mg	0.8	1.3	2.0	2.0	2.9
生物素,mg	0.0	0.0	0.1	0.1	0.1
叶酸,mg	0.1	0.3	0.4	0.6	0.9
维生素 B_{12},μg	8.0	14.4	19.7	20.2	14.7

续　表

| 胆碱,g | 0.2 | 0.3 | 0.4 | 0.6 | 0.9 |
| 亚油酸,% | 0.4 | 0.9 | 1.4 | 2.0 | 2.9 |

注: 一型标准指瘦肉率52%±1.5%,达90kg体重时间175d左右的肉脂型猪。粗蛋白质的需要量原则上以玉米—豆粕日粮满足可消化氨基酸需要而确定的。5kg～8kg阶段为克服早期断奶给仔猪带来的应激使用了较多的动物蛋白和乳制品。

表3　生长育肥猪每千克饲粮养分含量(二型标准,自由采食,88%干物质)

体重,kg	8～15	15～30	30～60	60～90
日增重,kg/d	0.34	0.45	0.55	0.65
采食量,kg/d	0.87	1.30	1.96	2.89
饲料转化率,F/G	2.55	2.90	3.55	4.45
饲粮消化能含量,MJ/kg(kcal/kg)	13.30(3 180)	12.25(2 930)	12.25(2 930)	12.25(2 930)
粗蛋白质,%	17.5	16.0	14.0	13.0
能量蛋白比,kJ/%(kcal/%)	760(182)	766(183)	875(209)	942(225)
赖氨酸能量比,g/MJ(g/Mcal)	0.74(3.11)	0.65(2.73)	0.53(2.22)	0.46(1.91)
氨基酸,%				
赖氨酸	0.99	0.80	0.65	0.56
蛋氨酸＋胱氨酸	0.56	0.40	0.35	0.32
苏氨酸	0.64	0.48	0.41	0.37
色氨酸	0.18	0.12	0.11	0.10
异亮氨酸	0.54	0.45	0.40	0.34
矿物元素				
钙,%	0.72	0.62	0.53	0.44
总磷,%	0.58	0.53	0.44	0.35
非植酸磷,%	0.31	0.27	0.20	0.13
钠,%	0.14	0.09	0.09	0.09
氯,%	0.14	0.07	0.07	0.07
镁,%	0.04	0.04	0.04	0.04
钾,%	0.25	0.23	0.20	0.15
铜,mg	5.00	4.00	3.00	3.00
铁,mg	90.00	70.00	55.00	35.00

续　表

碘,mg	0.12	0.12	0.12	0.12
锰,mg	3.00	2.50	2.00	2.00
硒,mg	0.26	0.22	0.13	0.09
锌,mg	90	70.00	53.00	44.00

维生素和脂肪酸

维生素 A, IU	1 900	1 550	1 150	1 150
维生素 D, IU	190	170	130	130
维生素 E, IU	15	10	10	10
维生素 K, mg	0.45	0.45	0.45	0.45
硫胺素,mg	1.00	1.00	1.00	1.00
核黄素,mg	3.00	2.50	2.00	2.00
泛酸,mg	10.00	8.00	7.00	6.00
烟酸,mg	14.00	12.00	9.00	6.50
吡哆醇,mg	1.50	1.50	1.00	1.00
生物素,mg	0.05	0.04	0.04	0.04
叶酸,mg	0.30	0.30	0.30	0.30
维生素 B_{12},μg	15.00	13.00	10.00	5.00
胆碱,g	0.40	0.30	0.30	0.30
亚油酸,%	0.10	0.10	0.10	0.10

注：二型标准适用于瘦肉率49%±1.5%，达90 kg体重时间185 d左右的肉脂型猪。5～8 kg阶段的各种营养需要同一型标准。

表4　生长育肥猪每日每头养分需要量(二型标准,自由采食,88％干物质)

体重,kg	8～15	15～30	30～60	60～90
日增重,kg/d	0.34	0.45	0.55	0.65
采食量,kg/d	0.87	1.30	1.96	2.89
饲料/增重,F/G	2.55	2.90	3.55	4.45
饲粮消化能含量, MJ/kg(kcal/kg)	13.30(3 180)	12.25(2 930)	12.25(2 930)	12.25(2 930)
粗蛋白质,g/d	152.3	208.0	274.4	375.7

氨基酸,g/d

赖氨酸	8.6	10.4	12.7	16.2

续　表

蛋氨酸＋胱氨酸	4.9	5.2	6.9	9.2
苏氨酸	5.6	6.2	8.0	10.7
色氨酸	1.6	1.6	2.2	2.9
异亮氨酸	4.7	5.9	7.8	9.8
矿物质元素				
钙,g	6.3	8.1	10.4	12.7
总磷,g	5.0	6.9	8.6	10.1
非植酸磷,g	2.7	3.5	3.9	3.8
钠,g	1.2	1.2	1.8	2.6
氯,g	1.2	0.9	1.4	2.0
镁,g	0.3	0.5	0.8	1.2
钾,g	2.2	3.0	3.9	4.3
铜,mg	4.4	5.2	5.9	8.7
铁,mg	78.3	91.0	107.8	101.2
碘,mg	0.1	0.2	0.2	0.3
锰,mg	2.6	3.3	3.9	5.8
硒,mg	0.2	0.3	0.3	0.3
锌,mg	78.3	91.0	103.9	127.2
维生素和脂肪酸				
维生素 A, IU	1 653	2 015	2 254	3 324
维生素 D, IU	165	221	255	376
维生素 E, IU	13.1	13.0	19.6	28.9
维生素 K, mg	0.4	0.6	0.9	1.3
硫胺素,mg	0.9	1.3	2.0	2.9
核黄素,mg	2.6	3.3	3.9	5.8
泛酸,mg	8.7	10.4	13.7	17.3
烟酸,mg	12.16	15.6	17.6	18.79
吡哆醇,mg	1.3	2.0	2.0	2.9
生物素,mg	0.0	0.1	0.1	0.1
叶酸,mg	0.3	0.4	0.6	0.9
维生素 B_{12} ,μg	13.1	16.9	19.6	14.5

续 表

| 胆碱,g | 0.3 | 0.4 | 0.6 | 0.9 |
| 亚油酸,% | 0.9 | 1.3 | 2.0 | 2.9 |

注: 二型标准适用于瘦肉率49%±1.5%,达90 kg体重时间185 d左右的肉脂型猪。5~8 kg阶段的各种营养需要同一型标准。

表5　生长育肥猪每千克饲粮养分含量(三型标准,自由采食,88%干物质)

体重,kg	15~30	30~60	60~90
日增重,kg/d	0.40	0.50	0.59
采食量,kg/d	1.28	1.95	2.92
饲料/增重,F/G	3.20	3.90	4.95
饲粮消化能含量,MJ/kg(kcal/kg)	11.70(2 800)	11.70(2 800)	11.70(2 800)
粗蛋白质,g/d	15.0	14.0	13.0
能量蛋白比,kJ/%(kcal/%)	780(187)	835(200)	900(215)
赖氨酸能量比,g/MJ(g/Mcal)	0.67(2.79)	0.50(2.11)	0.43(1.79)

氨基酸,%			
赖氨酸	0.78	0.59	0.50
蛋氨酸+胱氨酸	0.40	0.31	0.28
苏氨酸	0.46	0.38	0.33
色氨酸	0.11	0.10	0.09
异亮氨酸	0.44	0.36	0.31

矿物元素			
钙,%	0.59	0.50	0.42
总磷,%	0.50	0.42	0.34
有效磷,%	0.27	0.19	0.13
钠,%	0.08	0.08	0.08
氯,%	0.07	0.07	0.07
镁,%	0.03	0.03	0.03
钾,%	0.22	0.19	0.14
铜,mg	4.00	3.00	3.00
铁,mg	70.00	50.00	35.00
碘,mg	0.12	0.12	0.12
锰,mg	3.00	2.00	2.00
硒,mg	0.21	0.13	0.08
锌,mg	70.00	50.00	40.00

续　表

维生素和脂肪酸

维生素 A, IU	1 470	1 090	1 090
维生素 D, IU	168	126	126
维生素 E, IU	9	9	9
维生素 K, mg	0.4	0.4	0.4
硫胺素, mg	1.00	1.00	1.00
核黄素, mg	2.50	2.00	2.00
泛酸, mg	8.00	7.00	6.00
烟酸, mg	12.00	9.00	6.50
吡哆醇, mg	1.50	1.00	1.00
生物素, mg	0.04	0.04	0.04
叶酸, mg	0.25	0.25	0.25
维生素 B_{12}, μg	12.00	10.00	5.00
胆碱, g	0.34	0.25	0.25
亚油酸, %	0.10	0.10	0.10

注：三型标准适用于瘦肉率 46%±1.5%，达 90 kg 体重时间 200 d 左右的肉脂型猪。5~8 kg 阶段的各种营养需要同一型标准。

表 6　生长育肥猪每日每头养分需要量（三型标准，自由采食，88％干物质）

体重, kg	15~30	30~60	60~90
日增重, kg/d	0.40	0.50	0.59
采食量, kg/d	1.28	1.95	2.92
饲料/增重, F/G	3.20	3.90	4.95
饲粮消化能含量, MJ/kg(kcal/kg)	11.70(2 800)	11.70(2 800)	11.70(2 800)
粗蛋白质, g/d	192.0	273.0	379.6

氨基酸, g/d

赖氨酸	10.0	11.5	14.6
蛋氨酸+胱氨酸	5.1	6.0	8.2
苏氨酸	5.9	7.4	9.6
色氨酸	1.4	2.0	2.6
异亮氨酸	5.6	7.0	9.1

矿物质

钙, g	7.6	9.8	12.3

总磷,g	6.4	8.2	9.9
有效磷,g	3.5	3.7	3.8
钠,g	1.0	1.6	2.3
氯,g	0.9	1.4	2.0
镁,g	0.4	0.6	0.9
钾,g	2.8	3.7	4.4
铜,mg	5.1	5.9	8.8
铁,mg	89.6	97.5	102.2
碘,mg	0.2	0.2	0.4
锰,mg	3.8	3.9	5.8
硒,mg	0.3	0.3	0.3
锌,mg	89.6	97.5	116.8

维生素和脂肪酸

维生素 A, IU	1 856.0	2 145.0	3 212.0
维生素 D, IU	217.6	243.8	365.0
维生素 E, IU	12.8	19.5	29.2
维生素 K, mg	0.5	0.8	1.2
硫胺素,mg	1.3	2.0	2.9
核黄素,mg	3.2	3.9	5.8
泛酸,mg	10.2	13.7	17.5
烟酸,mg	15.36	17.55	18.98
吡哆醇,mg	1.9	2.0	2.9
生物素,mg	0.1	0.1	0.1
叶酸,mg	0.3	0.5	0.7
维生素 B$_{12}$,μg	15.4	19.5	14.6
胆碱,g	0.4	0.5	0.7
亚油酸,%	1.3	2.0	2.9

注：三型标准适用于瘦肉率 46%±1.5%,达 90 kg 体重时间 200 d 左右的肉脂型猪。5~8 kg 阶段的各种营养需要同一型标准。

表7　妊娠、哺乳母猪每千克饲粮养分含量（88％干物质）

	妊娠母猪	泌乳母猪
采食量,kg/d	2.10	5.10
饲粮消化能含量,MJ/kg(kcal/kg)	11.70(2 800)	13.60(3 250)
粗蛋白质,%	13.0	17.5
能量蛋白比,kJ/%(kcal/%)	900(215)	777(186)
赖氨酸能量比,g/MJ(g/Mcal)	0.37(1.54)	0.58(2.43)
氨基酸,%		
赖氨酸	0.43	0.79
蛋氨酸＋胱氨酸	0.30	0.40
苏氨酸	0.35	0.52
色氨酸	0.08	0.14
异亮氨酸	0.25	0.45
矿物元素		
钙,%	0.62	0.72
总磷,%	0.50	0.58
非植酸磷,%	0.30	0.34
钠,%	0.12	0.20
氯,%	0.10	0.16
镁,%	0.04	0.04
钾,%	0.16	0.20
铜,mg	4.00	5.00
铁,mg	0.12	0.14
锰,mg	70	80
硒,mg	16	20
体重,kg	0.15	0.15
锌,mg	50	50
维生素和脂肪酸		
维生素 A, IU	3 600	2 000
维生素 D, IU	180	200
维生素 E, IU	36	44
维生素 K, mg	0.40	0.50

硫胺素,mg	1.00	1.00
核黄素,mg	3.20	3.75
泛酸,mg	10.00	12.00
烟酸,mg	8.00	10.00
吡哆醇,mg	1.00	1.00
生物素,mg	0.16	0.20
叶酸,mg	1.10	1.30
维生素 B_{12},μg	12.00	15.00
胆碱,g	1.00	1.00
亚油酸,%	0.10	0.10

表 8　地方猪种后备母猪每 kg 饲粮养分含量(88%干物质)

体重,kg	10～20	20～40	40～70
预期日增重,kg/d	0.30	0.40	0.50
预期采食量,kg/d	0.63	1.08	1.65
饲料/增重,F/G	2.10	2.70	3.30
饲粮消化能含量, MJ/kg(kcal/kg)	12.97(3 100)	12.55(3 000)	12.15(2 900)
粗蛋白质,%	18.0	16.0	14.0
能量蛋白比,kJ/% (kcal/%)	721(172)	784(188)	868(207)
赖氨酸能量比,g/ MJ(g/Mcal)	0.77(3.23)	0.70(2.93)	0.48(2.00)
氨基酸,%			
赖氨酸	1.00	0.88	0.62
蛋氨酸＋胱氨酸	0.50	0.44	0.36
苏氨酸	0.59	0.53	0.43
色氨酸	0.15	0.13	0.11
异亮氨酸	0.56	0.49	0.41
矿物元素			
钙,%	0.74	0.62	0.53
总磷,%	0.60	0.53	0.44
有效磷,%	0.37	0.28	0.20

注：除钙、磷外的矿物元素及维生素的需要,可参照肉脂型生长育肥猪的二型标准。

表9 种公猪每千克饲粮养分含量(88%干物质)

体重,kg	10～20	20～40	40～70
日增重,kg/d	0.35	0.45	0.50
采食量,kg/d	0.72	1.17	1.67
饲粮消化能含量,MJ/kg(kcal/kg)	12.97(3 100)	12.55(3 000)	12.55(3 000)
粗蛋白质,%	18.8	17.5	14.6
能量蛋白比,kJ/%(kcal/%)	690(165)	717(171)	860(205)
赖氨酸能量比,g/MJ(g/Mcal)	0.81(3.39)	0.73(3.07)	0.50(2.09)
氨基酸,%			
赖氨酸	1.05	0.92	0.73
蛋氨酸＋胱氨酸	0.53	0.47	0.37
苏氨酸	0.62	0.55	0.47
色氨酸	0.16	0.13	0.12
异亮氨酸	0.59	0.52	0.45
矿物质,%			
钙	0.74	0.64	0.55
总磷	0.60	0.55	0.46
有效磷	0.37	0.29	0.21

注: 除钙、磷外的矿物元素及维生素的需要,可参照肉脂型生长育肥猪的一型标准。

表10 种公猪每日每头饲粮养分需要量(88%干物质)

体重,kg	10～20	20～40	40～70
日增重,kg/d	0.35	0.45	0.50
采食量,kg/d	0.72	1.17	1.67
饲粮消化能含量,MJ/kg(kcal/kg)	12.97(3 100)	12.55(3 000)	12.55(3 000)
粗蛋白质,g/d	135.4	204.8	243.8
氨基酸,g/d			
赖氨酸	7.6	10.8	12.2
蛋氨酸＋胱氨酸	3.8	10.8	12.2
苏氨酸	4.5	10.8	12.2
色氨酸	1.2	10.8	12.2

异亮氨酸	4.2	10.8	12.2

矿物质,g/d

钙	5.3	10.8	12.2
总磷	4.3	10.8	12.2
有效磷	2.7	10.8	12.2

注：除钙、磷外的矿物元素及维生素的需要,可参照肉脂型生长育肥猪的一型标准。